食用菌栽培技术

周会明　编著

中国农业大学出版社
·北京·

内 容 简 介

本书共 29 节，以食用菌基础知识与食用菌制种为基础，从不同菇类的分类地位、分布、经济价值、栽培史、形态、生活史、生长发育条件及栽培技术等方面着手，重点介绍了黑木耳、金针菇、香菇、银耳、糙皮侧耳、双孢蘑菇、鸡腿菇、草菇、滑菇、茶树菇、金耳、杏鲍菇、鲍鱼菇、白灵菇、金顶侧耳、长裙竹荪、红托竹荪、大球盖菇、姬松茸、真姬菇、黄背木耳、猴头菇、灵芝、猪苓、茯苓、蛹虫草的种植技术。

全书内容充实、篇幅适中、注重实践、条理清楚、简明扼要、图文并茂、通俗易懂、适用面广，可供农学、林学、植保、食品、园艺、生物学等相关专业师生及菇农、科研人员等相关从业人员参考和使用。

图书在版编目（CIP）数据

食用菌栽培技术/周会明编著. —北京：中国农业大学出版社，2017.5
ISBN 978-7-5655-1802-7

Ⅰ.①食… Ⅱ.①周… Ⅲ.①食用菌-蔬菜园艺 Ⅳ.①S646

中国版本图书馆 CIP 数据核字（2017）第 080969 号

书　　名	食用菌栽培技术
作　　者	周会明　编著

策划编辑	赵　中	**责任编辑**	田树君
封面设计	郑　川	**责任校对**	王晓凤
出版发行	中国农业大学出版社		
社　　址	北京市海淀区圆明园西路 2 号	**邮政编码**	100193
电　　话	发行部 010-62818525,8625	**读者服务部**	010-62732336
	编辑部 010-62732617,2618	**出　版　部**	010-62733440
网　　址	http://www.cau.edu.cn/caup	**E-mail**	cbsszs @ cau.edu.cn
经　　销	新华书店		
印　　刷	北京鑫丰华彩印有限公司		
版　　次	2017 年 5 月第 1 版　　2017 年 5 月第 1 次印刷		
规　　格	787×980　16 开本　　18 印张　　330 千字　　彩插 2		
定　　价	38.00 元		

图书如有质量问题本社发行部负责调换

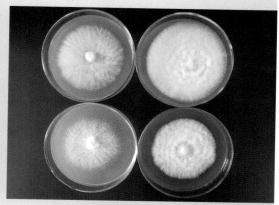

鲍鱼菇覆土栽培子实体　　　　　　不同培养基上菌丝体生长情况

糙皮侧耳现场培训指导

打孔接种场面　　　　　　　　　发酵料的翻堆场景

覆土栽培大球盖菇出菇场景

姬松茸子实体采收

灵芝出菇场景

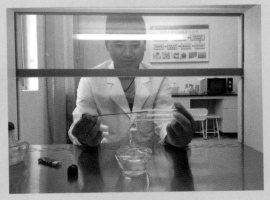

母种扩繁

人工驯化成功的野生杏鲍菇

人工蛹虫草子实体　　　　　　　　　野生毛木耳

野生香菇

野生银耳　　　　　　　液体菌种接种固体培养料场景

液体摇床培养基的接种　　　　　　　　原种培养基接种

原种小麦粒水煮后沥水现场

栽培种培养场景　　　　　　　　　　栽培种培养料接种

编 审 人 员

主　编　周会明（滇西科技师范学院）

副主编　张焱珍（滇西科技师范学院）

参　编　（按姓氏拼音排列）
　　　　李万宏（新平金泰果品有限公司）
　　　　宋学俊（云南尚坤生物科技有限公司）
　　　　王志敏（滇西科技师范学院）
　　　　王治江（河西学院）

主　审　魏生龙（河西学院）
　　　　普为民（云南大学）

前　言

食用菌作为地球上奇妙的生物，是人类最具有潜力的健康食品，也是继植物性食物、动物性食物之后的第三大食物来源，其生产是一项集经济效益、生态效益和社会效益于一体的"短、平、快"发展项目。

伴随着人们生活水平与保健意识的不断提高、野生食用菌资源的日益破坏、食用菌产业的转型升级，人工种植食用菌成为人们餐桌上菌类食品的最后保证。为适应高原特色农业的发展与农业产业结构的调整，促进该产业又好又快地持续发展，本书在参考大量权威文献的基础上，结合笔者多年教学与实践经验编写而成。

全书共分为食用菌基础知识、食用菌制种及食用菌栽培三大部分，栽培部分又分为总论、常规菇类、珍稀菇类及药用菇类栽培四章。针对26种人工栽培食用菌，较为详细地介绍了其生物学特性、制种（母种、原种、栽培种）、栽培管理等技术，图文并茂、重点突出、实用性强、知识新颖、简单易懂，在理论与实践相结合的基础上更注重实际操作性。

具体编写分工如下：第一章至第五章、第七章第一、三节（周会明）；第六章及第七章第二节（张焱珍）；第七章第四节（李万宏、宋学俊）；第七章第五节（王志敏、王治江）。全书汇总由周会明完成。

本书由甘肃省应用真菌工程实验室主任魏生龙教授和云南大学生命科学院普为民教授主审，在此诚致谢意。

最后，本书在编写过程中，由于作者水平有限，难免存在不妥之处，敬请广大专家、同行及读者批评指正，以便再版修订。

编　者

2017.5

目　　录

第一部分　食用菌基础知识

第一章

绪　　论

第一节　食用菌的定义

食用菌(edible fungi 或 edible mushroom)也称为"菌""蕈""耳""蘑菇"等。广义指一切可被人类食用的真菌,既包括肉眼可见的大型食用真菌,如平菇、香菇、金针菇等,也包括肉眼难以看清的小型食用真菌,如酵母菌、脉孢霉、曲霉等。狭义指一类可供人类食用的大型真菌,通常能够形成大型肉质或胶质的子实体或菌核类组织,如肉质的杏鲍菇、草菇、白灵菇等;胶质的银耳、木耳、金耳等;菌核类组织的茯苓、猪苓、雷丸等。食用菌属大型真菌,在已知的种类中,大多数(约占 90%)属于真菌门中的担子菌门,极小部分(约占 10%)属于子囊菌门。

第二节　食用菌的分类地位

分类鉴定是野生食用菌资源采集、驯化、育种、栽培等科学研究的基础。早期的分类主要以形态学(宏观和微观)、生态学特征为依据,根据各类群之间特征的相似程度按界、门、纲、目、科、属、种 7 个分类等级进行分类,采用林奈创立的双名法命名物种,每一个种均用拉丁文给以二名制,即两个词组成的名字,第一个词是属名,第二个词是种名,后面是命名人姓名的缩写,如荷叶离褶伞[*Lyophyllum decaste*(Fr.)Singer]、杨柳田头菇(*Agrocybe salicacola* Zhu L. Yang,M. Zang et X. X. Liu)。

目前,自然界有 200 多万个已知物种,真菌大约 25 万种,其中大型真菌 1 万多种,食用菌 2 000 多种(我国约有 980 种),且约有 90％属于担子菌门,约 10％属于子囊菌门(图 1-1)。

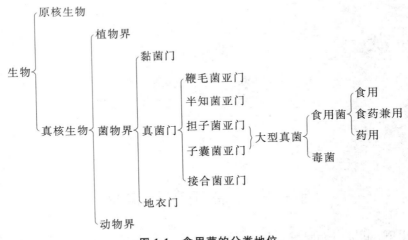

图 1-1　食用菌的分类地位

第三节　食用菌的实用价值

食用菌作为地球上奇妙的生物之一,色彩丰富、形态各异、口感鲜爽、风味独特,既是人类餐桌上的美味佳肴,又是理想的功能食品,即"可食可补可药",一直以来被誉为"山珍","长寿食品","绿色食品",甚至是"上帝的食品"等称号,具有重要的食用、药用及生态价值。

一、食用价值

食用菌是人类继植物性食物、动物性食物之后的第三大食物来源,科学研究表明其集中了众多食品的优点,营养价值达到了"植物性食品的顶峰",是人类最具有潜力的健康食品之一。联合国粮农组织曾指出"一荤、一素、一蘑菇是人类最佳饮食结构"。

近年来,"三低一高"(低脂肪、低糖、低盐、高蛋白质)食品备受广大消费者青睐,食用菌是"三低一高"的典型代表。

食用菌含蛋白质丰富,有"植物肉"的美誉,其蛋白质的含量介于肉类和蔬菜之间(表 1-1)。按干重计算,其蛋白质(19％～35％)含量是稻米的 2～5 倍,小麦的 1～3 倍,略低于大豆(39.1％),多数种类高于牛奶(25％)(表 1-2);按鲜重计算,其蛋白质含量占子实体的 3％～4％,是萝卜、番茄、大白菜等常见蔬菜的 4～7 倍,是橙子、香蕉的 4～5 倍。据专家估测,约 70％食用菌的蛋白质以氨基酸的形式被人体所吸收,其中人体必需氨基酸含量丰富、种类齐全(表 1-3)。因此,食用菌作为高蛋白高消化率食品,发展该产业有望成为解决世界粮食不足的有效途径之一。

表 1-1　部分常见食用菌每 100 g 干重所含的主要营养成分

g

种类	蛋白质	脂肪	糖类	膳食纤维
双孢蘑菇	55.3	1.3	15.8	19.7
草菇	35.1	2.6	35.1	20.8
羊肚菌	31.4	8.3	35.9	15.1
香菇	26.5	3.6	22.9	39.8
猴头菇	26.0	2.59	9.1	54.5
平菇	25.3	4.0	30.7	30.7
金针菇	24.5	4.1	33.7	27.6
黑木耳	14.3	1.8	42.2	35.4
银耳	13.6	1.73	39.7	37.0

注:资料引自叶颜春.食用菌生产技术,2008。

表 1-2　食用菌与其他几种食品干物质中蛋白质含量比较

％

食品种类	食用菌	稻米	小麦	大豆	牛奶
蛋白质含量	15～60	7	13	39	25

注:资料引自童应凯,王学佩,班立桐.食用菌栽培学,2010。

表 1-3　4 种食用菌中每 100 g 的必需氨基酸

g

种类	双孢蘑菇	香菇	草菇	平菇
异亮氨酸	4.3	4.4	4.2	4.9
亮氨酸	7.2	7.0	5.5	7.6
赖氨酸	10.0	3.5	9.8	5.0
蛋氨酸	微量	1.8	1.6	1.7
苯丙氨酸	4.4	5.3	4.1	4.2
苏氨酸	4.9	5.2	4.7	5.1

续表 1-3

种类	双孢蘑菇	香菇	草菇	平菇
缬氨酸	5.3	5.2	6.5	5.9
酪氨酸	2.2	3.5	5.7	3.5
色氨酸			1.8	1.4
总计	38.3	35.9	43.9	39.3

注:资料引自常明昌.食用菌栽培学,2003。

食用菌作为低脂肪、低糖、低盐的健康食品,其脂肪含量一般低于 10%,且对人体生长发育有益的不饱和脂肪酸占 75% 以上,这些不饱和脂肪酸中又有 70% 以上是人体必需脂肪酸,如油酸、亚油酸、软脂酸等。糖类是食用菌的重要组成物质,种类多且含有一般植物所少有的糖酚、糖醇、氨基糖等糖类,不同菇种含糖量也存在差异,与有些植物类食品相比,其平均含量较低,但在丰富的维生素 B 的配合下(表 1-4),食用菌的糖类绝大多数转化为人体脑力、体力所需要的能量,很少转化成脂肪。食用菌矿物质含量为 3%~12%,其中维持钠和钾平衡的钾元素所占比例最高,占总矿物质的 45%~58%,其次是磷、钠、钙等,含有丰富钾元素的食用菌是人们低盐食品的选择之一。除此之外,食用菌含有丰富的核酸、膳食纤维、风味物质等成分。

表 1-4　18 种食用菌每 100 g 中维生素的含量　　　　mg

种类	维生素 B_1	维生素 B_2	维生素 B_6	维生素 C	维生素 D
香菇	7	12	240	1 097	24 600
草菇	120	330	9 190	2 060	—
滑菇	8	5	330	883	22 300
平菇	40	14	1 070	930	12 000
银耳	12	1	220	457	4 100
元蘑	—	3	—	1 507	5 800
松茸	—	15	—	1 562	22 100
竹荪	—	5	—	401	3 700
黑木耳	190	1 200	4 100	25 490	35 000
金针菇	31	5	810	1 093	20 400
灰树花	25	8	910	1 484	22 500
蜜环菌	—	6	—	1 096	13 000

续表 1-4

种类	维生素 B$_1$	维生素 B$_2$	维生素 B$_6$	维生素 C	维生素 D
橙盖伞	—	35	—	1 188	15 800
金号角	—	11	—	6 702	5 100
双孢蘑菇	16	7	480	1 319	12 400
乳牛肝菌	—	7		907	10 400
丛生离褶伞	8	6	900	1 097	20 200
日本美味松乳菇	—	44	—	737	12 600

注:资料引自童应凯,王学佩,班立桐.食用菌栽培学,2010。

二、药用价值

除较高的营养价值之外,因具有特殊的药用、保健作用,食用菌已成为寻找和开发抗癌、抗菌、抗衰老等药效成分的重要天然药物资源之一。以下是几种常见食用菌的抑癌效率(表 1-5)和药效(表 1-6)。

表 1-5 几种食用菌抑癌效率 %

种类	木耳	草菇	平菇	银耳	香菇	金针菇	猴头菇	松茸	茯苓
抑癌效率	42.6	75.0	75.3	80.0	80.7	81.1	91.3	91.3	96.9

注:资料改自常明昌.食用菌栽培学,2003。

表 1-6 常见食用菌的药效

种类	重要药效成分	主要药理作用
灵芝	多糖、三萜类化合物、甾醇类化合物等	抗肿瘤,防治心血管疾病、慢性支气管炎和哮喘病、肝炎等,治疗神经衰弱、带状疱疹等
银耳	酸性多糖、中性杂多糖、酸性低聚糖等	提高和调节免疫功能,抗肿瘤、溃疡、突变、衰老、应激反应,降血糖、血脂,保护细胞膜等
香菇	香菇多糖、腺嘌呤、胆碱、麦角甾醇等	提高免疫和肝功能,治疗慢性肝炎、频繁性感冒,抗有害药物对肝脏的侵害,降血脂,抑制肿瘤等
平菇	平菇素、酸性多糖体、蘑菇核糖酸等	提高免疫力,降胆固醇、血液黏度,保肝解毒,抗肿瘤、氧化、血栓形成、生物氧化作用等
蝉花	肝糖、多种生物碱及麦角甾醇等	抗肿瘤、辐射、疲劳,滋补,催眠,镇痛,免疫,降低血压,减慢心率,调节中枢神经系统等
茯苓	茯苓聚糖、茯苓酸	抑制湿疹、病毒、肿瘤,提高机体免疫功能,降低有害化学药物对机体的损害等

续表 1-6

种类	重要药效成分	主要药理作用
木耳	多糖体,磷脂	降血脂、血糖,止血、活血,抗脂质过氧化,延缓机体衰老,提高免疫力与机体耐缺氧能力
云芝	云芝多糖	抑制肿瘤生长,保护肝脏、肾脏,镇痛镇静,提高免疫、动物抗辐射以及抗有害化学物的能力等
金耳	金耳多糖	促进造血功能,活化神经细胞,改善神经功能,提高免疫功能,保肝作用,抗衰老作用等
猴头菇	猴头多糖、齐墩果酸、氨基酸等	抑制肿瘤,促进消化道溃疡和炎症的修复,提高免疫,改善胚胎营养状况、血液循环等
蛹虫草	虫草素、虫草酸、麦角甾醇、腺嘌呤等	降压,补肾强体,安神,促睡眠,抗炎、抗氧化、抗肿瘤,提高机体耐缺氧与机体免疫力
灰树花	β-(1,3)-葡聚糖	抵抗艾滋病病毒、疲劳,抑制肿瘤、脂肪细胞堆积,增强免疫、肠运动作用,减少胰岛素抵抗等
姬松茸	核酸、外源凝集素、甾醇、多糖等	抗肿瘤,降血压以及血液黏度,对冠心病、心肌梗死、动脉硬化等病也有改善症状的功效
金针菇	多糖、核苷酸类、火菇素、多糖蛋白等	降低胆固醇,抗疲劳、肿瘤、衰老,抑制癌细胞,可提高身体免疫力,增长记忆力等
鸡腿菇	鸡腿菇多糖	提高机体免疫力,通便,安神除烦,抗癌,治疗糖尿病,降血压、改善心律、提高心血输出量等
冬虫夏草	多糖、腺嘌呤、脱氧腺苷、尿嘧啶等	补气助阳,提高性腺、肾、免疫等功能,保护肝脏,抑制肿瘤,降胆固醇,防治甲状腺功能减退
安络小皮伞	多糖、腺苷、甘露醇、胆固醇醋酸酯等	通经活血,止痛,用于麻风病,关节痛,跌打损伤,骨折疼痛,三叉神经痛,风湿痹痛

三、生态价值

在自然界生态系统中,植物是生产者,动物和人类是消费者,食用菌作为微生物的重要代表既是分解者又是生产者。植物能利用太阳能、二氧化碳、水等制造有机物质,为动物、人类以及食用菌提供物质和能量;动物和人类将植物、食用菌所提供的有机物转化成自身物质,经新陈代谢,最终以粪便形式经发酵成为植物或食用菌的养分;食用菌以植物、动物、人类残体以及积累的有机物为原料,利用自身产生的各种胞外酶将难降解的纤维素、半纤维素、木质素等大分子物质分解成各种小分子,一部分供给植物并改良土壤结构,另一部分转变为食品分别供给动物和人类进入下一次循环(图 1-2)。因此,食用菌在生态系统的物质与能量循环过程中起着重要的角色。

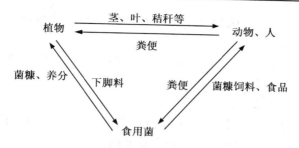

图 1-2　植物、动物、食用菌之间的生态关系

第四节　食用菌产业概况

随着工农业的快速发展,农林废弃物增加,食用菌因其口感、营养、药效已成为人尽皆知的绿色食品之一,目前食用菌产业面临着机遇与挑战并存的局面。

一、产业发展优势

(一)促进资源优化配置

我国幅员辽阔,地形复杂,气候类型多样(由南向北依次是热带、亚热带、暖温带、中温带、寒温带),良好的自然条件使得野生食用菌资源较为丰富。同时,作为传统农业大国和具有优良饮食文化传统的国家,中国是食用菌栽培较早的国家之一,也是栽培种类最多的国家,具有区域性劳动力充足、农林废弃物(农林副产品及其下脚料等)丰富、产品销售广泛等优点。

随着我国经济的发展,人们收入不断增加,改善生活质量和延长寿命已成为趋势,食用菌消费地位将得到较大的提升,如能充分发挥气候多样、人力充足、原料丰富等优势,优化配置各种资源,可实现食用菌产业化的可持续发展。

(二)实现生态良性循环

食用菌产业是集经济效益、生态效益和社会效益于一体的"短、平、快"农业产业,具有占地少、用水少、投资小、见效快、效率高等特点,中国工程院院士李玉认为食用菌具有"五不"(不与农争时、不与人争粮、不与粮争地、不与地争肥)特点,属于综合效益较好的产业。

首先,食用菌栽培具有操作简单、地域性限制相对较小、过程可控性强等优点,产品则是天然、营养、保健、新鲜、美味的优质食品。

其次,食用菌生产可实现秸秆、荒草、树枝叶等废弃物的资源化利用,除增加废弃物的自然价值外,可降低焚烧废弃物对环境的污染,促进生态恢复的进程,有利于人与自然的和谐。

最后,食用菌菌糠可生产有机肥或动物饲料,促进植物、动物的有机发展,实现生态农业的良性循环。

(三)带动农民脱贫致富

食用菌种植是我国具有国际竞争力的特色农业产业,出口量约占世界贸易总量的 60%,在我国农产品国际贸易中占有重要地位。食用菌可以承载调整农业产业结构、增加农民收入、壮大地方经济的大任,在"一带一路"战略中具有重要的意义。目前全国从事食用菌产业的人数达 2 500 多万,出现了一批食用菌产值超亿元和 10 亿元的县,利用得天独厚的条件,未来食用菌种植区域和规模将得到稳定的发展。

二、产业发展主要限制因素

(一)产业转型升级滞后

经济发展的重要标志是对食品安全和质量要求的不断提高,绿色食品和有机食品则是基本要求,而我国现有食用菌生产绝大多数仍处于常规栽培,在新形势下食用菌产业将面临前所未有的挑战,"生态、优质、安全、高效、高端"是未来食用菌产业发展的必然趋势,遵循可持续发展原则,按照绿色、甚至有机的栽培要求,产出安全优质的产品,才能保证该产业的健康稳定发展。

(二)品种推广进度缓慢

纵观食用菌栽培发展史,野生菌种驯化选育是食用菌种植和发展的重要物质基础,国内外已经驯化成功的食用菌有 200 余种,但实现规范化栽培的不过 20 余种,有的种类产业化的进程较为缓慢,主要有以下几方面原因。

第一,栽培条件相对特殊,气候、原料、栽培场所等影响种植的发展。

第二,虽然能栽培,但栽培技术和菌种不稳定,经济效益不明显。

第三,栽培技术和菌种都稳定,但受消费习惯的影响,市场推广较慢。

第四,食用菌生产从业人员参差不齐,高层次的栽培和管理技术人才缺乏,同时多数食用菌种植企业或农户设备落后,机械化程度低,生产效率和规模受到一定程度的限制。

第五,食用菌产品价格波动较大,虽然食用菌产业的发展以市场为导向,但小生产的盲目性较大,不少农户或企业以当年的市场价格确定下年的生产计划,过大的价格浮动直接影响着种植者的积极性及品种推广。

(三)产品开发技术薄弱

由于受栽培季节安排的限制,食用菌产品的供应与消费者的需求不完全匹配,缺乏安全可靠和价廉的食用菌保鲜加工技术,在企业或菇农大量出菇的季节,因存放时间长、贮藏方式不适宜、流通受阻等造成品质下降或腐烂变质,良好的保鲜加工技术缺乏直接影响着食用菌生产规模与产品开发。

三、产业发展趋势

(一)栽培有机化

健康是人类永恒的话题,任何一种食品的最终目的都是为健康生活服务。顺应市场的需求,食用菌产业在常规栽培过程中已表现出"非常规"发展的特点、趋势。对有机栽培产品的需求日益增加,针对种植过程各个环节不少种植户开始按照生态、高产、安全、优质的要求生产食用菌,依托廉价的林地发展食用菌林下栽培已成为新潮,林下种植可有效促进菌业与生态环境的协调发展。

(二)推广多样化

新种类、新品种和新技术的推广应用是农业产业立于不败之地的保障,食用菌主产区以常规的平菇、金针菇、香菇、银耳、草菇等为基础,根据不同地理环境、栽培原料、市场需求等逐步研发或引进周年栽培的地方性种类(品种),蟹味菇、白灵菇、蛹虫草等珍稀种类的种植逐步得到推广。

(三)产品多元化

目前,食用菌产品市场以原料和粗加工为主,精深加工处于初级发展阶段,根据不同菇类的特殊成分,提取其各种水溶性、脂溶性活性物质,做成各种各样的产品(调味品、保健品、化妆品等),加大食用菌深加工的开发力度,提高其利用率和应用范围的趋势已形成。

第二章

食用菌生物学基础

第一节　食用菌的形态结构

食用菌种类繁多、分布广泛、形态各异、色彩丰富、生长方式多样,根据其生长发育过程可分为菌丝体生长阶段和子实体发育阶段。

一、菌丝体

在适宜条件下,食用菌孢子萌发形成菌丝,其前端不断生长、分支,组成大多数呈白色的菌丝群,称为菌丝体(图 2-1)。菌丝一般呈管状,有横隔膜将菌丝隔成多

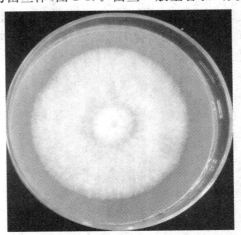

图 2-1　巨大口蘑人工培养基菌丝体形态

个细胞,每个细胞中细胞核的数目不一,子囊菌一般含有一个或者多个核,而担子菌大多含有 2 个核(图 2-2)。菌丝体作为食用菌的营养器官,相当于绿色植物的根、茎、叶,一般存在于培养基、土壤、树木等基质中,具有降解、吸收、运输、贮藏基质营养等功能。

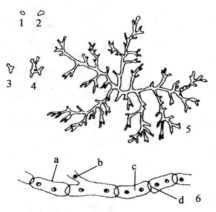

图 2-2　菌丝体的形成和结构

(引自马长冰.食用菌栽培,2002)

1.孢子　2.孢子膨胀　3.孢子萌发　4.菌丝分支　5.菌丝体　6.单根菌丝的放大

a.细胞壁　b.细胞核　c 细胞质　d.隔膜

二、子实体

子实体是一种特化的菌丝体组织,既是食用菌的有性繁殖器官,也是供人们食用的部分,一般生长在培养料、土表、朽木、腐殖质等基质表面,也有极少数的食用菌(如地下菌类的块菌、层腹菌、须腹菌等)子实体生于地下土壤中。食用菌子实体形状多种多样,有伞状、耳状、头状、喇叭状、笔状、舌状等,其中以伞状最多,主要由菌盖、菌柄、菌托、菌环等组成(图 2-3)。

(一)菌盖

菌盖是子实体的上部分,又称菌帽,由表皮、菌肉和产孢组织(菌褶、菌管、菌刺等)3 部分组成(图 2-4),其形状和颜色是人类辨别食用菌种类的重要依据。伞菌类大部分呈伞形,但因种类、生长发育阶段及环境不同会有所差异,常见的有圆形、卵形、半圆形等(图 2-5)。菌盖的颜色各种各样,如白色、红色、黄色、灰色、青色、褐色等(图 2-6),大小因种和生长环境而异,可分为大(直径>10 cm)、中(直径 6~10 cm)、小(直径≤5 cm)3 种类型。表皮表现为湿润或干燥、光滑或有黏液,或具

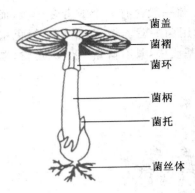
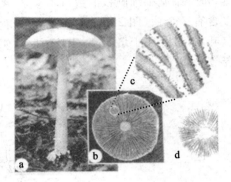

菌盖
菌褶
菌环
菌柄
菌托
菌丝体

a
b
c
d

图 2-3　伞菌子实体及菌褶的形态特征

（引自王贺祥,刘庆祥.食用菌栽培学,第 2 版,2014）

a.伞菌子实体　b.菌盖　c.菌褶　d.孢子印迹

有绒毛、鳞片或晶粒状小片等(图 2-7,图 2-8)。

菌肉是菌盖表皮下面的实体部分,也是菇类最有食用和药用价值的部分,菌肉有肉质、胶质、革质、蜡质等,一般呈白色、淡黄色,但有些种类的菌肉受伤后会变成黄、黑、绿色等各种颜色,乳菇类菌肉受伤后还会流出无色或有色的汁液(图 2-9)。

产孢组织是着生有性孢子的栅栏组织,是产生子囊孢子或担孢子

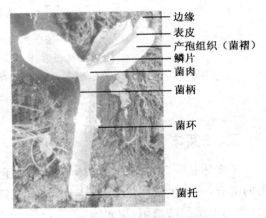

边缘
表皮
产孢组织（菌褶）
鳞片
菌肉
菌柄
菌环
菌托

图 2-4　鹅膏菌子实体形态特征

的地方(图 2-10),由菌褶(图 2-11)或菌管(图 2-12)或菌刺等组成。菌褶或菌管生长于菌盖的下方,上面连接菌肉,形状呈片状的叫菌褶,呈管状的称菌管。猴头、肉齿菌等相当于菌褶的部分则变为刺状,称为菌刺。菌褶的两侧、菌管的内周壁或菌刺的周围是产生孢子的地方,故将菌褶、菌管、菌刺等又都叫子实层体(图 2-13)。

孢子作为繁殖的单元,是一种有繁殖功能的休眠细胞,分有性孢子和无性孢子两大类(图 2-14)。单个孢子通常无色、极微小,形态多样,单个孢子的形态只能在显微镜下观察,但孢子聚集成堆时(孢子印),就呈现白、粉红、黑等颜色(图 2-15)。

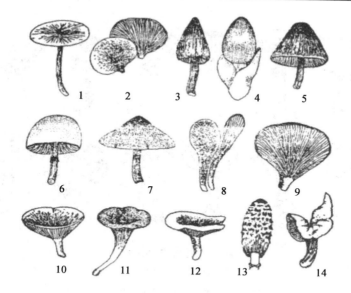

图 2-5 菌盖形状

（引自应建浙等.食用蘑菇,1982）

1.圆形 2.半圆形 3.圆锥形 4.卵圆形 5.钟形 6.半球形 7.斗笠形 8.匙形 9.扇形

10.漏斗形 11.喇叭形 12.浅漏斗形 13.圆筒形 14.马鞍形

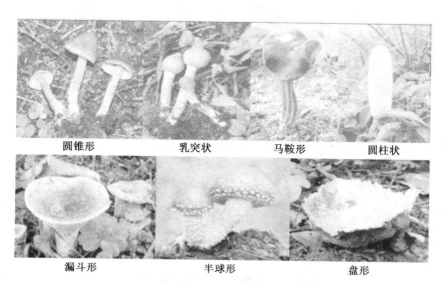

图 2-6 不同形状、颜色的大型真菌

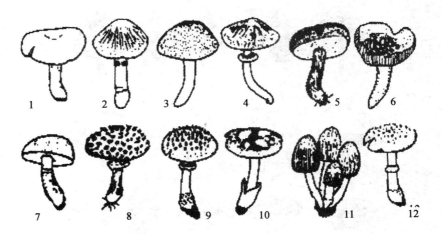

图 2-7　菌盖表皮特征

（引自应建浙等.食用蘑菇,1982）

1.光滑无毛　2.皱纹　3.具纤毛　4.条纹　5.具茸毛　6.龟裂　7.被粉末　8.丛毛状鳞片
9.角雏状鳞片　10.块状鳞片　11.具颗粒状结晶　12.具小疣

图 2-8　不同菌盖表面特征的大型真菌

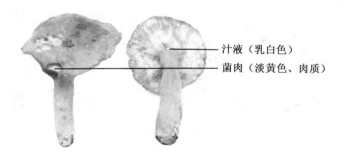

图 2-9 奶浆菌的菌肉与汁液

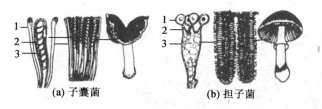

(a) 子囊菌　　　　**(b) 担子菌**

图 2-10 子囊菌和担子菌示意图

（引自杜敏华.食用菌栽培学,2007）

a.子囊菌(1.侧丝　2.子囊　3.子囊孢子)　b.担子菌(1.担孢子　2.小梗　3.担子)

图 2-11 菌褶边缘特征

（引自常明昌.食用菌栽培学,2003）

1.边缘平滑　2.边缘波浪状　3.边缘粗颗粒状　4.边缘锯齿状

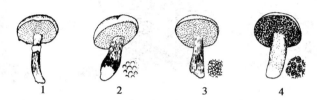

图 2-12 菌管孔的排列特征

（引自应建浙等.食用蘑菇,1982）

1.菌管放射状排列　2.菌管圆形　3.菌管多角形　4.菌管复孔

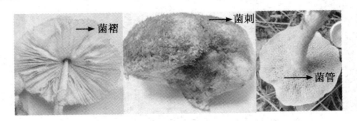

图 2-13　不同产孢组织

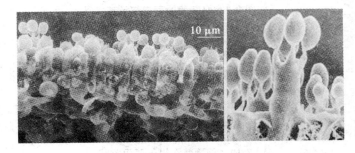

图 2-14　电镜下的子实层结构、担子及担孢子

（引自黄年来.18 种珍稀美味食用菌栽培,1996）

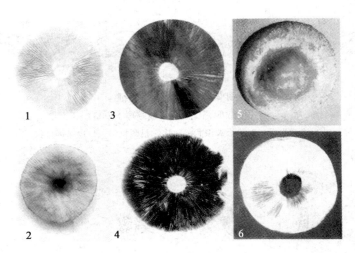

图 2-15　子囊菌和担子菌示意图

（引自卯晓岚.中国大型真菌,2000）

1,2.粪锈伞盖及锈褐色孢子印　3.黑褐色孢子印　4.黑色孢子印　5,6.香菇菌盖及白色孢子印

(二)菌柄

除胶质菌、腹菌等外,多数食用菌都具有菌柄。菌柄质地有肉质、纤维质、脆骨质、半革质、革质等,主要功能是输送营养和水分。作为菌盖的支撑部分,菌柄有偏生(香菇等)或侧生(侧耳等),菌柄形状、长短、粗细、颜色、质地等因种类不同而各异(图2-16)。菌柄与菌褶的着生关系是分类的特征之一,一般可分为离生、直生、延生及弯生4类(图2-17)。

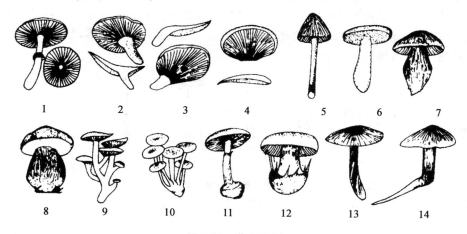

图 2-16　菌柄特征

(引自常明昌.食用菌栽培学,2003)

1.中生　2.偏生　3.侧生　4.无菌柄　5.圆柱形　6.棒状　7.纺锤形　8.粗状　9.分枝　10.基部联合　11.基部膨大呈球形　12.基部膨大呈臼形　13.菌柄扭转　14.基部延长呈假根状

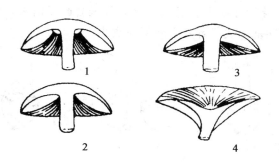

图 2-17　菌柄与菌褶的着生关系

(引自常明昌.食用菌栽培学,2003)

1.离生　2.弯生　3.直生　4.延生

(三)菌环与菌托

包裹在幼小子实体外面或连接在菌盖和菌柄间的一层膜状结构叫菌幕,前者称外菌幕,后者称内菌幕。

随着子实体的成熟,开伞后内菌幕破裂、消失,残留在菌盖边缘形成盖缘附属物最后脱落,而残留在菌柄上的部分称为菌环(口蘑、大肥菇、双孢蘑菇等),其存在与否是鉴定种属的重要依据。菌环一般着生于菌柄的中上部,有少数菇类(环柄菇)菌柄与菌环易脱离且移动,菌环以单层菌环(毒鹅膏)为主,少数为双层菌环(双环蘑菇)。有环菇类的菌环多数都留在菌柄上,少数易消失或脱落,其大小、质地、厚薄、单层或双层因种而异(图 2-18)。

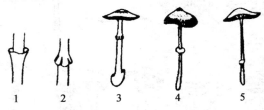

图 2-18　菌环向性和位置

(引自黄年来.18 种珍稀美味食用菌栽培,1996)

1.向上　2.向下　3.上位　4.中位　5.下位

外菌幕类似内菌幕,随着子实体的生长发育,其被胀破、撕裂,少部分残留在菌盖上成为鳞片状附属物最后脱落,残留在菌柄基部的袋状或环状物形成菌托。外菌幕的胀破、撕裂方式不同,菌托的形状各异(苞状、杯状、鳞茎状等,或由数圈颗粒组成)(图 2-19),许多伞菌随着自身的发育其菌托会逐渐消失,且外菌幕较薄的种类,只在膨大的菌柄基部残留着数圈外菌幕残片。

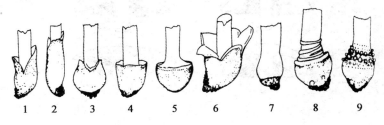

图 2-19　菌托特征

(引自常明昌.食用菌栽培学,2003)

1.苞状　2.鞘状　3.鳞茎状　4.杯状　5.杵状　6.瓣裂　7.菌托退化　8.带状　9.数圈颗粒状

第二节　食用菌的生长发育条件及过程

食用菌同其他生物一样,其生长发育受到内部因素和外部因素的双重影响,前者由其自身的遗传特性所决定的,是自然选择的结果;后者是营养与环境条件(温度、湿度、水分等)的影响。虽然内部因素起决定性作用,但只有外部因素适宜才能保证其正常的生长发育。

一、营养条件

食用菌作为一类没有叶绿素的异养型生物,必须从外部基质中摄取营养物质才能保证其生长发育。其所需要的营养物质类似动物的食物,包括碳源、氮源、无机盐等,碳氮素营养一般都是将生物大分子降解后才能吸收利用,无机元素则是通过化合物的形式加以吸收利用。

(一)碳源

能够为食用菌提供碳素的物质总称碳源,主要成为细胞构成的物质(约占吸收碳素总量的20%)和提供生长发育所需的能量(约占吸收碳素总量的80%)。食用菌能直接利用单糖、双糖、甘油、醇等小分子碳源,而纤维素、半纤维素、木质素、淀粉等大分子碳源不能直接被吸收利用,必须在胞外酶的作用下降解为小分子后方可利用,各种食用菌由于胞外降解酶种类和活性差异较大,对稻草、甘蔗渣、玉米芯、木屑、麦秸、棉籽壳等复合碳源的利用率也不同。

(二)氮源

能够为食用菌提供氮素的物质总称氮源,为食用菌合成核酸、蛋白质和酶类提供原料。食用菌能利用的氮源分为有机氮源(酵母膏、蛋白胨等)和无机氮源(铵盐、硝酸盐等),但以无机氮为唯一氮源时,菌丝合成氨基酸的能力较弱,因缺乏细胞所必需的部分氨基酸而生长较慢。与碳源类似,小分子氮源(氨基酸、尿素等)可被食用菌直接利用,而豆饼、米糠、粪肥、稻糠、玉米粉、豆粕等中大分子氮源必须在胞外酶的作用下将其降解为小分子后方可利用。

(三)无机盐

无机化合物中的盐类即为无机盐,也称矿物质,其主要功能是参与细胞成分、组成酶并维持其作用、调节细胞渗透压、控制原生质胶态、充当细胞内生化反应活化剂等。大量元素(磷、镁、钙、硫等)常用磷酸二氢钾、硫酸镁、石膏粉(硫酸钙)等补充,微量元素(铜、铁、锰等)需求量较少,一般无须添加,可从栽培原料中获得。

(四)维生素

维生素是维持食用菌生长发育所需的一类特殊有机化合物调节物质,其主要功能是参与酶组成、菌体代谢以及起辅酶作用。食用菌生长需要维生素 B_1(硫胺素)、维生素 B_2(核黄素)、维生素 H(维生素 B_7 或生物素)等,因马铃薯、玉米粉、米糠等材料中含有丰富的维生素,一般可不必添加。

(五)生长因子

一类调节食用菌正常生长代谢所必需,但不能用简单的碳、氮源自行合成的有机物即为生长因子,其主要功能是促进菌丝体生长、原基形成和子实体分化,如核苷、核苷酸、环腺苷酸、赤霉素、萘乙酸、吲哚丁酸、吲哚乙酸、三十烷醇等在生产上有一定的应用,但应严格控制其浓度。

二、环境条件

(一)温度

食用菌只能在一定的温度范围内生长发育,因其生命活动是通过体内一系列十分复杂的酶促反应来完成,而酶的活性与温度相关。因此,食用菌的生长发育存在有一定的温度范围和最适温度(表 2-1)。

表 2-1　斑玉蕈菌株 3011 菌丝生长与温度的关系

处理温度/℃	生长势	菌落直径/mm	生长速/(mm/d)
5	+	7.17	0.51
10	+	12.33	0.88
15	++	29.67	2.12
20	+++	36.17	2.58
25	+++	43.50	3.11
30	+	0.70	0.03
35	—	—	—

注:资料引自周会明等.斑玉蕈高产菌株 3011 最适培养料配方筛选,2014。"+++"表示浓密健壮,"++"表示较浓密,"+"表示生长,"—"表示不生长。

一般而言,食用菌在其生长发育的温度范围内,随着温度的升高,酶活性增强,生长速度加快,温度过低其生长停滞,但不会死亡,当温度再次大于最低温度其又恢复生长,温度过高生长速度降低或停止生长,甚至死亡。食用菌的孢子萌发、菌丝生长、子实体分化、子实体发育各阶段对温度的需求一般是依次递减,即孢子萌发的温度高于菌丝体生长,菌丝体生长的温度高于子实体分化,子实体发育的温度又高于子实体分化(表2-2)。

表2-2　几种食用菌各生长发育阶段对温度的需求　　　℃

种类	孢子萌发	菌丝体生长	子实体分化	子实体发育
双孢蘑菇	18～25	24	8～18	13～16
草菇	35～39	35	22～35	30～32
香菇	22～26	25	7～21	12～18
平菇	24～28	24～27	7～22	13～17
银耳	24～28	25	18～26	20～24
金针菇	15～24	23	5～19	8～14

注:资料改自常明昌.食用菌栽培学,2003。

食用菌根据子实体分化所需的适宜温度可划分为3种类型。

低温型:子实体分化的适宜温度为13～18℃,如双孢蘑菇、金针菇、滑菇等,低温型菇类多发于春季、秋末及冬季。

中温型:子实体分化的适宜温度为20～24℃,如肺形侧耳、黑木耳、竹荪等,中温型菇类多发于春、秋季。

高温型:子实体分化的适宜温度为24～30℃,最高可达40℃左右,如草菇、灵芝、榆黄蘑等,高温型菇类多发于盛夏季节。

(二)水分

水分在食用菌的生长发育中非常重要,不可缺少。它既是细胞的重要组分,也是吸收营养、体内代谢、排除代谢物等生理生化过程不可缺少的基本溶剂;水分还是维持食用菌固有形态的基本保障,细胞一旦失水其形态就会萎缩而变形。细胞内水分含量高(占细胞的70%～90%),水本身的比热、汽化热较高及导热性较好,对稳定和调节细胞内温度发挥着重要作用。

水分来自培养料和空气,一般食用菌培养料的含水量在60%～65%,段木的含水量以35%～40%为宜,其含水量可根据高温与低温季节适当增加或降低1%～2%;菌丝体培养阶段空气相对湿度为60%～70%,原基分化阶段为80%～85%,出菇阶段则为85%～95%(表2-3)。

总之,在培养过程中一定要将含水量与空气湿度调节合适,如果空气过于干燥,容易造成菌袋脱水,尤其冬季养菌;如果空气湿度过大或直接往菌袋上喷水,易出现青霉、绿霉、曲霉等污染。

表 2-3　食用菌不同生长发育阶段对培养料含水量和空气相对湿度的要求　　　　%

种类	菌丝体生长阶段		子实体生长阶段	
	培养料含水量	空气相对湿度	培养料含水量	空气相对湿度
双孢蘑菇	60～65	60～70	60	80～90
香菇	50～55	60～70	55	85～95
草菇	65～70	60～70	65	85～95
金针菇	60～65	70～80	60	80～92
平菇	60～65	70～80	60	85～95
黑木耳	60～65	50～70	60	85～95
银耳	55～60	70～80	55	85～95
滑菇	60～70	65～70	60	80～90
猴头菌	60～70	70～80	60	80～90
鸡腿菇	60～65	60～70	60	80～90
竹荪	55～60	70～80	55	80～95
灰树花	60～63	60～70	60	80～95

注:资料引自常明昌.食用菌栽培学,2003。

(三)光照

　　食用菌作为化能异养型真菌,虽不能进行光合作用,但光对其延缓菌丝生长、诱导子实体的分化有重要的作用。食用菌在不同的生长阶段对光的要求不同,菌丝体生长阶段一般不需要光,而原基分化和子实体生长发育阶段需要一定量的光刺激,但不同种类对光照的需求存在差异,如灵芝、香菇、滑菇等需要较强的光照,而双孢蘑菇、大肥菇、鸡腿菇等无须光照(表 2-4)。因此,在实际生产中,一定要注意调节光照,防止发生提前转色、菌丝老化、不出菇等现象。

表 2-4　食用菌在不同生长发育阶段对光的需求

种类	菌丝体发育期	子实体发育期
双孢蘑菇	—	—
香菇	—	++
平菇	—	+
黑木耳	—	++
银耳	—	+
滑菇	—	++

续表 2-4

种类	菌丝体发育期	子实体发育期
猴头菇	—	＋
凤尾菇	—	＋
灵芝	—	＋＋
环菌	—	＋＋
大肥菇	—	—
草菇	—	＋＋
金针菇	—	＋

注："＋＋"表示无光不能形成子实体，"＋"表示无光可形成子实体，需光照子实体才能正常生长，"—"表示不需要光。

(四)空气

食用菌作为好气型真菌，通风是栽培过程中的一项重要措施，空气中的氧气和二氧化碳对其生长发育影响显著，只有两者含量适合才能维持其正常的新陈代谢，在没有氧气的环境中不能生长，当二氧化碳浓度过高或缺少氧气时其生长会受到抑制或毒害。

一般而言，从菌丝体生长阶段到子实体生长发育阶段，食用菌对氧气的需求量逐步增高。菌丝体阶段对氧气较为敏感，当其浓度过高时，菌丝生活力下降、生长缓慢；子实体分化阶段对氧气需求量不大，此时略提高二氧化碳浓度，可促进子实体原基的分化；子实体发育阶段对氧气需求量急剧增加，环境中二氧化碳浓度过高，易形成畸形菇，但适当的通风可调整菌盖和菌柄的比例，若通风量大，过多的氧气刺激菌盖生长，反之，通风量小，二氧化碳浓度较高，抑制菌盖生长，刺激菌柄生长。

正常情况下，空气中氧气(21％)与二氧化碳(0.03％)完全可以满足食用菌不同阶段对氧气的需求，但在菇房、地下室、菇棚等特定环境栽培菇类时，伴随着呼吸作用的进行，氧气含量逐渐降低，二氧化碳含量不断升高，从而影响到菌丝生长、原基分化及子实体发育，会导致栽培周期延长、品质下降、产量降低等。

(五)酸碱度

首先，适宜的酸碱度(pH)是食用菌生理活动正常进行的重要因素，其主要作用是通过影响酶活性(酶在过低或过高的 pH 环境中会降低活性甚至失去活性)促进或抑制菌丝生长；其次，所有的盐类都必须溶解成离子状态才可被细胞吸收，pH 的变化可改变细胞膜阴阳离子的通透性，从而影响食用菌对矿质营养的吸收，如 pH 低即质膜 H$^+$ 浓度高，阻碍阳离子吸收，pH 高即质膜 OH$^-$ 浓度高，阻碍阴离子吸收;第三,pH 的变化会影响菌丝体的呼吸作用,如当 pH 低时,氧化还原电位高,环境处于富氧状态,有利于菌丝体呼吸作用,生长加快;当 pH 高时,氧化还原电位低,环境处于富氢状态,菌丝体呼吸作用受到影响,生长减缓。

不同种类的食用菌菌丝体生长所适宜的酸碱度不同,大部分食用菌菌丝生长喜中性偏酸环境,最适 pH 为 5~5.5,当 pH 大于 7 时生长受阻,大于 8 时生长停止(表 2-5)。

表 2-5 常见食用菌菌丝生长对 pH 的要求范围

食用菌种类	生长	适宜	食用菌种类	生长	适宜
双孢蘑菇	5.0~8.0	6.8~7.0	黑木耳	4.0~7.5	5.0~6.5
大肥菇	5.5~8.0	6.0~6.5	银耳	5.0~7.5	5.0~6.0
香菇	3.0~6.5	4.5~6.0	灰树花	3.5~7.0	4.0~4.5
草菇	4.0~10.0	8.0~9.0	猴头菌	3.0~7.0	4.0~5.5
金针菇	3.0~8.5	5.5~6.5	灵芝	3.0~7.5	4.0~5.5
滑菇	4.0~7.0	5.0~6.0	茯苓	3.0~7.0	4.0~5.5
平菇	3.0~7.5	5.4~6.0	竹荪	5.0~6.5	5.6~6.0

注:资料引自王贺祥.食用菌栽培学,2014。

实际生产中,因培养料在灭菌的过程中 pH 会下降,且菌丝生长过程中会产生一些酸性物质(如草酸、乙酸、柠檬酸等),应根据所种植食用菌的种类,制作培养料时将 pH 在其最适值的基础上调高 1.5 左右或在料内加入一定量的缓冲剂(石膏粉、磷酸二氢钾、碳酸钙等)。

(六)生物因子

除温度、水分、光照、空气、酸碱度以外,一些生物因子与食用菌的生长也有着密切的关系,如许多土壤微生物(如假单胞杆菌、嗜热细菌、放线菌等)能为食用菌提供必要的营养物质,帮助其分解纤维素、半纤维素等高分子物质,并刺激原基的分化;一些食用菌能与植物共生,形成菌根后相互交换物质,彼此受益;少数食用菌与动物也存在密不可分的关系,如鸡枞与白蚁。

三、生长发育过程

食用菌的生长发育包括营养生长和生殖生长两个阶段,前者是指从孢子萌发或者菌种接到培养料上开始,直到菌丝在基质内生长蔓延至扭结为止。后者是指菌丝体在适宜的养分和环境下,逐渐达到生理成熟,从菌丝扭结开始,逐步由原基至形成子实体为止的阶段。

（一）单核菌丝形成过程

每个细胞中只含有 1 个细胞核的菌丝即为单核菌丝，又称一级菌丝或初生菌丝。一般情况下，它由孢子在适宜条件下（营养、水分、温度等）萌发形成，开始时其细胞多核、纤细，后产生隔膜，分成许多个单核细胞，具有菌丝细弱、核染色体单倍、生活力弱、历时短、不发达、不产生子实体等特点（图 2-20）。但也有特殊情况，比如双孢蘑菇的担孢子萌发时就有两个核。

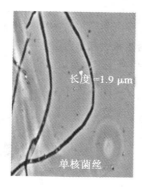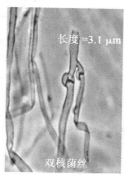

图 2-20　杨柳田头菇的单核菌丝及具有锁状联合的双核菌丝

（二）双核菌丝形成过程

细胞内含有 2 个细胞核的菌丝即为双核菌丝，又称二级菌丝或次生菌丝。它是由 2 个单核菌丝发育到一定阶段，经过质配而形成，但核并不融合，其具有菌丝粗壮、核染色体双倍、生活力强、寿命长、分支繁茂、生长速度快、能产生子实体等特点。食用菌生产上使用的菌种都是双核菌丝，大部分双核菌丝具有锁状联合的特征（图 2-20）。

锁状联合是双核菌丝细胞分裂的一种特殊形式，也是菌种鉴定的主要特征之一，其主要存在于大多数担子菌（平菇、木耳、香菇等）中，但双孢蘑菇、蜜环菌、草菇等担子菌菌丝并没有这种结构。其形成过程见图 2-21。

（三）三生菌丝形成过程

双核菌丝生长发育到生理成熟时，在营养不足、环境刺激、土壤微生物作用等情况下菌丝体相互紧密地缠结在一起，形成组织化的双核菌丝，称其为三生菌丝、三级菌丝、三次菌丝或结实性菌丝，这种组织体具有排列特殊、结构异型、适应性强等特点，如菌核、子座、菌丝束等（图 2-22）以及子实体中的菌丝（图 2-23）。

总之，食用菌的生长发育（即子实体的形成）由单核菌丝、双核菌丝及三生菌丝形成 3 个过程组成（图 2-24）。

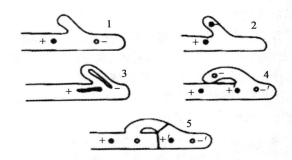

图2-21　锁状联合形成过程示意图

（引自申进文.食用菌生产技术大全,2014）

1.细胞产生喙状突起　2.一核进入突起　3.双核并裂　4.两个子核在顶端　5.隔成两个细胞

茯苓的菌核　　　　冬虫夏草的子座　　　　双孢蘑菇的菌丝束

图2-22　常见的菌丝组织体示意图

（引自常明昌.食用菌栽培学,2003）

生殖结构

菌丝　　　　产孢结构

菌丝体

图2-23　担子菌菌丝体与子实体的关系示意图

（引自王贺祥.食用菌栽培学,2008）

图 2-24　蘑菇的子实体形成示意图

（引自应建浙等.食用蘑菇,1982）

第三节　食用菌的生殖方式及生活史

当营养与环境适宜时,食用菌与其他生物一样,自身将不断进行新陈代谢,当同化作用超过异化作用时,其个体的重量和体积不断增加,同时会产生新的子代个体,即生殖。食用菌的生殖包括无性繁殖、准性繁殖和有性繁殖 3 种。

一、食用菌的生殖方式

（一）无性生殖

不经过两性细胞结合而直接产生新个体的繁殖方式即为无性生殖,包括孢子生殖、组织培养、菌丝体传代等方式,其后代能很好地保持亲本原有的性状。如菌丝体生长过程中形成节孢子、分生孢子等无性孢子以及银耳的芽殖、组织分离、菌种转管等都属无性生殖。

（二）准性生殖

经过两性细胞结合但没有经过减数分裂而产生新个体的一种繁殖方式即为准性生殖。其只经过质配与核配两个时期,即食用菌菌丝发生突变或菌丝间融合生成异核体,进而分裂形成杂合二倍体并发生有丝分裂交换与单倍体化,最后产生新个体。该方式是丝状真菌,特别是不产生有性孢子的丝状真菌(如半知菌类等)特有的遗传方式,在食用菌繁殖中不常见。

（三）有性生殖

经过两性细胞(如担孢子,图 2-25)结合并发生减数分裂而产生新个体的一种繁殖方式即为有性生殖,经过质配、核配和减数分裂 3 个时期。

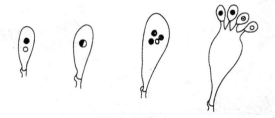

图 2-25 担子细胞的核配、减数分裂和担孢子的形成

（引自常明昌.食用菌栽培学,2003）

二、食用菌的生活史

担子菌有性繁殖的基础是交配,其性器官的功能由有性孢子所生成的菌丝体所代替。依据每种菌同一有性孢子萌发所形成的初生菌丝自身是否可孕、担孢子内部细胞核数目以及特性,交配系统可分为:初级同宗结合、次级同宗结合、二极性异宗结合、四极性异宗结合四大类型,异宗结合是担子菌中最普遍的有性生殖方式(约占担子菌的90%)。

(一)同宗结合

同宗结合依据不亲和性因子的存在与否又分为初级同宗结合和次级同宗结合两类。如果担孢子只含有一个减数分裂产生的核,该单核担孢子萌发后生成的同核菌丝进行双核化后能完成其有性生活史叫初级同宗结合,草菇是这一类型的典型代表(图 2-26),同宗结合的机制目前尚待进一步深入明确。

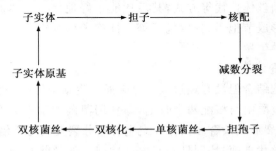

图 2-26 草菇生活史

（引自常明昌.食用菌栽培学,2003）

次级同宗结合是指担子菌每个担子上只产生 2 个担孢子,且在各自的细胞内含减数分裂形成的不同交配型的 2 个核,这 2 个双核担孢子萌发后形成可孕且多核的异核菌丝体,不需要与其他的担孢子萌发形成的菌丝体进行交配即可完成整个生活史,双孢蘑菇为这一类型的代表(图 2-27)。

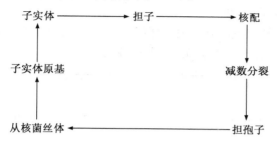

图 2-27　双孢蘑菇生活史
(引自常明昌.食用菌栽培学,2003)

(二)异宗结合

在担子菌中,异宗结合是指子实层内担子上的每个担孢子只含有一个减数分裂形成的细胞核,其担孢子萌发后形成的单核菌丝一般自身无法形成子实体,需要与其他不同交配型的单核菌丝交配,在特定环境下才可形成子实体。这种有性生殖方式由交配型因子控制其交配,有单因子控制和双因子控制 2 种类型。

单因子控制系统(即二极性异宗结合)是指由一个具有复等位基因不亲和性因子 A 控制其极性,每 1 个担子所产生的 4 个担孢子有 2 种交配型(A_1 和 A_2),只有不同交配型的担孢子萌发后形成的单核菌丝配对后在特定条件下才能形成子实体的系统,滑菇(图 2-28)和大肥菇为该类型的代表。

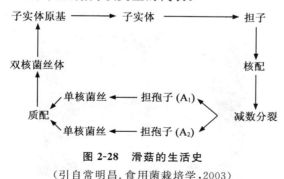

图 2-28　滑菇的生活史
(引自常明昌.食用菌栽培学,2003)

双因子控制系统(即四极性异宗结合)是指由两个具有复等位基因且互不连锁的不亲和性因子 A 和 B 控制其极性,每 1 个担子所产生的 4 个担孢子具有 4 种交配型,相匹配的不同交配型担孢子萌发形成的单核菌丝配对后在一定条件下形成子实体的系统,凤尾菇、灰盖鬼伞、香菇、裂褶菌、平菇、银耳、金针菇和杨柳田头菇等均属于这一类型(图2-29)。

二极性同一菌株产生的有性孢子之间存在50％的可亲和性,异宗结合担子菌中,二极性的异宗结合有25％,75％为四极性的异宗结合。

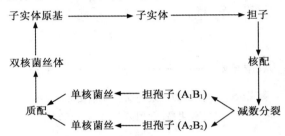

图 2-29　香菇、平菇、金针菇、银耳的生活史

(引自常明昌.食用菌栽培学,2003)

由担孢子或子囊孢子在一定的营养和环境条件下,经过萌发形成有性初生菌丝,具亲和性的初生菌丝相互融合形成次生菌丝,次生菌丝再发育形成繁殖器官或子实体并产生新的担孢子或子囊孢子,孢子最后被释放出来,如此不断循环的全部过程即为食用菌的生活史。杨柳田头菇其遗传模式为典型的四极性异宗结合,交配型由两个具有复等位基因且互不连锁的 A 和 B 因子所控制,其担子减数分裂后形成的担孢子分为 A_1B_1、A_1B_2、A_2B_1 和 A_2B_2 4 种不同的交配型。只有 A 和 B 两个因子都不相同的单核菌丝间的交配即 A_1B_1 与 A_2B_2 交配(图2-30),才能完成有性生活史

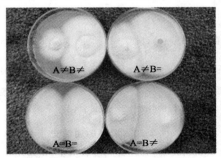

图 2-30　杨柳田头菇交配型

图中"A≠B≠"表示担孢子"$A_2B_2×A_1B_1$"杂交,"A≠B="表示担孢子"$A_2B_1×A_1B_1$"杂交,
"A=B="表示担孢子"$A_1B_1×A_1B_1$"杂交,"A=B≠"表示担孢子"$A_1B_2×A_1B_1$"杂交。

（图 2-31），其有性世代要经历担孢子、菌丝体、子实体的循环过程（图 2-32）。

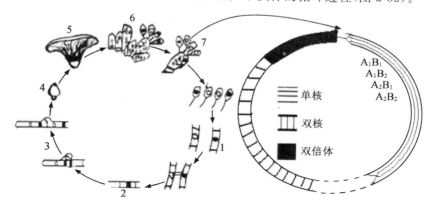

图 2-31　杨柳田头菇的生活史

图 2-32　杨柳田头菇的担孢子、菌丝体、子实体的循环过程示意图

第二部分　食用菌制种

第三章

食用菌制种技术

第一节 食用菌制种概述

食用菌类似高等植物,其生产前的首要任务是制种,优良的菌种是栽培出菇及获得稳定、优质、高产的保证。目前,食用菌的制种采用母种、原种、栽培种三级繁育程序,根据菌种制成后的物理性状又分为固体菌种和液体菌种,前者制种具有工艺简单、所需设施廉价、易规模化生产等优点,但菌丝生长慢、周期长、菌龄差异较大等,后者制种可弥补前者的缺点,但所需设备昂贵,目前很难大规模推广。

一、菌种

(一)菌种的概念

在适宜的条件下,食用菌孢子、菌丝组织体或子实体组织经萌发而成的可以出菇的纯菌丝体即为菌种,其是以试验、栽培、保藏为目的,遗传特性相对稳定且可供进一步繁殖或栽培使用,通常是由菌丝体和基质共同组成的联合体。优良的菌种应具有高产、优质、抗逆性强等特性。

(二)菌种的分类

菌种因分类标准不同可进行多种分类。根据物理性状分为液体菌种、固体菌种及固化菌种;按照使用目的分为保藏用菌种、试验用菌种及生产用菌种;依据培养对象和培养料分为木质菌种(灵芝、香菇、木耳等)和草质菌种(草菇、双孢蘑菇、大肥菇等);针对培养基的不同分为谷粒菌种、粪草菌种、木块菌种等。在实际生产中,应用最广泛的分类是根据菌株来源、生产目的、繁殖代数等把菌种分为母种、原种和栽培种。

1. 母种

经孢子、组织、菇木等分离法首次得到具有结实性的纯菌丝体即为母种，又称一级种或试管种，其主要功能是用于原种的繁殖或纯种的保藏（4℃的冰箱保存）。因分离法获得的母种数量有限，通常将其菌丝再次转接到新的培养基上扩大繁殖（1 支试管母种接种 10 多支新试管），能得到更多的母种，称为再生母种，生产用的母种实际上都是再生母种。

2. 原种

由母种转接到麦粒、木屑、棉籽皮、麦草等为主的培养基上，经一次扩大培养后形成的菌丝体纯培养物即为原种，又称二级菌种或瓶装种。原种的主要功能是栽培种的繁殖或小规模的生产（成本高），通常以透明的玻璃瓶或塑料瓶为容器，1 支母种可扩大繁殖 6～8 瓶原种。

3. 栽培种

由原种接种到相同或相似固体培养基质上，进一步扩大繁殖而成的菌丝体纯培养物即为栽培种，又称三级种、生产种或袋装种，其具有菌丝强壮、纯度低、数量多、成本低等特点，直接应用于生产或可作为菌种接种到菌床、段木、栽培袋等，但一般不能用于扩大繁殖菌种，否则将会导致菌种退化，甚至减产。常以塑料袋、塑料瓶、玻璃瓶等为容器，1 瓶原种（容积为 750 mL）可繁殖 30～50 袋栽培种。

二、培养基

（一）培养基的概念及类型

1. 培养基的概念

天然或人工配制而成的适合于食用菌生长繁殖或产生代谢物的一切营养基质称为培养基。

2. 培养基的类型

依据营养来源培养基分为天然培养基、合成培养基和半合成培养基；针对培养基主料的不同分为小麦粒培养基、甘蔗渣培养基、马铃薯培养基等；根据培养基制成后的物理状态分为液体培养基（不加凝固剂）、固体培养基（1.5%～2% 的琼脂）和半固体培养基（0.2%～0.5% 的琼脂）；按照培养基表面形状分为斜面培养基、平板培养基和高层培养基；根据试验的特殊需求可将其分为基础培养基、鉴别培养基、加富培养基、选择性培养基等；在实际生产中，依据食用菌菌种的生产流程可分为母种培养基、原种培养基及栽培种培养基。

(二)培养基制作原则

1.目的明确

因培养目的不同培养基成分及比例存在较大差异,在制作食用菌培养基时首先要明确用途,为获得食用菌菌球,应选择液体培养基;制作原种,应选择小麦粒培养基;生产栽培种,应选择玉米芯、棉籽壳、木屑等培养基;为得到某种含氮的有机酸代谢产物,制作培养基时氮源的比例要高,相反,若代谢产物是不含氮的有机酸代谢产物,应提高碳源的比例。

2.营养均衡

不同的食用菌适宜其生长的营养物质存在差异,制作时应注意原料和各成分间的比例,如草腐性菌类适宜的主料是草、粪等,若选木屑、玉米芯、棉籽壳类主料,其产量、质量、栽培效益等都会受到影响;食用菌适宜的氮源是有机氮,若用大量的碳酸铵、硝酸铵等无机氮替代,易造成菌丝体徒长、子实体分化受到抑制等;不同的食用菌有适宜其生长发育的碳氮比,氮源过量不出菇,相反则菌丝生长弱,产量低。

总之,只有营养物质的种类齐全、比例协调,才能促进食用菌良好的生长与繁殖。

3.理化适宜

在制作培养基时,适宜的含水量、pH、松紧度等理化条件是决定栽培成败的关键。大多数食用菌生长所需的含水量为 $60\%\sim65\%$,当水分超过 70% 时,培养基中含氧气量减少,菌丝因呼吸困难而生长停滞,厌氧菌(如细菌)大量滋生致培养基酸败,相反,若基质中含水量低于 60%,菌丝因缺水导致新陈代谢缓慢,其生长减缓而变得纤细,易引起好气性真菌(如霉菌)污染。培养料的松紧度影响基质的通气性,处理不当会产生同样的结果,栽培原料要粗细搭配,松紧适宜。大部分食用菌的菌丝适宜弱酸性环境中生长,pH 的高低对菌丝的萌发、定植及生长都有很大影响。

4.经济节约

食用菌的规模化生产时,为提高经济效益,降低生产成本是获得经济效益的最佳手段。因此,大批量制作原种、栽培种时,选用适宜当地气候条件的品种及可再生、价格低及取材易的原材料作为原料(如稻草、甘蔗渣、阔叶树叶等)制作培养基。

(三)碳氮比及其计算方式

1.碳氮比

培养料中碳素总量和氮素总量之比即为碳氮比(C/N),不同培养料的 C/N 差异较大(表3-1)。不同的食用菌其碳氮比需求有一定的差异,大多数菇类菌丝体生长阶段的 C/N 通常为 $(20\sim25):1$,子实体生长阶段 C/N 通常为 $(30\sim40):1$。

碳氮比过大,菌丝生长缓慢,纤弱,产量低;碳氮比过小,菌丝徒长,子实体分化难,严重时不出菇。因此,碳氮比对食用菌生长发育十分重要。

表 3-1　各种培养料的碳氮比(C/N)

培养料	C/%	N/%	C/N	培养料	C/%	N/%	C/N
杂木屑	49.00	0.10	491.80	羊粪	16.24	0.65	24.98
小麦秸	47.03	0.48	98.00	栎落叶	49.00	2.00	24.50
玉米芯	42.30	0.48	88.10	奶牛粪	31.79	1.33	23.90
燕麦秆	47.09	0.54	87.20	玉米粉	52.92	2.28	23.20
甘蔗渣	53.10	0.63	84.20	黄牛粪	38.60	1.78	21.69
大麦秆	47.09	0.64	73.58	马粪	11.60	0.55	21.09
稻草	45.39	0.63	72.05	大豆秆	49.76	2.44	20.40
谷壳	41.64	0.64	65.06	麦麸	44.70	2.20	20.30
稻壳	41.64	0.64	65.00	米糠	41.20	2.09	19.80
葵花籽壳	49.80	0.82	60.70	鸭粪	15.20	1.10	13.80
猪厩肥	25.00	0.45	55.60	菜籽饼	45.20	4.60	9.83
栎木屑	50.40	1.10	45.80	高粱酒糟	37.12	3.94	9.40
高粱壳	32.90	0.72	45.70	啤酒糟	47.70	6.00	8.00
猪粪	25.00	0.56	44.64	花生饼	49.04	6.32	7.76
甜菜渣	56.50	1.70	33.20	大豆饼	47.46	7.00	6.78
沼气肥	22.00	0.70	31.43	兔粪	13.70	2.10	6.52
水牛粪	39.78	1.27	31.32	花生麸	28.77	6.39	4.50
野草	46.70	1.55	30.10	鸡粪	4.10	1.30	3.15
干草	49.76	1.72	28.90	豆腐渣	9.45	7.16	1.30
棉籽壳	56.00	2.03	27.60	尿素	—	46.00	
玉米秆	43.30	1.67	25.93	硫酸铵	—	21.00	
纺织屑	59.00	2.32	25.43				

2.计算方式

假定以双孢蘑菇堆料为例配制碳氮比为 33:1 的培养料 100 kg,其中玉米芯 5 kg、稻草 25 kg、水牛粪 70 kg,需补充尿素(使用量应控制在 0.1%~0.2%)多少?假设需补充尿素 X kg。

经查阅资料得知,玉米芯含碳量为 42.3%、含氮量为 0.48%;稻草含碳量为

45.58%、含氮量为 0.63%；水牛粪含碳量为 39.78%、含氮量为 1.27%；尿素含氮量 46%。

堆料中的总含碳量：5 kg×42.3%＋25 kg×45.58%＋70 kg×39.78%≈41.46 kg，总含氮量：5 kg×0.48%＋25 kg×0.63%＋70 kg×1.27%≈1.07 kg。

按照双孢蘑菇 C/N 是 33∶1 计算，$X=\{41.46-(1.07\times33)\}/33\approx0.19$ kg，其中尿素约占总料 100.19 kg 的 0.19%，符合尿素的用量。

(四)培养基制作流程

在生产食用菌菌种过程中，其培养基制作工艺流程如下(图 3-1)。

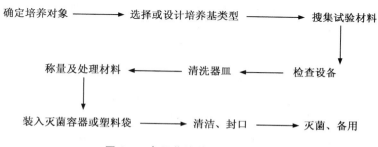

图 3-1　食用菌培养基制作流程

三、灭菌与消毒

(一)概念区分

无菌是指不含任何活菌，是一种最佳的灭菌效果。根据对微生物杀灭程度的不同而将其分为灭菌、消毒和防腐 3 个方法。

灭菌是指采用物理或化学的方法，杀死一切微生物的方法，是一种彻底的杀菌方法，能够杀灭包括耐高温细菌芽孢在内的一切有生命的物质。

消毒是指采用物理或化学的方法，杀灭或消除一部分微生物的方法，是一种不彻底的灭菌方法，一般只能杀死或消除物体表面、基质及环境中的微生物营养体，并不一定能杀死包括耐高温细菌芽孢在内的一切有生命的物质。

防腐是指采用物理或化学的方法，暂时防止或抑制微生物生长繁殖的方法。其是一种暂时的抑菌方法，并不能永久的防止物品腐败霉变。

(二)常见灭菌方法

灭菌在食用菌栽培的各个环节中处于核心地位，其目的在于彻底消灭培养基质中的微生物，同时利于难溶性养分实现有效利用。常用灭菌方法如下。

1. 干热灭菌法

干热灭菌包括火焰灭菌和干热灭菌,采用灼烧或干热空气使附在物体表面的微生物死亡的方法。前者具有杀菌温度高、灭菌时间短的特点,适用于耐热物品包括接种针、接种勺、接种铲等接种工具及试管、玻璃瓶等容器口的灭菌;后者具有干热空气穿透力差及灭菌物品容量少的特点,适用于耐高温的固体材料灭菌,如将试管、金属用具、玻璃器皿等放入烘箱在160℃条件下保持2 h可达到灭菌的效果,但不适用于塑料制品、纸张、棉塞等的灭菌。

2. 湿热灭菌法

通过高压或常压灭菌锅产生的高温蒸汽对物品进行灭菌的方法。此方法因高温蒸汽进入细胞内凝结成水并能放出潜在热量而提高杀菌温度,蒸汽具有穿透力与杀伤力强,通过使蛋白质变性、酶系统被破坏等达到杀菌的效果,被广泛应用于食用菌种植的各个环节。常用的湿热灭菌方法有以下3种。

①高压蒸汽灭菌:在密封的容器内,利用水的沸点与压强成正比的原理,当水加热后,因蒸汽不能逸出而蒸汽压力增大,水温随压力上升而上升,在保持相应的灭菌时间内,具有较高温度的热蒸汽很快穿透被灭菌的物体,使其表面或内部的微生物(包括抗热能力极强的芽孢杆菌)因蛋白质的变性而丧失活力。此方法杀菌彻底、用时短、使用广且能杀死包括休眠孢子在内的一切微生物,但此方法需要专业设备,具有一次灭菌量少、成本高、易破坏基质营养等缺点,适用于食用菌各级菌种培养基制作。常见的高压灭菌锅分为手提式、立式、卧式3类(图3-2)。

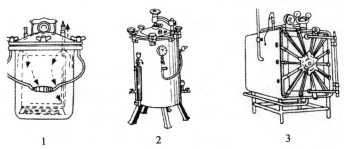

图 3-2　食用菌培养基制作流程

(引自常明昌.食用菌栽培学,2003)

1.手提式高压锅　2.立式高压锅　3.卧式高压锅

②常压蒸汽灭菌:自然压力下,将被灭菌的物料置于常压灭菌锅(又称土蒸锅)(图3-3)、自制蒸笼、流通蒸汽灭菌灶等容器内,利用97～105℃的蒸汽保持8～

10 h进行灭菌的方法即为常压蒸汽灭菌。灭菌容器建造形状各异、结构简单、容量大、成本低,超过4 h可杀死耐热性的芽孢。主要适用于栽培种灭菌或蒸料,但生产中锅内菌种瓶或菌种袋摆放不宜过密,应保留一定的空间,以促使锅内热蒸汽均匀串通,达到好的灭菌效果。

图 3-3 土蒸锅

(引自常明昌.食用菌栽培学,2003)

③间歇灭菌:自然压力下,将待灭菌的物品置于灭菌容器内,利用反复多次的流通蒸汽加热,杀死所有微生物的方法即为间歇灭菌。一般在100℃下先加热0.5～1 h(杀死培养基内微生物的营养体)后,将培养基置于25～35℃条件下培养24 h(诱发培养基没被杀死的芽孢等生命体形成营养体),接着对培养基再次灭菌30 min(以杀死新萌发的微生物营养体),继续在25～35℃下培养24 h后进行第三次灭菌,彻底杀死细菌所有繁殖体和芽孢。其适用于不耐高温的营养物、药品或特殊培养基的灭菌。

3. 射线灭菌法

利用射线所释放的能量能引起微生物细胞分子发生电离,使细胞中各种活性物质发生变性,最终导致细胞死亡而杀死微生物营养体或休眠体的方法即为射线灭菌法。如X射线、γ射线等,其主要适用于较大又不耐高温的物品灭菌。

4. 微波灭菌法

通过微波炉等设备,利用其电磁场的热效应使细菌蛋白质变化,从而使细菌失去营养、繁殖及生存的条件而死亡的一种方法即为微波灭菌法,其主要适用于较小且耐高温的物品灭菌。

(三)常见消毒方法

消毒是一种抑制微生物生长繁殖的常用方法,其具有暂时性、不彻底性及随机性,但因成本低、简单易行、可操作性强、易推广等优点在食用菌制种工作中应用很广,如针对菌袋、器皿、工具、皮肤等表面以及接种箱、接种室、超净工作台、菇房等内部的消毒。常用消毒方法如下。

1.化学药品消毒

采用化学药品对空气、皮肤、基质等消毒的方法即为化学药品消毒。要根据消毒对象和化学药品特性来搭配,药品之间应定期轮换或几种同时使用才能达到良好的消毒效果,同时也要注意抗药性及操作人员的安全。该方法适用于食用菌菌种生产中的器械、菌袋表面及周围环境等的消毒。根据不同消毒对象可分为表面擦拭消毒药品(75%酒精、0.25%新洁尔灭、0.1%～0.2%高锰酸钾等)、空间熏蒸消毒药品(如 10 mL/m³ 甲醛＋5 g/m³ 高锰酸钾)、空间喷雾消毒药品(1%～2%来苏儿、5%苯酚、0.25%～0.5%新洁尔灭等)、表面撒施消毒药品(盐、生石灰等)、基质内部消毒药品(0.1%多菌灵、0.1%百菌清、0.1%～0.2%甲基托布津等)五大类。

2.紫外线消毒

利用紫外灯产生的紫外线使细胞内核酸、蛋白质和酶发生光化学变化,使空气中氧气部分变为臭氧而杀灭部分微生物的方法即为紫外线消毒。处理方法一般是在 10 m³ 的空间,用 30 W 紫外灯黑暗照射 30 min,再等待 0.5 h 后打开日光灯或遮光布即可使用。此方法简单易行,但针对细菌杀灭效果好而真菌效果较差,只能作为灭菌的辅助措施。适合于接种室、接种箱、缓冲室等的消毒。

3.生物消毒法

在一定的时间内,利用一般细菌的致死点均为 68℃下 30 min 的原理,将固体或液体培养基置于较低的温度(一般在 60～82℃)进行加热处理杀死部分微生物的方法即为生物消毒法,亦称低温消毒法或巴氏消毒法。该方法能保持基质中营养物质不变,但只能杀死微生物营养体,无法杀死所有生命体,适合于食用菌饮料、口服液、发酵料等制作的消毒。在食用菌生产中,一般是针对培养料各成分称量、加水建堆后,利用料内嗜热微生物自身新陈代谢所产生的生物热进行发酵升温至 60～70℃,然后维持数小时而起到杀死大部分微生物的方法。

(四)灭菌与消毒效果检验

1.灭菌效果检验

食用菌生产中,灭菌效果检验主要针对已灭菌的培养基质,检验方法如下。

①母种。可采用斜面检验法,即在消毒场所将灭菌后的琼脂斜面培养基试管随机各取 3 支,打开试管塞并将其置于灭过菌的培养皿内 30 min 再通过火焰塞回试管,最后,连同 3 支对照试管一起在 30℃下培养 48 h 后检验有无杂菌生长。

②原种和栽培种。可采用平板检验法,即在消毒场所将已灭菌的经过检验的培养基平板随机各取 3 皿,在无菌操作下,用镊子挑取少量已灭菌的原种或栽培种培养料,接种于平板内置于 30℃下连同 3 皿对照平板培养 48 h 后检验有无

杂菌生长。

2.消毒效果检验

食用菌栽培过程中,消毒效果检验主要针对发酵料培养基质与消毒场所空气的检测,检验方法如下。

①发酵料培养基质。合格的发酵料培养基质应该是无粪臭及氨味,草茎尚存,培养料的颜色变成咖啡色或深褐色且有松软弹性感,但不允许有粘手或刺手的感觉。

②消毒场所空气。可采用斜面检验法或平板检验法,即在消毒场所将灭菌后的琼脂斜面培养基试管或培养基平板随机各取 3 支或 3 皿,打开试管塞并将其置于灭过菌且无盖的空培养皿内或直接打开培养基平板上盖,暴露于消毒场所空气中 30 min 后通过火焰塞回试管或闭合培养基平板上盖,最后连同 3 支对照试管或 3 皿对照培养基平板一起在 30℃下培养 48 h 后检验有无杂菌生长。一般要求斜面培养基开塞 30 min 后以不出现菌落为合格,平板培养基开盖 30 min 后菌落不超过 5 个为合格。

第二节　基本条件

一、菌种保藏

1.设备

菌种保藏的主要设备有冰箱、生物冷藏柜、液氮罐等(图 3-4),其主要作用是利用低温抑制菌丝体生长来延长菌种的寿命。

冰箱　　　　生物冷藏柜　　　　液氮罐

图 3-4　菌种保藏主要设备

2.用品

①器具:保藏架、分装袋、分类盒、标签纸、铅笔等。

②样品:各类菌种、石蜡、沙土、滤纸片、生理盐水、蒸馏水等。

二、培养基制备

(一)称量

1.设备

称量常用的设备有电子天平、台秤、磅秤、自制取样器等(图3-5),用于称量培养基成分。

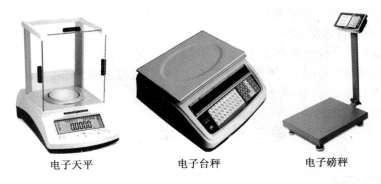

电子天平　　　　　电子台秤　　　　　电子磅秤

图 3-5　称量的主要设备

2.用品

①器具:药勺、称量纸、量杯、量筒、移液管等。

②样品:麸皮、甘蔗渣、玉米芯、棉籽壳、木屑、盐酸、氢氧化钠等。

(二)加热

1.设备

加热的主要用具有电炉、电磁炉、微波炉、电饭煲等(图3-6),用于煮液、溶解、预消毒处理等加热。

2.用品

①器具:玻璃棒、石棉网、酒精灯、烧杯、不锈钢蒸锅、过滤勺、搪瓷缸等。

②样品:琼脂、黄豆芽、玉米粉、黄豆粉、胡萝卜、马铃薯、小麦粒等。

(三)配料

1.设备

制备配料的主要设备有粉碎机、切片机、搅拌机等,用于粉碎原始农作物下脚料、制造适宜大小固体颗粒、混合培养基成分等(图3-7)。

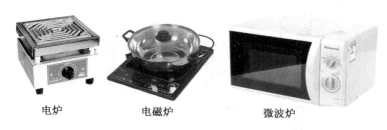

电炉　　　　　　　电磁炉　　　　　　　　　微波炉

图 3-6　加热的主要设备

粉碎机　　　　　　切片机　　　　　　　　搅拌机

图 3-7　配料的主要设备

2. 用品

①器具:铁铲、塑料盆、塑料膜、塑料水管、pH 试纸等。

②样品:水、各种原始配料、石膏粉、石灰粉等。

(四)分装

1. 设备

分装的主要用具和设备有分装器(自制分装器、医用灌肠杯改装的装置、保温装置等)(图3-8)、装瓶机、装袋机等(图3-9),用于母种培养基、原种培养料、栽培种培养料的分装或装袋等。

2. 用品

①器具:试管、培养皿、分液漏斗、铁架台、烧杯、栽培袋(瓶)、套环、记号笔、三角瓶等。

②样品:液体培养基、固体培养料。

(五)封口

1. 设备

封口的主要设备有盖瓶机、扎口机、真空包装机等(图3-10),用于原种瓶的快速封盖、栽培袋的机械扎口、子实体的加工与保鲜等。

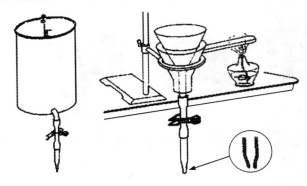

图 3-8　母种培养基分装装置及保温装置

（引自黄毅. 食用菌栽培，2008）

左图：医用灌肠杯改装的装置；右图：保温装置

装瓶机　　　　　　　　　　　　装袋机

图 3-9　分装的其他设备

盖瓶机　　　　扎口机　　　　　　真空包装机

图 3-10　封口的其他设备

2.用品

①器具：原种专用瓶、栽培种专用袋、普通塑料袋等。

②样品：已分装的原种与栽培种培养基、新鲜子实体、风干子实体等。

三、灭菌

1.设备

灭菌的主要设备有灭菌桶（图 3-11）、灭菌柜（图 3-12）、高压灭菌锅、高压灭菌器、常压灭菌锅、高温灭菌锅炉等（图 3-13），其主要功能是各种容器或塑料袋的杀菌，母种、原种及栽培种培养基的灭菌。

2.用品

①器具：铁框、耐高温手套、加水容器（塑料盆、烧杯、水壶等）等。

②样品：各种待灭菌容器、塑料袋、培养基等。

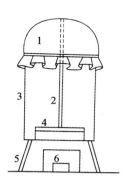

图 3-11 简易灭菌桶

（引自杜敏华.食用菌栽培学,2007）

1.塑料薄膜 2.木棍 3.铁桶
4.木条 5.铁支架 6.炉子

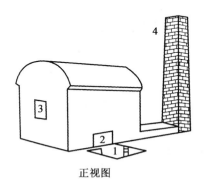

正视图

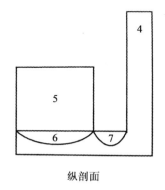

纵剖面

图 3-12 大型灭菌柜

（引自杜敏华.食用菌栽培学,2007）

1.烧火坑 2.烧火口 3.进料口 4.烟囱 5.灭菌柜体 6.铁锅 7.顶热锅

手提式高压灭菌锅　　高压灭菌锅　　　高压灭菌器　　　常压灭菌锅

图 3-13　灭菌的其他设备

四、接种

(一)实验室

1.设备

实验室接菌的主要设备有超净工作台(图 3-14)、电热数字接种器械灭菌器、红外接种环灭菌器、接种棒等(图 3-15),其主要功能是母种、原种、栽培种等的接菌。

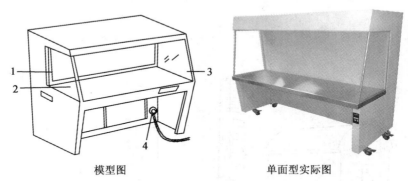

模型图　　　　　　　　　单面型实际图

图 3-14　超净工作台

(引自杜敏华.食用菌栽培学,2007)

1.高效过滤器　2.工作台面　3.侧玻璃　4.电源

2.用品

①器具:紫外线灯、日光灯、接种工具(图 3-16)、酒精灯、桌凳等。

②样品:待接菌的培养基、酒精棉、95%乙醇等。

电热数字接种器械灭菌器　　　红外接种环灭菌器　　　　　接种棒

图 3-15　实验室接菌的其他设备

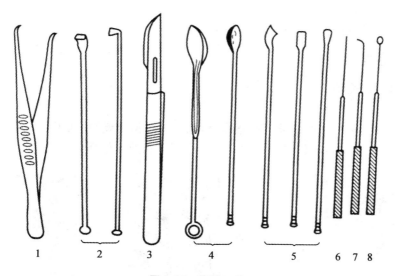

1　　　2　　　3　　　4　　　5　　　6 7 8

图 3-16　接种工具

（改自杜敏华.食用菌栽培学,2007）

1.手术镊　2.接种锄　3.解剖刀　4.接种勺　5.接种铲　6.接种针　7.接种钩　8.接种环

（二）生产

1.设备

生产上接菌的主要设备和用具有接种箱、液体菌种接种机、固体菌种接种机、液体菌种接种枪、接种帐、接种电炉、菌袋打孔接种棒等（图 3-17），用于固体菌种与液体菌种的规模化接种。

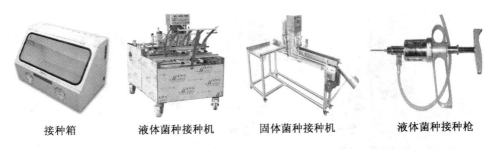

| 接种箱 | 液体菌种接种机 | 固体菌种接种机 | 液体菌种接种枪 |

图 3-17　生产上接菌的主要设备

2.用品

①器具:电炉、铁桶、板凳等。

②样品:待接菌的培养基、消毒剂、手套等。

五、培养

(一)固体菌种

1.设备

用于固体菌种恒温培养的设备有空调、小型恒温干燥箱、人工气候箱、电热炉、培养室等(图 3-18),即创造一个适合于食用菌生长的良好环境。

| 空调 | 小型恒温干燥箱 | 人工气候箱 |

图 3-18　固体菌种培养的其他设备

2.用品

①器具:培养架、照明系统、紫外线灯等。

②样品:已分离或转接的母种,已接菌的原种及栽培种。

(二)液体菌种

1.设备

用于液体菌种恒温培养的设备有变温摇床、恒温摇床、液体菌种发酵罐等(图 3-19),功能是创造一个适合于食用菌菌丝体有氧生长的良好液体环境(图 3-20)。

变温摇床

恒温摇床

液体菌种发酵罐

图 3-19　液体菌种培养的主要设备

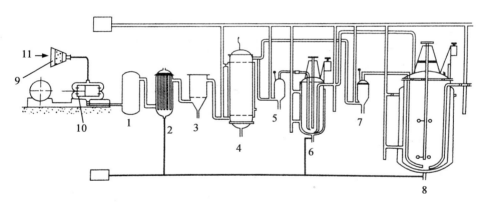

图 3-20　液体菌种培养的工艺设备及管路图

(引自杜敏华.食用菌栽培学,2007)

1.贮气罐　2.空气冷却器　3.油水分离器　4.总空气过滤器　5.分空气过滤器　6.种子罐
7.分空气过滤器　8.发酵罐　9.空气粗过滤器　10.空气压缩机　11.空气进口

2.用品

①器具:照明灯、加热管、菌种观察镜、三角瓶等。

②样品:已接菌的液体菌种,包括摇瓶液体菌种和发酵罐液体菌种。

六、出菇

1. 设备

用于出菇的环境条件监测和控制，即监测菇房或菇棚的环境因素，并为食用菌出菇营造一个适宜的环境，包括温湿度监测仪、光照度计、二氧化碳和氧气测定仪、精密 pH 测定盒、微风测速仪、升降温设施、加湿仪等（图 3-21）。

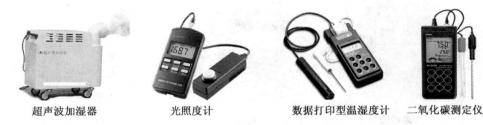

超声波加湿器　　　　　光照度计　　　　数据打印型温湿度计　　二氧化碳测定仪

图 3-21　出菇环境监测的主要设备

2. 用品

①器具：遮阳网、草帘、平板车、周转筐、水管、黄板、日光灯等。

②样品：各种待出菇的栽培种、自来水、覆土材料、石灰粉等。

第三节　基本过程

一、制种场地布局

制种对食用菌生产是至关重要的，场地布局要合理。因此，在实际制种过程中，厂房的建造要从结构和功能上均能满足生产每个环节的要求，如接种室、培养室等应以 15～20 m² 为宜，数量根据生产规模确定，接种和培养室外面设置缓冲室确保干净，减少接种或培养时不必要的污染；晒料场、配料室、灭菌室、冷却室、接种室、培养室等的设置应该顺序进行（图 3-22）。

二、制种基本流程

制种是食用菌菌种大量扩繁，其基本流程通常经母种、原种和栽培种三级培养的过程（图 3-23）。

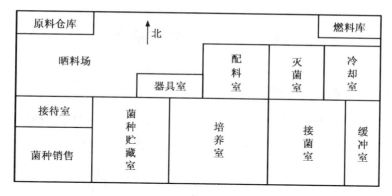

图 3-22　简易食用菌制种场地布局示意图

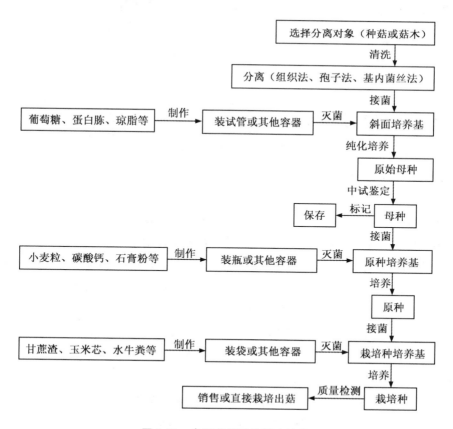

图 3-23　食用菌制种的基本流程

第四节 母种的制作

一、母种培养基常用原料

制作母种培养基常用的原料有马铃薯、葡萄糖、蛋白胨、琼脂、蔗糖、酵母粉、维生素 B_1、硫酸镁、磷酸二氢钾、硫酸铵、可溶性淀粉等(图 3-24)。

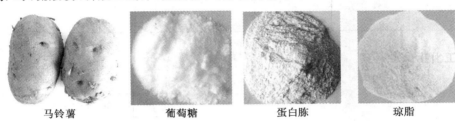

| 马铃薯 | 葡萄糖 | 蛋白胨 | 琼脂 |

图 3-24　母种培养基常用原料

二、母种培养基常用配方

PDA 培养基:马铃薯 200 g,葡萄糖(或蔗糖)20 g,琼脂 15~20 g,水 1 L,pH 自然或根据特殊菇类进行调节。适用于绝大多数食用菌的母种分离、培养、保藏等。

YPD 培养基:蛋白胨 2 g,酵母粉 2 g,葡萄糖 20 g,琼脂粉 15~20 g,水 1 L,pH 自然或根据特殊菇类进行调节。适用于大多数食用菌的母种分离、培养。

完全培养基:蛋白胨 2 g,葡萄糖 20 g,磷酸二氢钾 0.46 g,硫酸镁 0.5 g,磷酸氢二钾 1 g,琼脂 15~20 g,水 1 L,pH 自然或根据特殊菇类进行调节。适用于大多数食用菌母种培养及保藏各类菌种。

木屑浸出汁培养基:阔叶树木屑 500 g,米糠或麸皮 100 g,琼脂 15~20 g,葡萄糖 20 g,硫酸铵 1 g,水 1 L,pH 自然或根据特殊菇类进行调节。适用于木腐型食用菌的菌种分离及培养。

稻草浸汁培养基:干稻草 200 g,蔗糖 20 g,硫酸铵 3 g,琼脂 15~20 g,水 1 L,pH 自然或根据特殊菇类进行调节。适用于双孢蘑菇、草菇、银丝草菇等草腐型食用菌的母种培养。

三、母种培养基制作流程

以 PDA 培养基为例，马铃薯去皮，清洗，切成 1 cm³ 的小块，称取 200 g，加入 1 L 水煮沸约 20 min 至用玻璃棒稍用力一戳即破的状态，过滤得上清液，加入葡萄糖（或蔗糖）20 g，琼脂 15～20 g，加热待完全溶解后加水定容至 1 L，趁热分装于试管、三角瓶等容器，捆扎容器后 121℃ 下灭菌 20 min，摆放斜面或倒平板（图 3-25，图 3-26），盖上干净的保暖物质或放入自制降温容器慢慢降温，以防试管或平板内产生小水珠。

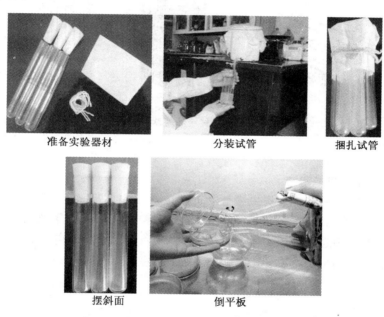

准备实验器材　　　分装试管　　　捆扎试管

摆斜面　　　倒平板

图 3-25　母种培养基分装场景

四、母种分离

母种分离是食用菌栽培的前提，根据不同类型的菇种选用不同的方法将其菌丝体分离。目前，母种常见的分离方法有组织分离法、基内菌丝分离法及孢子分离法。

（一）组织分离法

组织分离法是以食用菌子实体、菌核、菌索等为分离对象获得菌丝体的一种最常见最广泛的方法，因其属于无性繁殖，采用该方法获得菌丝体保持了亲本所有遗传特性。

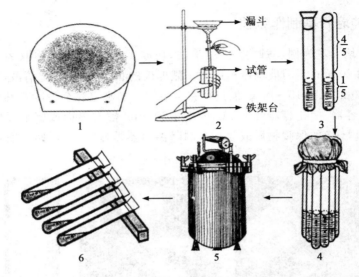

图 3-26　母种培养基制作流程

1.溶解培养基　2.分装试管　3.清洁与硅胶塞封口　4.捆扎试管　5.高压灭菌　6.摆斜面

1. 子实体菌肉组织分离法

在无菌操作下，选择无病虫害健壮的八成熟子实体，用 75% 乙醇对子实体与双手进行表面消毒后，右手拿起浸泡在 95% 乙醇中的手术刀，酒精灯上灼烧刀片数秒，然后撕开消过毒的子实体，用手术刀取 0.1～0.2 cm³ 菌肉一块，迅速移入培养基斜面中央，抽出手术刀，塞上硅胶塞，贴上标签，置于 25℃ 或室温培养（图 3-27，图 3-28）。

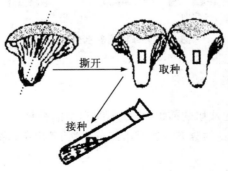

图 3-27　伞菌子实体组织分离过程

图 3-28　伞菌子实体组织分离实践操作

2.菌核分离法

猪苓(图 3-29)、茯苓、雷丸等的子实体很难采集到,其菌核作为营养贮藏器官却较易得到,该器官中大部分是多糖类贮藏物质,只有少量菌丝,因此,在进行组织分离时,应尽量选取新鲜的菌核。菌核分离法类似子实体组织分离法,针对菌核、双手消毒以及手术刀灼烧灭菌后,用手将菌核撕开或切成两半,立即在中心位置挑取黄豆大小的组织,接在母种培养基斜面中央,置于 25～30℃下或室温培养。

3.菌索分离法

菌索是某些食用菌(如蜜环菌)在不良的环境条件下形成的绳索状菌丝组织体,其组织具有厌氧生长的习性,但容易污染。因此,可通过在培养基中加入浓度为 40 mg/L 左右的青霉素或链霉素提高分离的成功率。其分离方法类似菌核,在无菌操作下,取半干湿的菌索用 75% 的

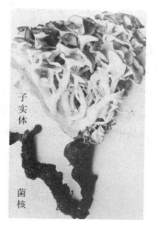

子实体

菌核

图 3-29　猪苓组织分离法
(引自卯晓岚.中国大型真菌,2000)

酒精表面消毒 2～3 次,去掉黑色外皮层(菌鞘)、抽出白色菌髓部分直接接入培养基,或者将菌索生长点切断,经无菌水数次冲洗后,接入含氮较高的培养基内促进其营养繁殖,最终置于 25℃下培养可获得菌丝体(图 3-30)。

(二)基内菌丝分离法

从食用菌生长基质中将菌丝分离出来的一种无性繁殖方法即为基内菌丝分离法,根据基质的不同又可分为菇木菌丝分离、土壤菌丝分离、袋料菌丝分离等。因生长基质微生物群落的复杂性,该方法比组织分离与孢子分离污染率高,只针对菇

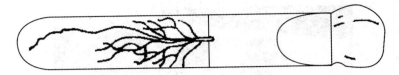

图 3-30　菌索分离法

（引自黄毅.食用菌栽培,2008）

体小而薄、有胶质或孢子不易获得等菇类。现以最为常见的菇木菌丝分离流程为例,方法介绍如下。

1. **方法一**

①种木选择及预处理:一般在野生菌出菇的季节,选择无病虫害、长有新鲜子实体、材质结实、无腐朽的菇木或耳木作为分离对象。针对一部分含水量较高的菇木,先锯成一大段,暴露在自然环境下风干(截面见细小裂纹,其含水量约 50%)后锯成 10~20 cm 小段,备用。

②种木消毒:取小段种木,切去外围部分(树皮和无菌丝的心材部分),在酒精灯火焰上往复燎过数次,再锯成 1~2 cm 厚的横断木块,将其浸泡于 75% 的酒精溶液中 1 min(浸泡时要不断上下翻动)后用无菌水冲洗 3 次。

③分离与培养:将消毒处理过的木块切成 2~3 mm 长的小条,取掉两头,直接移接到培养基中央,置于 25℃ 下培养 2~3 d,在菇木小条上会长出白色菌丝体(图 3-31)。

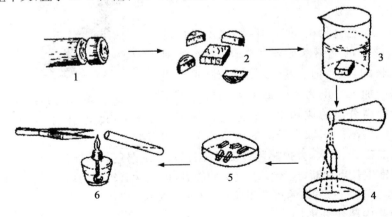

图 3-31　菇木菌丝分离法一

（引自常明昌.食用菌栽培学,2003）

1.种木选择及预处理　2.切去外围部分　3.消毒　4.冲洗　5.切块　6.接入试管

2.方法二

将小段种木上的子实体去掉,在酒精灯火焰上往复燎过数次,用事先灭过菌的手术刀对准种木上菇柄(耳基)着生的位置,将其切成两半,选择种木上欲分离菌丝的位置,刻画"井"字后直接挑取移接于斜面中央,置于25℃下培养可获得其菌丝体(图3-32)。

图3-32　菇木菌丝分离法二

(引自黄毅.食用菌栽培,2008)

(三)孢子分离法

利用子实体上产生的成熟有性孢子(担孢子或子囊孢子)在适宜的培养基上萌发而获得纯菌种的一种有性繁殖方法即为孢子分离法。因有性孢子具备亲本的基本遗传特性、生命力强且突变概率大而成为选育优良新品种或杂交育种的好材料,孢子分离法有多孢分离与单孢分离之分。性遗传模式为同宗结合的菌类可采用单孢子分离法(如双孢蘑菇、草菇),而异宗结合的菌类应采用多孢子分离法(平菇、大肥菇、香菇等),否则单亲菌丝因没有经过两性细胞的结合而不育。无论采用哪种方法都要经种菇选择、种菇消毒、采集孢子、接种、培养、挑选菌落、纯化菌种的过程,最终才能获得母种。

1.单孢子分离法

①平板稀释分离法:采集成熟无病害的子实体采集担孢子,制备担孢子菌液,连续稀释,涂平板,培养并及时观察孢子萌发情况,挑取并转移担孢子萌发菌株至斜面培养基上(图3-33)。

②平板划线分离法:制作母种培养基平板,用无菌且冷却的接种环蘸取少量有性孢子在平板内划线,倒置培养并及时观察孢子萌发情况,及时挑取或转移有性孢子萌发菌株至含母种培养基平板(图3-34)。

2.多孢子分离法

①孢子弹射法:在无菌条件下,将经表面消毒的子实体置于由玻璃棒或粗铁丝折曲而成的孢子采集装置支架上,在支架下放置灭过菌的培养皿底,其外部用钟罩

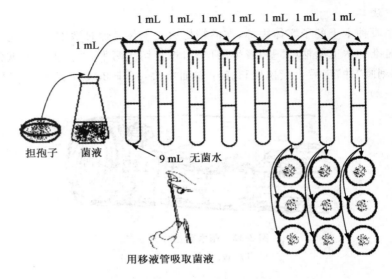

图 3-33 平板稀释单孢子分离法

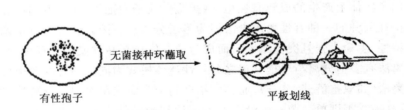

图 3-34 平板划线单孢子分离法

或大烧杯套住,获得孢子印后用接种环挑取少许移入母种试管培养(图 3-35)。

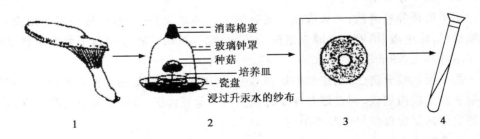

图 3-35 孢子弹射分离法

1.子实体 2.孢子采集装置 3.孢子印 4.孢子移入试管培养

②钩悬法:无菌操作下,取成熟的几片菌褶或一小块耳片,酒精消毒后用灭过菌的不锈钢丝悬空挂于装有培养基的三角瓶上方。在适宜的温度下培养,待成熟的孢子落在培养基上萌发,立刻移去菌褶或耳片,挑取至新的培养基上培养(图3-36)。

③贴附法:无菌操作下,取一小片成熟子实体的菌褶或耳片,利用无菌的糨糊、阿拉伯胶或融化的琼脂培养基等使其贴附在试管斜面培养基正上方的试管壁,静置6~12 h待孢子落在试管斜面上,即可将孢子转移到新的试管中培养(图3-37)。

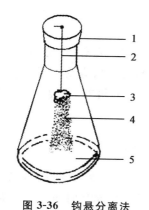

图 3-36　钩悬分离法

1.硅胶塞　2.铁丝钩　3.菌盖小块

或耳块　4.弹射孢子　5.培养基

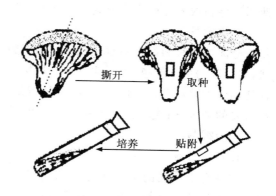

图 3-37　贴附分离法

五、母种纯化

初分离的菌种时常会带有细菌、酵母菌、霉菌等杂菌,必须要进行纯化去除污染杂菌,主要措施如下。

(一)细菌

1.预防措施

配制分离培养基时可加入 40 mg/L 左右的青霉素、链霉素等抗细菌物质,琼脂用量增加至 2.3%~2.5% 来提高其硬度,且冷却后无冷凝水,同时利用某些大型真菌在较低的温度下其菌丝生长速度比细菌菌苔蔓延速度快的特点,接种后低温培养(15~20℃)。

2.除污措施

在菌种培养过程中，一旦发现黏稠状的细菌污染，应及时用尖细的接种针切割没被细菌污染的菌丝，将其转接到新的培养基上培养，连续2～3次可获得所要的纯菌丝。

(二)酵母菌

1.预防措施

酵母菌预防措施与细菌相似，又因其喜欢偏酸(最适pH为4.5～6)条件及麦芽汁培养基，因此，在上述预防的基础上可将pH提高，增加到6.5～7，同时避免使用麦芽粉或麦芽糖作为配制培养基的材料。

2.除污措施

分离的菌种斜面上一旦发现酵母菌污染(菌落大而厚、光滑、黏稠、湿润呈油脂状，多为乳白色或红色、不透明、圆形，用接种针很容易挑起)，应及时用尖细的接种针切割没被酵母菌污染的菌丝，将其转接到新的培养基上培养，重复1～2次可获得所要的纯菌丝；或者直接将酵母菌菌落除去。

(三)霉菌

1.预防措施

霉菌喜欢偏酸的生长环境(最适pH为4～6)，在自然界广泛分布，在温度为28℃时生长速度极快。因此，为了防止霉菌污染，配制培养基时可将pH提高到6.5～7，接种环境与接种工具应做消毒处理，如果条件不允许，接种时要严格无菌操作过程，尽量在酒精灯火焰无菌区进行。

2.除污措施

霉菌的菌落大而疏松，干燥不透明，颜色多样，有霉味，呈绒毛状、絮状、网状等。菌种分离后培养时，勤观察早发现，能提高分离的成功率。一旦发现在非接种区域出现菌丝，则可能是以霉菌为主的杂菌菌落，立即用尖细的接种针切割没被其污染的菌丝，将其转接到新的培养基上培养。若观察到有色孢子出现，其基内菌丝很有可能已经和食用菌菌丝混生在一起，若后者菌丝蔓延太小很难分离成功；如果食用菌菌丝蔓延范围较大，可将含1%多菌灵的湿滤纸块覆盖在霉菌的菌落上，轻拿试管，用火焰灼烧过的接种铲将分离物表层铲除，用另一接种钩将分离物下面的基内菌丝取少量移入新的培养基中培养。

六、母种提纯

通过上述分离方法一般都能获得纯菌丝，但也有不纯的现象，因此，必须对菌丝进行提纯。

(一)菌丝生长提纯

取分离母种菌落小块接入平板培养基中央培养,若母种是纯菌丝,伴随培养天数的增加,菌落会逐渐向四周呈辐射状散开且外缘整齐;若母种不纯,则因混有其他丝状真菌,菌丝生长速度不一,出现分泌色素分布不匀及外缘参差不齐,应及时将菌落中生长速度较为一致的部分挑取移入新的培养基上培养。

(二)菌丝尖端提纯脱病毒

在无菌条件下,利用显微操作器把菌丝尖端切下,直接移入新的培养基中央培养,通过该技术既保证了菌种的纯度,同时也可起到脱病毒的作用。

(三)择优提纯

随着转接代数的增多,母种的培养特性和栽培农艺性状会发生变异,因此,在栽培过程中应采用组织分离技术择优留种与妥善保藏,以防母种进一步发生性状变化。

(四)营养提纯

不同的生长发育阶段菌种所需要的营养存在差异,如果不及时调整营养会导致其逐渐衰退。因此,母种在扩繁及保藏过程中,适当地更换培养基成分或增加营养成分会提高菌丝的生活力,可防止其衰退。

(五)有性繁殖提纯

菌种无性繁殖次数过多,会出现生殖菌丝减少、气生菌丝增多、抗逆性减弱等菌种衰退现象。因此,适当地进行无性繁殖与有性繁殖的交替,及时保留有性繁殖所产生的优良菌种,可保持或提高后代的优良性状。

七、母种转接

无菌操作条件下,将母种菌丝转接于新的培养基上继代培养即母种转接,也称为母种扩繁或接菌(图3-38,图3-39)。母种因分离或购买数量有限,通常都要扩大培养后再用。无论是试管母种与试管母种的转接,还是试管母种与培养皿母种的转接,接种量不宜过大,一般情况下接种菌块直径为5 mm或黄豆大小即可,如果接种量太大,容易造成母种老化菌块数量增多,不利于其在原种基质上的生长。一般1支母种斜面试管转接10支再生母种,转管2~3代,转管次数太多会导致菌种纯度降低和活力减弱,影响栽培的产量和质量。同时,培养基不适、贮藏环境不当、菌丝体污染或老化等因素,也容易产生母种扩繁后菌丝成活率低、污染、老化、菌种变异等问题。

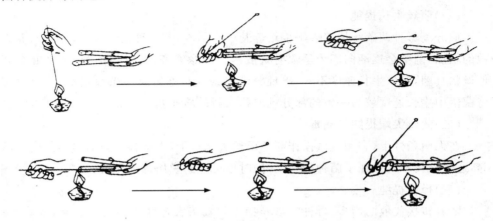

图 3-38 母种转接流程

（引自刘振祥，张胜. 食用菌栽培技术，2007）

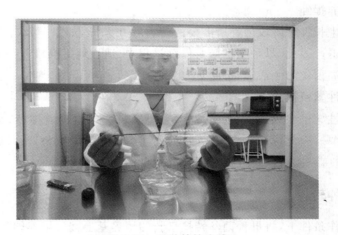

图 3-39 母种转接实践

八、母种培养

母种接种后，应保持接种块在斜面中央且紧贴培养基，将其放入消过毒的25℃培养箱或置于5～33℃干净室内黑暗培养，2～3 d后检查细菌与真菌污染及菌丝萌发情况，大多数食用菌7～15 d母种菌丝可长满试管(图3-40)。

图 3-40　母种的培养

第五节　原种的制作

一、原种培养基常用原料

制作原种培养基的常用原料有小麦、高粱、大麦、燕麦、粉碎的玉米粒(半粒米大小)、石膏粉、碳酸钙、石灰粉等(图 3-41)。

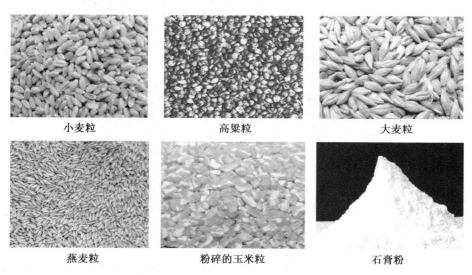

小麦粒	高粱粒	大麦粒
燕麦粒	粉碎的玉米粒	石膏粉

图 3-41　原种培养基常用配料

二、原种培养基常用配方

小麦粒培养基：小麦粒 98%、石膏粉 2%。

小麦粒木屑培养基：小麦粒 94%、阔叶木屑 5%、石膏粉 1%。

小麦粒米糠（麸皮）培养基：小麦粒 94%、米糠（麸皮）5%、石膏粉 1%。

枝条或筷子培养基：木制废弃筷子 75%、麸皮（米糠）20%、蛋白胨 5%。具体做法：将木制筷子认真清洗 3 次，将其与麸皮（米糠）和蛋白胨拌均匀，以水浸没筷子，水煮 40 min，关掉电源继续浸泡 2 h，最后捞出筷子，与过滤并稍晾干的麸皮（米糠）渣拌匀、装瓶即可。

注意：以上培养基含水量均为 60%～65%，pH 自然或根据不同菌株要求稍作调整，其中小麦粒可以用大麦、燕麦、高粱、粉碎的玉米等谷粒代替。

三、原种培养基制作流程

以木腐菌小麦粒木屑培养基为例介绍原种具体配制方法（图 3-42）。

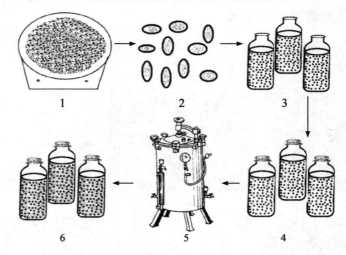

图 3-42　谷粒原种培养基制作流程

1.谷粒预处理　2.谷粒清洗与沥水　3.拌料及装瓶（袋）　4.封口　5.高压灭菌　6.冷却

（一）小麦粒预处理

风干且无病虫害的小麦粒按配方称量，自来水清洗 3 次，倒入开水浸泡 8～12 h，再水煮 15～30 min（不断搅拌，以防受热不均匀）至小麦粒白芯少于 10%，关闭热源后继续浸泡 10 min。

（二）小麦粒清洗与沥水

将预处理过的小麦粒用自来水清洗 3 次，沥去多余的水，摊开，晾至手心有潮湿感或少量的水印即可，备用（图 3-43）。

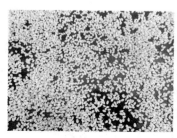

图 3-43　实验室水煮小麦粒的沥水场景

（三）拌料及装瓶（袋）

称取阔叶干木屑、石膏粉与小麦粒拌匀，含水量 60%～65%，pH 自然，建堆，闷堆 10 min，使水分分布均匀后装入原种瓶（袋）中。

（四）封口

清洗干净瓶口或袋口，在原种瓶上先覆盖一层中央留有直径为 1 cm 左右的耐高温塑料膜，再加 4 层报纸后用棉绳捆扎；如果是原种袋，直接在袋口安装套环（套颈圈，把塑料膜翻下来，盖上带有过滤透的无棉塑料盖）或在袋口加入一簇棉花（通气作用）后用棉绳捆扎，但不要太紧，最后用铅笔写上标签（图 3-44）。

图 3-44　待灭菌的原种培养基

（五）高压灭菌

将封口的原种培养基装入高压灭菌锅或常压灭菌锅，原种瓶（袋）之间要留 1 cm 左右的缝隙，以保证灭菌彻底，在 121℃灭菌 2 h 或 100℃灭菌 8 h 以上。

(六)冷却

灭菌完成后,将已灭过菌的原种培养基趁热移入消过毒的接种室,室温慢慢冷却。

四、原种接菌

原种接种时,无菌操作条件下,先针对母种试管表面消毒,然后用一只手拿起试管,管口向下稍稍倾斜,靠近酒精火焰区,不让空气中的杂菌侵入,另一只手拔棉塞或硅胶塞,并在酒精灯火焰上消毒接种针(图 3-45)。待消毒完成后,在火焰区将接种针慢慢伸入试管内、冷却后,再切去试管内靠近管塞前端菌种少许,将剩余母种斜面菌苔横面切割成手指甲长的几段,每段连同培养基一起迅速移接到原种培养基上,快速塞好棉塞或硅胶塞(图 3-46、图 3-47)。一般 1 支母种斜面试管(25 mm×150 mm)转接 2～4 瓶原种。

图 3-45　母种扩接原种实践

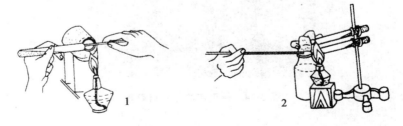

图 3-46　原种接种流程

(引自常明昌.食用菌栽培学,2003)

1.手持母种　2.用试管架固定母种

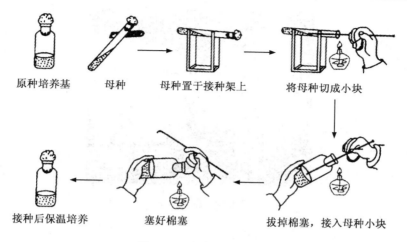

原种培养基　母种　母种置于接种架上　将母种切成小块

接种后保温培养　塞好棉塞　拔掉棉塞，接入母种小块

图 3-47　母种扩接原种
（引自王贺祥.食用菌栽培学,2014）

五、原种培养

　　将接种好的原种直立放置于消过毒的培养室内 25℃ 左右黑暗培养,也可置于 5~33℃ 干净室内黑暗培养,因原种比母种培养基存在菌丝分解难度大、灭菌效果不好把握、接菌面大等问题,最好根据菌种的生物学特性给予最佳培养温度,增强菌丝长势和覆盖面,防止杂菌污染。同时,菌丝生长初期需及时检查新生菌丝萌发、长势、杂菌污染等情况。在菌丝未定植之前应不动或减少原种的翻动次数,以免因移动延迟菌丝适应期或带入杂菌。适宜的温度下,原种菌丝在 3 d 的适应期结束后恢复菌丝生长,待菌丝吃料并覆盖整个培养基表面后,可倒卧叠放或搔菌,将菌种翻动至培养基各个角落后既可保证水分分布均匀,也可缩短菌丝生长期、减少污染。一旦发现污染应立即清理,否则易造成大面积污染。当菌丝长满培养基的 1/3 时,应及时降低培养温度 2~3℃,以免因菌丝生长代谢增强,生物热产生过多使料温上升,引起菌丝高温障碍或烧菌。此时,培养室要加强通风换气,保持 60%~70% 的相对湿度。多数食用菌在适宜的条件下经 20~40 d 培养可长满整个培养基,继续保持 7~10 d 的培养,让菌丝继续生长以保证较多的菌丝量及培养料营养的充分转化,优质原种菌丝应长势浓白、吃料速度快、生命力强,并伴有一定的清香味(图 3-48)。培养好的原种应存放在干燥、凉爽、通风、清洁、避光等环境下,原种应及时使用,以免菌种发生老化或污染。

图 3-48　原种的培养

第六节　栽培种的制作

一、栽培种培养基常用原料

制作栽培种培养基的常用原料有甘蔗渣、玉米芯、玉米秆、米糠、牛粪、高粱粉、发酵料、草坪草、棉籽壳、木屑、麸皮、豆饼、啤酒糟等（图 3-49）。

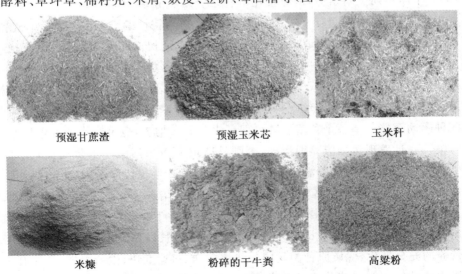

预湿甘蔗渣　　　　　　预湿玉米芯　　　　　　玉米秆

米糠　　　　　　粉碎的干牛粪　　　　　　高粱粉

图 3-49　栽培种培养基常用配料

二、栽培种培养基常用配方

1号：甘蔗渣68%、米糠27%、豌豆粉2%、石膏粉1.5%、白砂糖0.5%、石灰粉1%。

2号：玉米芯76%、米糠20%、高粱粉2%、白砂糖1%、石膏粉1%。

3号：木屑78%、米糠18%、高粱粉2%、白砂糖1%、石膏粉1%。

4号：发酵料50%、米糠20%、木屑15%、山基土13%、白砂糖1%、石膏粉1%。

5号：小麦秆78%、米糠18%、高粱粉2%、白砂糖1%、石膏粉1%。

6号：草坪草40%、木屑38%、米糠20%、白砂糖1%、石膏粉1%。

7号：干牛粪40%、草坪草20%、米糠20%、木屑18%、白砂糖1%、石膏粉1%。

注意：以上培养基含水量均为60%～65%,pH自然或根据不同菌株要求稍作调整。

三、栽培种培养基拌料原则

在栽培种拌料过程中,应把握"由细到粗、由少到多、由干到湿"的原则,即一般情况下,根据料的粗细程度,依次将细料拌入粗料,量少的依次拌入量多的培养料,干料与干料先混合,再加水,但也有特殊情况,比如玉米芯、棉籽壳、大块干牛粪等吸水慢或容易加水过多的培养料应提前预湿。

四、栽培种培养基制作流程

以2号培养基为例介绍栽培种具体配制方法(图3-50)。

(一)备料及预处理

按配方分别称取玉米芯、米糠、高粱粉、白砂糖、石膏粉,其中玉米芯事先拌入65%水预湿2 h,白砂糖溶解于自来水,制成溶液。

(二)拌料

采取上述拌料原则,依次将石膏粉、高粱粉、米糠、玉米芯混合,加入白砂糖溶液,再补水至含水量达到60%～65%(手抓紧湿料,指缝有水滴但悬而不漏),pH自然,闷堆10～20 min,备用。

(三)装袋

1.选择食用菌专用栽培袋

食用菌栽培塑料袋有聚丙烯、低压高密度聚乙烯和高压低密度聚乙烯3种,其

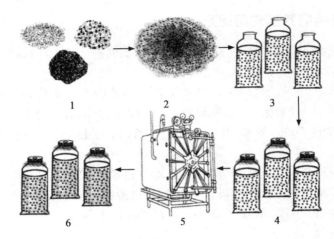

图 3-50 栽培种培养基制作流程

1.备料及预处理 2.拌料 3.装袋 4.封口或封盖 5.高压或常压灭菌 6.冷却

中以聚丙烯和低压聚乙烯最常用。

①聚丙烯袋:透明度好,能承受135℃的高温,但其耐低温性能差,柔韧性也略差,冬季使用不便,适于高压灭菌或常压灭菌(高压灭菌最好使用聚丙烯袋)(图3-51)。

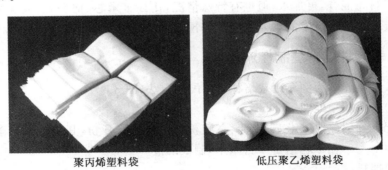

聚丙烯塑料袋　　　　　低压聚乙烯塑料袋

图 3-51 栽培种培养基制作流程

②低压高密度聚乙烯袋:半透明、韧性强、柔软及抗拉强度高,能承受120℃的高温,适于进行常压灭菌。

③高压低密度聚乙烯袋:透明、柔软,只能承受100℃的高温,抗拉强度较差,一般不用于食用菌栽培。

2.装袋

待湿料水分分布均匀后,利用装袋机或人工进行装袋,装料要求松紧适度,上下均匀一致,料面平整,比如17 cm×33 cm规格的可装湿料0.9～1 kg,14 cm×25 cm规格的可装湿料0.4～0.6 kg。先装入袋高的2/3,用手慢慢向下压紧1/2处,再装满菌袋,继续用手慢慢向下压紧至袋口7～8 cm处,最后向中央插入带有棉绳的接种棒(图3-52)。

图3-52　栽培种的装袋

(四)封口或封盖

清洗干净塑料袋口,在栽培袋上套颈圈,把塑料膜翻下来,包上包头纸或直接在袋口安装套环(套颈圈,直接盖上带有过滤透气的无棉塑料盖),如果条件不好,可在袋口加入一簇棉花(通气作用)后用棉绳轻轻捆扎(图3-53)。

图3-53　栽培种安装套环场景

(五)高压或常压灭菌

将封口或封盖的栽培种培养基装入高压灭菌锅或常压灭菌锅,栽培袋之间要留1 cm左右的缝隙,以保证灭菌彻底,在121℃灭菌2 h或100℃灭菌8 h以上(图3-54)。

(六)冷却

灭菌完成后,将灭过菌的栽培种培养基趁热移入消过毒的接种室,室温慢慢冷却。

图 3-54　栽培种的高压灭菌

五、栽培种接菌

栽培种的接菌类似于原种接菌,首先,对栽培袋、原种瓶外壁表面消毒;其次,在无菌操作条件下,将接种勺在酒精灯火焰上灼烧后慢慢移入原种瓶内,冷却(图3-55);最后,去掉上层老化菌丝以及栽培袋或栽培瓶内的接种棒,再用勺子将麦粒种混匀或直接迅速接1~3勺菌种于栽培袋或栽培瓶即可(图3-56,图3-57)。通常1瓶原种可接50~80瓶栽培种或25袋左右栽培种(图3-58)。

图 3-55　原种扩接栽培种实践

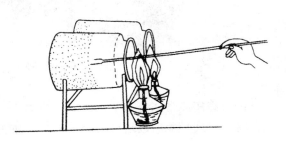

图 3-56　栽培种接种方法一

(引自常明昌.食用菌栽培学,2003)

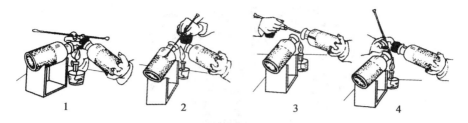

图 3-57 栽培种接种方法二

（引自杜敏华.食用菌栽培学,2007）

1.搅拌原种后拔待接瓶棉塞 2.取少许原种 3.接入栽培种培养基内 4.塞好棉塞进行培养

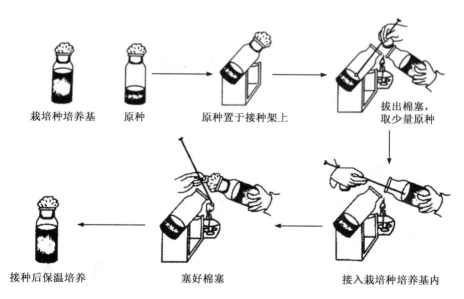

栽培种培养基   原种   原种置于接种架上   拔出棉塞,取少量原种

接种后保温培养   塞好棉塞   接入栽培种培养基内

图 3-58 原种扩接栽培种

（引自王贺祥.食用菌栽培学,2014）

六、栽培种培养

栽培种的培养类似原种,接种后根据菌种的生物学特性,置于消过毒的培养室内,将室内温度调节至适宜于其菌丝生长的温度（25℃左右）下黑暗培养,并及时检查新生菌丝萌发、长势、杂菌污染等情况,污染瓶（袋）应及时处理（图3-59）。多数食用菌在适宜的条件下经30～40 d培养可长满整个培养基,供栽培使用。

图 3-59　栽培种的培养

第七节　液体菌种的制作

食用菌接种于液体培养基中,经无性繁殖而成的菌丝球即为液体菌种,其可作母种、原种及栽培种,具有生产周期短、接种方便、发菌快、菌龄较一致、易于机械化操作等特点。在实际生产中,液体菌种生产因设备投资大、技术要求高、菌种运输复杂及保存周期短等而应用不多,只在香菇、黑木耳、草菇等部分菇类上有所推广,但随着科学技术的不断进步,该技术作为食用菌菌种制作与生物发酵技术的有机结合,在食用菌菌种制作上将是一个很有发展前景的方向。

一、液体培养基常用原料

制作液体菌种培养基常用原料有玉米粉(面)、黄豆、豆饼粉、马铃薯、葡萄糖、蛋白胨、麸皮、白砂糖、磷酸二氢钾、硫酸镁、维生素、酵母浸膏等(图 3-60)。

玉米粉(面)

黄豆

豆饼粉

图 3-60　液体培养基常用原料

二、液体培养基常用配方

马铃薯麸皮液体培养基：马铃薯 200 g，麸皮 50 g，葡萄糖 20 g，蛋白胨 3 g，水 1 L，pH 自然或根据特殊菇类进行调节，其中马铃薯要去皮、挖眼、切成 1 cm³ 的小块后与麸皮文火水煮 30 min。适宜于多种食用菌液体菌种培养。

玉米粉液体培养基：玉米粉 30 g，蔗糖 10 g，磷酸二氢钾 3 g，硫酸镁 1.5 g，水 1 L，pH 自然或根据特殊菇类进行调节，其中玉米粉需提前加入干重 0.1% 的 α-淀粉酶水解 5 h，取滤液。适宜香菇、平菇、猴头菇等多种食用菌液体制种。

黄豆玉米粉液体培养基：玉米粉 30 g，黄豆 5 g，白砂糖 30 g，水 1 L，pH 自然或根据特殊菇类进行调节，其中玉米粉需加入干重 0.1% 的 α-淀粉酶，黄豆打浆后加入干重 0.1% 的蛋白酶均水解 5 h 后，取滤液。适宜荷叶离褶伞、平菇、凤尾菇等多种食用菌液体制种。

三、液体菌种制作流程

除不加琼脂外，液体菌种培养基制作过程与母种类似。制作完成后，一般要经历摇床菌球培养、一级种子培养基制作及培养和二级种子培养基制作及培养流程才能应用于生产（图 3-61）。

（一）摇床培养基配制

按配方称取培养基各成分，针对马铃薯、玉米粉、黄豆等进行营养成分的提取，滤液要进行过滤，培养液越清越好。摇床培养基分装容器一般是三角瓶，最后要用透气的耐高温塑料膜封口、捆扎，在高压灭菌锅内 121℃ 下灭菌 20～30 min，冷却后趁热（30℃ 左右）接菌，1 个三角瓶一般接直径为 5 mm 的菌落 3 块。

（二）摇床菌球培养

液体培养基接种后一般先静置培养 24 h 左右（增强菌丝的适应能力和成活率），置于摇床后，根据不同菌株特性，选择适宜的温度和转速进行遮光培养，一般采取 25℃ 下转速 120 r/min。

（三）污染检查

在培养过程中，应及时观察菌丝生长情况，如菌丝萌发及菌球形成时间、培养液及菌球颜色的变化、菌球大小等。及时处理培养异常现象，如菌球太大，说明转速太慢；菌球生长速度慢，说明培养基不适宜或通气不良；培养基浑浊，说明有可能是细菌污染等。

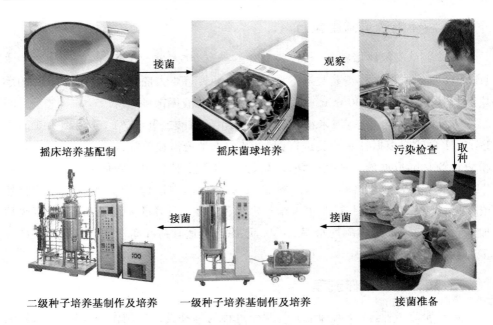

图 3-61　液体菌种培养基制作流程

(四)一级种子培养基制作及培养

一级种子培养基的制作过程与摇床培养基相同,但不用分装,将培养液倒入小型发酵罐(20 L 左右的小型发酵罐一般倒入 15 L 培养基)后直接灭菌,121℃下灭菌 20～30 min,冷却后趁热(30℃左右)接种,接种量为 5%～10%,一般 20 L 的小型发酵罐要接种 15 瓶摇床培养菌球(250 mL 三角瓶装有 100 mL 菌球)。接种后,选择适宜的温度和转速进行遮光培养,培养过程中应及时检查污染情况。

(五)二级种子培养基制作及培养

二级种子培养基制作、灭菌、接菌及培养与一级种子相同。

四、液体菌种质量检测

液体菌种每次发酵结束后,需要针对污染情况,发酵液的颜色、气味、酸碱度、浑浊度、多糖及氨基酸含量,菌球的颜色、大小、数量、干湿重,溶氧系数等质量进行检测(图 3-62),任何一个环节的疏忽或失败将会造成重大的经济损失。只有菌球(均匀地分布、数量多、体积小、干湿重大)、发酵液(清澈、无异味且有菌种的特别香味)的生物、物理和化学性状符合规定标准,该液体菌种才是合格的菌种。

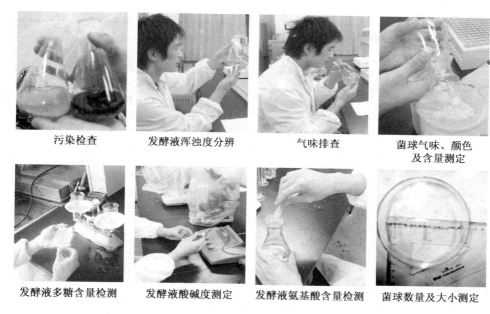

图 3-62　液体菌种质量检测项目

第八节　菌种的鉴定与保存

优质的菌种是生产的基本材料,没有优良的菌种,就不可能获得高产和稳产。因此,科学的菌种保藏是其优良特性延续的保证。

一、菌种的评价

菌种评价主要是通过肉眼观察、显微菌丝检查、生活力检测、栽培试验来衡量未知或已知菌种质量的好坏,其中栽培试验是目前最有效最直接最可靠的办法。以下是几种人工栽培食用菌一级种主要特征(表 3-2)。

(一)肉眼观察

利用肉眼直接观察待检测的菌种,首先要看其标签上菌株名称是否所需,容器(试管、培养皿、玻璃瓶等)是否破损,硅胶塞或棉花塞是否松动,容器内污染与老化情况,菌丝是否粗壮、均匀整齐、长势好、连接成块、有弹性及无吐黄水现象等,培养基是否湿润、无原基或幼菇形成及与容器壁紧贴,菌种色泽、有无斑块及抑制线,菌种是否有其特有的香味,手捏原种或栽培种料块其含水量是否达标等。

表 3-2   几种常见栽培食用菌一级种主要特征

香菇	木耳	双孢蘑菇	草菇	金针菇	银耳	
					纯白菌丝	羽毛状菌丝
菌丝纯白色,粗壮,呈绒毛状。平伏生长,生长速度为每日(0.7±0.2)cm,满管后,略有爬壁现象,边缘呈不规则弯曲。老化时,培养基变为淡黄色。早熟品种存放时间长,有的会形成原基团,培养温度25℃。有的还会出现褐色斑	菌丝白色。平贴培养基斜面生长,毛短,整齐,不爬壁,生长速度为每日(0.5±0.1)cm。长满斜面后,出现污黄色斑块。久置见光后,在斜面上部出现胶质,琥色颗粒状原基。毛木耳菌种老化后,有时在斜面上形成红褐单色脑状原基。培养温度30℃	因品种、分离方法、采用培养基不一,出现多种形态。但可归为气生型或贴生型两大类。气生型:孢子分离7~9 d后,出现芒状菌落,随之菌落逐渐隆起,呈绣球状,外缘整齐。气生菌丝旺盛,雪白的单菌落可挑出培养,扩大。培养温度22~24℃。贴生型:孢子萌发后,紧贴培养基斜面呈葡萄状蔓延,形态较多样化,但大多菌丝纤细,较稀疏,呈蓝灰色。培养温度22~24℃	菌丝细长,银灰色,爬壁性强。气生菌丝发达,生长速度快,老化时呈黄褐色。随着菌龄增长,逐渐出现红褐色厚垣孢子。培养温度28~30℃	菌丝白色,细绒状或绒毡状平贴培养基,稍有爬壁现象。生长速度中等。菌丝老化时,表面出现淡污褐色斑块。低温时,有细水珠出现,易出现子实体。培养温度20~22℃	纯白菌丝短而细密,前端整齐。培养初期,菌丝呈白茸绣球状的白毛团,生长速度极缓慢,每日生长量为1 mm。随着菌龄拉长,白毛团四周有一圈紧贴培养基的晕环。不易胶质化者,适合做段木种;易胶质化者,适合做代料栽培种。培养温度22℃	菌丝细长,爬壁力极强。生长速度极快,培养3~5 d后,自行分泌黑褐色色素,使培养基变黑;含氮较高的培养基斜面上易出现黑疤圈。培养温度28℃

注:资料引自黄毅.食用菌栽培,2008。

(二)显微菌丝检查

利用显微镜观察菌丝结构,优质的菌种其菌丝一般透明、有横隔、粗壮、分支多、细胞质浓度高且颗粒多等,若有锁状联合现象的菇类,可观察到明显的锁状联合结构。

(三)生活力检测

以供鉴菌种为测试对象,无菌操作下取直径为 5 mm 左右的菌落接入新培养基上,在最适的培养条件下培养一段时间,测定菌丝是否具备萌发和吃料快、生长迅速、长势健壮、整齐且浓密等优良菌种的特点。

（四）栽培试验

栽培试验是检测菌种主要的方法,将待检测的菌种通过母种、原种及栽培种的制作流程来评价其实际生产能力,在最适的培养条件下观察是否达到菌丝生长速度快、长势好、吃料能力强、出菇周期短且出菇整齐、子实体形态正常且抗逆性强、产量和品质好、转茬快且出菇茬次多等优质菌种的标准。

二、菌种的选购

作为菇农或科研工作者,直接购买菌种是一条很简单的途径,但要注意以下几点。

（一）视觉观察

在购买的过程中,一方面,应仔细检查包装情况,尤其是菌种分装容器有无破损;另一方面,检查菌种是否具备"纯、正、壮、润"特点,优质菌种不允许有杂菌感染即为纯;菌丝色泽为菌种固有,培养料菌丝应无变色、松散、吐黄水、长子实体原基等现象即为正(金耳除外);菌丝在新旧培养基上均长势旺盛、浓密、吃料快、分支多且粗壮即为壮;培养基质不允许出现与容器壁分离现象,应含水量适宜即为润。

（二）手测检查

手测法既可通过重量判断菌种失水和菌龄情况,又可检测分装菌种的容器其硅胶塞或棉花塞松紧度情况,过松则容易透气但感染杂菌概率高,过紧则菌种长期透气性差而导致菌丝弱,短时间内很难恢复生长。

（三）嗅觉辨别

纯菌种有其特有的香味,随机抽取菌种样品,拔掉硅胶塞或棉花塞,鼻子靠近容器口通过嗅觉来辨别菌种是否发出臭、酸、霉等气味,若存在证明样品菌种已污染。

三、菌种的保存

根据不同菌种的遗传和生化特性,通过低温、干燥、缺氧等手段,人为创造不利于菌种新陈代谢的环境,使其生命处于休眠及代谢活动处于较低的状态,从而达到延长寿命并保持原有的性状,最终防止死亡、污染和退化的技术即为菌种保存。

食用菌菌种保存的方法很多,但原理大同小异,如低温菌种保存法、液体石蜡保存法、滤纸片保存法、继代保存法、安瓿瓶保存孢子法、液氮超低温保存法、砂土管保存法、自然基质保存法、生理盐水保存法、冷冻真空干燥法等。目前,最常用的方法有以下几种。

(一)新低温菌种保存法

新低温菌种保存法是在低温菌种保存法基础上,经改造后的一种有效菌种保存方法。首先,制作适合于保存用的母种培养基,为防止菌种在保存过程中因新陈代谢而产酸过多,可在培养基中添加0.02%的碳酸钙或0.2%的磷酸二氢钾等盐类,对培养基pH起缓冲作用。其次,将菌种接种于保存培养基上,待菌丝长满斜面2/3后,在无菌条件下,换上无菌橡皮塞并用石蜡密封后移入2～4℃的冰箱中保存(图3-63),但草菇菌种因在5℃以下会很快死亡,因此,一般在其菌落上灌注3～4 mL的防冻剂(10%的甘油),也可将其置于室温或10～12℃下保存。最后,要做好菌种保存期管理工作,保藏期可达6个月以上,适合于短期母种保存。

(二)液体石蜡保存法

液体石蜡保存法又称矿油保存法。首先,取化学纯、不含水分、不霉变的液体石蜡装于锥形瓶中加棉塞并包纸,在1.05 kg/cm² 压力下灭菌30 min后,将其置于40℃恒温箱中烘烤数小时除去灭菌产生的水蒸气,再用无菌接种环蘸取少量无菌液体石蜡移接于空白培养基斜面上,在28～30℃下培养2～3 d,若无杂菌生长,备用。其次,在培养好的母种斜面上灌注上述处理过的液体石蜡,以高出培养基斜面1～1.5 cm为宜,用橡皮塞代替棉塞,继续用石蜡密封(图3-64),置于冰箱冷藏或于室温下保藏,保藏期可达1年以上,适合于长期母种保存。

图3-63　低温冰箱保存菌种

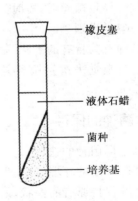

图3-64　液体石蜡保存菌种

(三)滤纸片保存法

以无菌滤纸为食用菌孢子吸附载体而长期保存菌种的方法即为滤纸片保存法。将白色(收集深色孢子)或黑色(收集白色孢子)滤纸剪成(2～4) cm ×(0.5～

0.8）cm 小纸条,用纸包裹后平铺于 250 mL
的三角瓶,另取变色硅胶数粒放入带有棉塞
的干净试管与小纸条于 121℃ 下灭菌 20～
30 min。灭菌后,将装有小纸条的三角瓶与变
色硅胶的试管置于 80℃ 烘箱中 1 h 备用。冷
却后,采用悬钩法采集孢子,室温下 1～2 d,
小纸条上可落满孢子。无菌操作下,将有孢
子的小纸条移入有变色硅胶的试管中,再置
干燥器中 1～2 d,充分干燥后用无菌胶塞封
口并贴上标签,低温保藏(图 3-65)。在后期
使用菌种时,只需将落有孢子的小纸条在无
菌操作下取出,将有孢子的一面贴在培养基

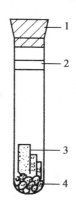

图 3-65　滤纸保存菌种

(引自常明昌.食用菌栽培学,2003)

1.胶塞　2.标签　3.滤纸条　4.硅胶

上适温培养 7 d 左右可观察到孢子萌发形成
的菌丝。该方法有效保藏期 2～4 年,有的可达 30 年以上。

第三部分　食用菌栽培

第四章

食用菌栽培总论

一、食用菌栽培概述及原理

农业有绿色农业、蓝色农业及白色农业之分,其中绿色农业是利用光合作用生产粮食、蔬菜、水果等的产业,蓝色农业是利用海洋来发展海菜、海鲜等的产业,白色农业即微生物农业,是一种微生物资源产业化的工业型新农业,应用范围最广,发展潜力最大,可以为绿色农业和蓝色农业的发展起到推动作用。白色农业把传统绿色农业向"光"要粮、向地要粮的生产方式转变为向"草"要粮、向废弃物要粮,其生产环境高度洁净,生产过程无污染,生产周期短,产品安全且无毒副作用。食用菌栽培作为白色农业最主要的代表,是现代生态农业的重要组成部分,在增加农业生态系统多样性、完善人类食物结构、提高人体免疫等方面有着巨大的应用前景。同时,该产业是一个与人类生活紧密结合的新兴产业,受到人们的高度重视。

(一)栽培简介

1.认识采食阶段

我国作为认识和采食食用菌最早的国家,已有大约 2 400 年食用菌利用历史,先秦时代开始,就有"朝菌不知晦朔""乐成虚,蒸成菌""朽壤之上,有菌芝者"等的论述,基本阐述了菇类的生态及生理。从公元前 300 年至公元 533—544 年,食用菌作为一类独立的食物原料成为宫廷美食,并针对多种食用菌有采集、服食、烹饪等的记述。自唐、宋文化的兴起至清代这一阶段,人们对于食用菌的认识逐步走向系统化并撰写相关专著。

2.驯化栽培阶段

大多数食用菌人工栽培的起源地是中国,世界五大食用菌(双孢蘑菇、金针菇、草菇、木耳、香菇)除公元1707年法国人首次成功栽培双孢蘑菇外,其余都是我国最早人工驯化栽培成功,银耳、茯苓、灵芝、猪苓、白灵菇、金耳等的驯化栽培也是我国首创。

金针菇是最早驯化栽培成功的食用菌,在唐代韩鄂的《四时纂要》中就有记载;随后,黑木耳、茯苓、香菇分别在湖北、江苏、浙江栽培成功。明代以后是我国食用菌驯化栽培迅速发展的时期,草菇、平菇、银耳、血耳等的人工栽培相继出现。新中国成立后,我国食用菌产业得到了飞速的发展,并成为世界上最大的食用菌生产国,众多科研工作者开发了许多食用菌资源,各种菇类的栽培技术得到不断提高、发展和创新,并已培育出大量的新种类。

(二)栽培方法

1.生料栽培法

栽培料拌药消毒后直接用于食用菌栽培的方法即为生料栽培,该方法具有简便、省工、省时、节能、易推广、投资少、见效快等特点,由于培养料的养分分解损失少,若管理措施得当,产量较高,但不适合高温地区或高温季节栽培,对培养料的新鲜度与种类要求较严且须拌有农药,产品安全性差,很难控制病虫害,生料栽培存在发菌慢、接种量大、菌丝体容易受到虫害等不足。生料栽培的方式多样,如袋式栽培、地沟栽培、室内床栽等,其中以袋式栽培在我国北方地区和南方低温季节应用最为广泛。适用于平菇、香菇、姬菇等菇类。

2.发酵料栽培法

培养料按照一定的配方称量,加水拌匀后堆积起来,无须高温灭菌,而靠堆积发酵处理,发酵结束后直接接种栽培种的方法即为发酵料栽培。具有投资少、污染率低、工艺简单等优点,但存在杀菌杀虫不彻底、培养料中养分解损失大等不足。适用于双孢蘑菇、姬松茸、鸡腿菇等草腐菌。

3.半熟料栽培法

栽培原料搅匀浸湿后,常压100℃保持2 h左右灭菌,冷却后开放式接菌或堆积1 d后放入密闭的室内,直接采用巴斯德灭菌法向室内输入蒸汽使料温在55～65℃保持3 d,冷却后接菌培养、出菇的方法即为半熟料栽培法。此方法的优缺点与发酵料栽培法类似,但不存在培养料的翻堆,周期短。适用于滑子蘑、香菇等。

4.熟料栽培法

将栽培原料加水、拌匀后,装入食用菌专用栽培袋或其他容器里,121℃下

2.5 h 或 100℃下 6～8 h 灭菌,冷却至 30℃以下,在无菌操作的条件下接种的栽培方式即为熟料栽培法。此方法具有杀菌杀虫效果好、用种量小、养分分解充分、发菌快、不易受外界环境影响、病虫害易控制等优点,但其操作复杂,工作量大,成本较高,短时间内较难大规模生产。适用于茶树菇、金针菇、平菇等。

　　5.半人工仿生法

　　在人工制作栽培种的基础上,在野生环境条件下种植食用菌的方法即为半人工仿生法。该方法操作简单易行,产量高,品质优,成功率高,但操作过程的机械化实施难度大,管理复杂,产品采收运输不便。适用于羊肚菌、松乳菇、褐环牛肝菌等珍稀菇类的栽培。

(三)栽培方式

　　1.段木栽培

　　段木栽培是一种古老的栽培方法,一般选择适合食用菌生长的阔叶树,在保护好树皮的基础上于第一年落叶至第二年发芽期间砍伐(砍树宜早不宜迟,一般以10 年左右树龄且直径在 10 cm 左右较为适宜),砍伐 10～15 d 后,将所有侧枝削去(削口平滑成圆疤),再锯成长 1 m 左右的段木,在伤口处撒上一层生石灰以免受杂菌污染,运输至菇场架晒后在其上打孔并接入菌种,待菌丝长好后埋木或摆架出菇。适合于香菇、黑木耳、灵芝、桑黄等木生型菇类的栽培。

　　2.塑料袋(生料)栽培

　　将培养料与消毒剂拌匀后,采用一层菌种一层料再一层菌种的方式装袋。先在塑料袋底部装一层 2 cm 厚左右的菌种,上面铺一层 10 cm 左右的培养料并用手按实,接着再装一薄层菌种,再铺料如此循环至适宜的高度,最上层为菌种,封口后20℃以下培养至菌丝长满整个培养料,适宜条件出菇。

　　3.塑料袋(熟料)栽培

　　购买耐高温聚丙烯或农用塑料薄膜食用菌专用栽培袋,经称量、拌料、装料、棉线绳或套环封口后,高压灭菌锅或常压灭菌锅灭菌,接种,适宜温度培养至出菇。注意事项如下。

　　(1)聚丙烯塑料袋耐压性能好,可用高压灭菌法,而聚乙烯塑料袋耐温、耐压性能差,宜用常压灭菌。

　　(2)培养袋灭菌时不宜靠得太近,尤其是常压灭菌,袋与袋之间留出一定空间有利于蒸汽流动保证灭菌效果。

　　(3)常压灭菌时,待锅内温度达 95～100℃维持 8 h 以上。

　　(4)温度上升或灭菌后放气速度要缓慢,以免袋子膨胀破损,冷却后按常规无菌操作的要求接菌。

4. 瓶栽

把塑料袋改换为栽培瓶,经装料、灭菌、冷却、接种、培养及出菇管理的方法叫瓶栽,目前的瓶栽都是工厂化方式进行,具有土地利用率高,可以周年生产,但出菇管理中常出现白色硬菌膜、子实体密集等问题,应及时进行搔菌、疏蕾工作。

5. 室内床架栽培

通过改造闲置房或新建菇房养菌出菇的方法叫室内床架栽培,其适宜于大规模周年栽培食用菌,具有空间利用率高、人工控温方便、成本回收快等特点。一般选择环境清洁、干燥、空气流畅、背风向阳的地段,以坐北朝南的方式建造菇房,要求墙壁与屋面稍厚,内墙与屋面涂石灰粉,地面光洁坚实,门窗合理布局,安装通风、遮光、降温、加温等设施。床架要和菇房方位垂直排列,四周不靠墙并留出走道,每层架间距 65 cm,底层离地面 35 cm,上层离屋面 135～165 cm。

6. 筐箱栽培

利用竹篮、木箱、塑料箱等容器栽培食用菌的方法即为筐箱栽培,其规格多种多样。具体做法是:按配方拌料后装入耐高温塑料袋或容器灭菌,趁热移入铺有塑料薄膜的筐箱中,压实包紧,冷却接菌,低温培养,出菇管理,此法也可以进行生料栽培,操作如上述。

7. 菌砖栽培

采用人工制作的木制模型,装入生料、发酵料或已灭菌的熟料等进行层播或混播菌种制成菌砖即为菌砖栽培,制作过程类似筐箱栽培,其具有成本低、操作简便、便于搬动、产量高等特点。

总之,除以上介绍的方式外,还有坑道栽培、阳畦栽培、地道栽培、山洞栽培、柱式栽培、菌墙式栽培等,在实际生产中,因根据菌种生物学特性、本地气候条件及现有设备选择最佳的栽培方式。

二、食用菌栽培种类

据文献报道,目前已知大型真菌种类约有 14 000 种,其中 7 000 种存在不同程度的可食用性,多数为共生菌很难人工栽培,可栽培的种类至今有 500 余种。我国是世界上食用菌野生种质资源最丰富,栽培种类最多的国家,目前通过人工培养可出菇的有 200 余种,商业规模栽培 20 种左右,年产 100 万 t 以上大宗栽培种类 6 类。

(一)人工栽培种类

1. 规模栽培种类

目前,已有糙皮侧耳(*Pleuotus ostreatus*)、佛州侧耳(*P. florida*)、肺形侧耳

（*P. pulmonarius*）、白黄侧耳（*P. cornucopiae*）、鲍鱼菇（*P. abalanus*）、榆黄蘑（*P. citrinopileatus*）、红平菇（*P. djamor*）、盖囊菇（*P. cystidiosus*）、白灵菇（*P. tuoliensis*）、杏鲍菇（*P. eryngii*）、黄伞（*Pholiota adiposa*）、滑菇（*P. nameko*）、草菇（*Volvariella volvacea*）、双孢蘑菇（*Agaricus bisporus*）、美味蘑菇（*A. edulis*）、巴氏蘑菇（*A. blazei*）（姬松茸）、大肥菇（*A. bitorquis*）、毛木耳（*Auricularia nigricans*）、黑木耳（*A. heimuer*）、柱状田头菇（*Agrocybe cylindracea*）、香菇（*Lentinula edodes*）、金针菇（*Flammulina velutipes*）、鸡腿菇（*Coprinus comatus*）、猴头（*Hericium erinaceus*）、大球盖菇（*Stropharia rugoso-annulata*）、元蘑（*Hohenbuehelia serotina*）、灰树花（*Grifola frondosus*）、银耳（*Tremella fuciformis*）、金耳（*T. aurantia*）、长根奥德蘑（*Oudemansiella radiata*）卵孢奥德蘑（*O. raphanipes*）、蛹虫草（*Cordyceps malitaris*）、灵芝（*Ganoderma linzhi*）、薄盖灵芝（*G. tenus*）、中华灵芝（*G. sinensis*）、松杉灵芝（*G. tsugae*）、猪苓（*Grifola umbellata*）、蜜环菌（*Armillariella mellea*）、茯苓（*Wolfporia cocos*）、斑玉蕈（*Hypsizigus marmorius*）、牛舌菌（*Fustulina hepatica*）、褐灰口蘑（*T. gambosum*）、长裙竹荪（*Phallus indusiata*）、短裙竹荪（*P. duplicata*）、红托竹荪（*P. echinovolvatus*）等50种不同规模的栽培。

2.商业化栽培种类

近年来,有榆黄蘑、糙皮侧耳、肺形侧耳、白灵菇、白黄侧耳、佛州侧耳、杏鲍菇、双孢蘑菇、大肥菇、美味蘑菇、巴氏蘑菇、黑木耳、毛木耳、银耳、香菇、草菇、金针菇、茶树菇、斑玉蕈、灰树花、滑菇、鸡腿菇、猴头、灵芝、松杉灵芝、中华灵芝、薄盖灵芝、短裙竹荪、长裙竹荪、蜜环菌、茯苓等33种已商业化规模栽培。

3.大宗栽培种类

有糙皮侧耳、金针菇、双孢蘑菇、香菇、黑木耳和毛木耳6种（类）大宗栽培种类。

（二）食用菌的营养方式

1.腐生型

可栽培的食用菌大多数属于这类营养方式,因其分解死亡的植物体或有机质并吸取养分,称为腐生菌。根据腐生的原料不同又分为木腐菌和草腐菌,前者以木本植物为主料,如木耳、香菇、猴头菇等,后者以草本植物为主料,如草菇、双孢蘑菇、鸡腿菇等,但实际生产中这两种食用菌对主料并没有严格的界限,在不同的生长条件下,一部分菇类以朽木或腐烂的有机质为主料均可出菇,如糙皮侧耳、灵芝、花脸香蘑等。

2. 共生型

食用菌与活的植物形成相互依存,甚至生理上有分工或达到不可分离的程度,这类食用菌与植物形成菌根关系,如蒙古口蘑和牧草、松口蘑和松树等共生;除与植物的菌根关系外,食用菌之间也有互利的关系,两类菌之间可以是一种松散联合,也可是双方互利,称为伴生,如银耳与香灰菌,因前者分解纤维素和半纤维素的能力弱,只有当两种菌丝混合接种在一起时,银耳利用香灰菌丝分解木屑的产物而繁殖结耳;食用菌还可以和昆虫形成共生关系,如鸡枞菌与白蚁之间。

3. 寄生型

从生物活体(寄主)摄取营养且完全依赖于活体维持生活的方式称为寄生,此类菌最终导致寄主致病甚至死亡,如冬虫夏草寄生于鳞翅目昆虫(如蝙蝠蛾)幼虫。

4. 兼性寄生型

这类食用菌既可腐生又可寄生。如蜜环菌与天麻,蜜环菌可以腐生在枯木或寄生在活树桩上,也可与天麻共生。

第五章

常规食用菌栽培

第一节 黑木耳栽培技术

一、概述

(一)分类地位及分布

黑木耳[*Auricularia auricula*(L. ex Hook.)Underwood]，又名木蛾、木菌、光木耳、树耳、云耳、黑菜云耳等(图5-1)，隶属于真菌界(Eumycetes)真菌门(Eumycophyta)担子菌亚门(Basidiomycotina)层菌纲(Hymenomycetes)黑木耳目(Auriculariales)木耳科(Auriculariaceae)木耳属(*Auricularia*)，其野生子实体主要产于温带和亚热带地区，在我国云南、四川、河北、西藏、黑龙江、福建、吉林、辽宁、湖南、广东、广西、江苏、台湾等地均有分布。

图 5-1 黑木耳子实体

(二)经济价值

黑木耳是一种营养价值高、低热量的食品，子实体具有丰富的蛋白质、维生素、氨基酸等,其所含的蛋白质、维生素远比一般蔬菜和水果高,且含有人类所必需的主要氨基酸,赖氨酸和胱氨酸的含量特别丰富;同时,该菌具有润滑消化系统、消除肠胃腐败物质、治疗痔疮、清肺润肺、减少血液凝块、缓和冠状动脉粥样硬化、抗肿瘤等药用价值。除很高的营养与药用价值外,因黑木耳具有生产周期短、经济效益好,可广泛利用甘蔗渣、玉米芯、木屑等农林副产品来进行人工栽培,在资源的开发与利用、森林生态的保护、壮大地方经济、增加农民收入等方面具有重要的意义。

(三)栽培史

黑木耳作为一种深受人们喜爱的传统食药用真菌,据资料记载,其食用和"自然接种栽培"至少有 800 年的历史,在《唐本草注》《礼记》《本草纲目》《吕氏春秋》《齐民要术》《菌谱》《农书》《神农本草经》等均有记载。我国是黑木耳人工栽培的发源地与主产国,其栽培区域遍布东北三省、云南、河南等全国 20 多个省、自治区及直辖市,栽培方式历经自然接种法与段木人工接种生产,目前以袋料栽培为主。

二、生物学特性

(一)形态及生活史

黑木耳的性遗传模式为异宗结合,但在极性(二极异宗或四极异宗)方面目前尚有争论,其主要原因是担孢子只有两种类型且双核菌丝体又有锁状联合,遗传学分析却表明该菌属于四极异宗结合,因此,担孢子的形成有待深入研究。

1.孢子

黑木耳担孢子无色、光滑、弯曲、腊肠状或肾形,单个担孢子萌发成单核菌丝,不同性别的单核菌丝结合之后形成双核菌丝。

2.菌丝体

双核菌丝在显微镜下纤细且粗细不匀,有较多的根状分枝和锁状联合,肉眼观察,白色至米黄色,一般呈细羊毛状,不爬壁,紧贴培养基匍匐生长,当其长满培养基表面(约 15 d)后逐渐老化,并在接种块附近出现污黄色的斑块,且代谢产生黑色素使培养基变成茶褐色,若母种搁置时间太久,因生理成熟会在培养基边缘或底部出现胶质状琥珀色颗粒的原基,其不断胶质化,最终发育成子实体。

3.子实体

子实体(图 5-2)呈耳状、叶片状、不规则形等多种形状,大小 0.6~12 cm,厚度为 1~2 mm,新鲜时半透明胶质且有弹性,干燥后变成角质。有腹背两面,腹面红褐色或棕褐色,光滑或有脉状皱纹,后期变为深褐色或黑褐色,背面青褐色,有绒状短毛。子实层着生在腹面,成熟时能释放大量的担孢子,开始新一轮生活史。

图 5-2　黑木耳子实体

(二)生长发育

1.营养条件

黑木耳属于木腐性真菌,其整个生长发育必须从基质中摄取碳素(木屑、玉米芯、棉籽壳等)、氮素(麸皮、米糠、牛粪等)、无机盐等营养物质,因其分解木质素和纤维素的能力比较弱,一般在培养料中需要加入适量的葡萄糖或蔗糖速效碳才能促进菌丝的生长,该菌最适宜的碳氮比(C/N)为(30～40)：1。

2.环境条件

黑木耳属于耐寒怕热的中温型恒温结实菌类,其孢子萌发、菌丝生长、子实体发育最适温度分别是 22～28℃、22～28℃、16～24℃,在此适宜的温度范围内,温度越高,子实体生长发育越快,色淡肉薄,脆弱且易衰老,高温高湿条件下子实体易腐烂。

(1)菌丝体阶段:培养料的含水量为 60%～65%,空气相对湿度 50%～70%,氧气充足(通气不良,菌丝体阶段抑制菌丝生长,子实体发育阶段易形成"鸡爪耳"),不需要光线(光线过强,菌丝体容易从营养生长转入生殖生长而形成原基,影响其营养的贮备),以 pH 5～6.5 最为适宜。

(2)子实体阶段:除氧气、pH 与菌丝体阶段一致外,培养料的含水量 60%左右,空气相对湿度 85%～95%,需要大量的散射光,150 lx 的光强下,耳片色泽淡白,200～400 lx 下浅黄色,1250 lx 以上色泽趋深。

三、袋料栽培技术

(一)栽培季节选择

作为喜湿性胶质菌类,黑木耳对水分的要求较为敏感,春季和秋季栽培出耳最为适宜,有春耳和秋耳之分。因此,种植季节应根据当地气象条件,接种期应依据该菌从接种到出耳 50～60 d 时间向前推,但在春季栽培,尽量提前进行(2～3月),气温低时,不利于杂菌生长且木耳菌丝定植较快。

(二)培养基的制备

1.母种常用配方

(1)马铃薯 200 g,葡萄糖(或蔗糖)20 g,琼脂 15～20 g,磷酸二氢钾 3 g,蛋白胨 2 g,硫酸镁 1.5 g,维生素 B 1 10 mg,水 1 L。

(2)玉米粉 100 g,琼脂 15～20 g,蔗糖 2 g,磷酸二氢钾 2 g,硫酸镁 0.5 g,维生素 B 1 10 mg,水 1 L。

2.原种常用配方

(1)小麦粒 94%、阔叶木屑 5%、石膏粉 1%。

(2)小麦粒 93%、阔叶木屑 5%、石膏粉 2%。

3.栽培种常用配方

(1)阔叶木屑 78%、麸皮(米糠)20%、石膏粉 1%、蔗糖 1%。

(2)玉米芯 60%、阔叶木屑 25%、麸皮 13%、石膏粉 1%、蔗糖 1%。

(3)棉籽壳 90%、麸皮(米糠)8%、石膏粉 1%、蔗糖 1%。

(4)粉碎豆秆 88%、麸皮 10%、石膏粉 1%、蔗糖 1%。

(5)稻草 48.5%、棉籽壳 48.5%、石膏粉 1%、蔗糖 1%、过磷酸钙 1%。

4.生产常用配方

(1)棉籽壳 94%、麸皮 5%、石膏粉 1%。

(2)玉米芯 62%、棉籽壳 24%、麸皮 10%、黄豆粉 2%、石灰粉 1%、石膏粉 1%。

(3)棉籽壳 56%、玉米芯 30%、麸皮 10.5%、豆饼 2%、石灰粉 0.5%、石膏粉 1%。

(4)木屑 89%、麸皮(米糠)10%、石膏粉 1%、石灰粉 1%。

(5)稻草 70%、木屑 20%、米糠 8%、石膏粉 1%、石灰粉 1%。

5.制作过程

食用菌培养基的制备采用常规生产方式,其制作方式参考第三章第四、五、六节,生产培养基的制作与栽培种基本相同。上述培养基制作灭菌后以 pH 5～6.5 和含水量 60%～65% 为宜,根据情况可适当增减。因黑木耳属于胶质菌类且菌丝抗杂菌能力较弱,在培养基配方中不能以尿素代替麸皮,添加过多的氮源容易造成污染。

（三）接种及发菌管理

选择适宜本地区栽培的黑木耳菌种（菌丝长势好、抗杂能力强、菌丝洁白粗壮等）趁热接种（约 30℃），在最适菌丝生长条件下培养。

黑木耳栽培袋接种后置于黑暗条件下培养，1～15 d 为 26～28℃，16～30 d 为22～24℃，30 d 以后为 20～22℃，空气湿度在 70% 以下，每天通风换气 1～2 次，每隔 7～10 d 翻堆检查并及时处理问题，35～45 d 菌丝长满料袋。

（四）出耳管理（以室内栽培为例）

1. 菇房建造

黑木耳作为好氧喜湿的菇类，室内袋料出菇应注意这一特性。出菇室要设置多个对流窗，安装纱窗、纱门、照明灯、栽培架等。栽培架最好选用塑料管或不锈钢搭制，其规格根据菇房大小而定，但层间距 30～50 cm，每层架上相隔 20～25 cm 横架短竹竿，以便吊袋使用，底层距地面 60 cm，架与架相隔要留 50～60 cm 宽的过道。

2. 出菇管理

当黑木耳菌丝长满整个菌袋后，有少量耳芽出现时表明其已生理成熟，拔掉透气塞及颈圈，扎紧袋口，菌袋表面用 0.2% 的高锰酸钾溶液或 5% 的石灰水溶液消毒 1 min，晾干后，在菌袋表面用消毒刀片以"品"字形布局开"V"形孔 3～4 行，一般孔口斜线长度 1.5～2 cm、角度 45°～55°、孔距 5～7 cm，行距 5～8 cm，也可用专门的打孔器打孔。开孔以后的菌袋置于潮湿的地面上，加大通风并增加光照，使室温降至 15～20℃，以刺激原基分化。待开孔处露出粒状耳基便可上架出耳，菌袋相互错开悬挂，保持室温 20～27℃，采取地面或空中喷水，使空气相对湿度 90% 左右。当幼耳形成 7 d 左右（呈绣球状），温度降至 18～20℃，逐渐增加通风量，以防形成"团耳"，每日喷雾状水 3～4 次，使空气相对湿度达到 85%～90%，喷完水后要加大通风至耳片上不见反光水膜，当耳片逐渐展开时，室内光照强度应随之加强，可根据采收需要，选择不同的光照强度，如 150 lx 的光强下耳片色泽淡白，200～400 lx 下浅黄色，1 250 lx 以上色泽趋深，从幼耳产生到成熟一般需 7～20 d（图 5-3）。

（五）采收及后期管理

当耳片颜色由深转浅、舒展、耳根收缩或腹面现白色孢子时，说明已经成熟，及时采收。采收前一日傍晚停水，第二天耳片上无露水时，用手将耳片与耳基均采摘下，在多雨的季节，大部分耳片均已成熟，可将大小耳片一起采收，采收的木耳当天晾晒，晾晒过程中不宜翻动，以防出现"拳耳"，晒至六七成干时复堆，第二天再摊开复晒。当干耳片的含水量低于 14% 以下时可分级包装（图 5-4）。袋栽耳片可产 3 茬，每茬之间停水 2 d，通常情况下 7 d 左右下茬幼耳形成。

图 5-3　黑木耳的袋栽出菇

图 5-4　黑木耳商品子实体

四、段木栽培技术

(一)制种

选择适合本地段木栽培的优良菌种,按常规制种方法培养。

(二)种植季节

黑木耳段木栽培季节的选择如同袋料栽培。

(三)设置菇场

选择在耳树资源丰富、交通便利、地势平坦、空气清新、避风向阳、进水排水方便的半高山地区,菇场用竹木搭遮阳棚,应设在坐北朝南的缓坡地或坐西北朝东南的平坦山腰,上方最好有稀疏的活林木等遮阳,使光照达到"三阳七阴"。最后,针对已设置好的菇场进行表面消毒(如5%漂白粉溶液、生石灰粉、灭蚁灵等),杀死场地病虫害,清除场地周围的杂草、枯枝烂叶及腐朽的树桩等。

(四)准备段木

1.耳树种类的选择

黑木耳的栽培树种应根据本地树种资源情况,选择生长于土层肥沃、树龄在8~10年且直径为8~12 cm的向阳软材质阔叶树种(硬质树种出耳期与采收期长,但树的组织致密且透气吸水性差,接种后很难定植成活,风险性高),切忌含醇、醚、松脂、精油等物质的针叶树及含有芳香性物质的阔叶树(如樟树、楠树)。目前,三年桐、杨树、枫树、乌桕、栓皮栎、苦楝、香椿、刺槐、悬铃木、麻栎、木油桐、枫香等是栽培黑木耳常用的树种。

2.耳树的砍伐及预处理

黑木耳是典型的腐生真菌,菌丝不能在活树或半死亡的段木内生长。因此,刚砍下的耳树至少需20~30 d的干燥才能使其组织死亡。一般在冬至至立春采用"两面下斧法"(砍成"鸦雀口"利于老树桩发芽更新)砍树为佳,此时段木中营养丰富,韧皮部和木质部结合紧密,不易脱皮。砍伐后的耳树不要马上处理,因枝叶后续的光合作用可加速水分蒸发进而加速树木组织死亡,10~15 d后,把所有侧枝全部削去(削口平滑且削成圆疤),再锯成1 m左右长的段木,在伤口处撒上一层生石灰以免受杂菌污染,运输至菇场架晒。

3.段木架晒

选择地势较高、通风向阳的地方,按"井"字形把段木堆叠(约1 m高),最后在木堆上用草帘覆盖,防止段木表面因温度过高而水分不均匀,碰到雨天可遮盖塑料薄膜,每隔10~15 d翻堆1次。当段木在截面上出现放射状的细小裂纹时(失去20%~30%的水分)便可接种。段木的架晒时间要根据情况而定,若易干燥树种或空气湿度小的地方被砍后可不经过架晒直接接种;若待接菌段木因砍伐过久或架晒时间过长导致偏干,需浸水1~2 d待段木吸足水,晾干表面后再接种。

(五)接种

选择菌丝洁白粗壮、长势均匀、生活力强的黑木耳菌种(菌龄约45 d),待当地气温稳定且低于25℃接菌。通常按穴距10~12 cm,行距3~5 cm,用电钻或打孔器在段木上打穴(穴直径1~1.2 cm,穴深1.5 cm),行与行之间的穴排成"品"字形或"梅花"形,接种时随打穴随接种,先装满孔穴,按紧,穴口上加盖树皮盖,通过锤子使之与树皮表面平整。

(六)管理

1.发菌管理

(1)菌丝萌发。接种后,因早春气温稍低,黑木耳菌丝生长适宜温度较高。因此，在菇场选择一处避风向阳且排灌方便的地方，通过在接种段木底部垫石块或横木（起通风换气的作用），再将同一树种相同粗细度与长度的段木整齐堆叠至 1 m 高，且用薄膜覆盖保温。

（2）菌丝定植。接种段木整齐堆叠后，每隔 7～10 d 翻堆 1 次并喷水管理（首次翻堆一般不必浇水，从第二次开始，浇水量均匀且逐渐加大，遇小雨天可打开覆盖物让其淋雨），当接种穴的菌种表面已形成一层白色菌丝，其附近的木质部也可见菌丝时，表明黑木耳菌丝已定植（约 1 个月）。

（3）定植后发菌管理。菌丝定植后，其新陈代谢产热量会逐渐增加且气温回升，通过适当降温与通风保湿来加速菌丝生长速度，这时应将段木叠堆改成"井"字形堆（约 1 m 高），并覆盖草帘或枝叶。在管理期间，接种孔菌种有不同的变化，若其变化不大或生长缓慢，表明温度过低或过高；若菌丝呈黄色且松散，表明因缺水引起的耳木偏干；若菌丝稍黑，表明因水分过多引起的耳木偏湿；若全变黑，说明菌丝已死亡，立即分开管理并补种。

（4）散堆排场。20～30 d 的定植后发菌管理，菌丝成活率得到保证，可以通过散堆排场来加快菌丝生长，使其在段木中迅速蔓延；同时，加大通气、提高空气温度和湿度、增加散射光刺激等是黑木耳由营养生长向生殖生长转变的重要措施。通常在菇场先放一发菌段木作枕木，再将新的发菌段木一头着地，一头紧靠枕木摆放，按照上述方法摆完整个枕木后换新的枕木重新开始摆放，注意每根耳木之间要留有 3～6 cm 的间隙，保证耳木能充分吸收地面潮气，接受新鲜空气、阳光及雨露。排场结束后，晴天早晚应喷水 1 次，阴天视情况而定，每隔 7～10 d 将发菌段木头尾调换 1 次，经 1 个月左右，发菌段木将进入生殖生长期，表面将会出现大量的耳芽。

2. 出菇管理

当发菌段木上出现大量耳芽时，通常采用"人"字形起架进行出菇管理，选择一根长木桩作横木，两端用有分叉的木桩撑起打架，架高 30～50 cm，架与架之间留 50 cm 左右的人行通道，然后将待出菇段木两面交错"人"字形斜靠在横梁上即可。

起架结束后，黑木耳子实体进入快速生长阶段，温度、湿度、光线等应尽量满足黑木耳子实体发育所需。水分管理最为重要，尤其是"三晴两雨"的天气对菌丝生长和子实体发育极有利，应保持"晴天多喷，阴天少喷，雨天不喷"的原则。一般每天早晚各喷水 1 次，15 ℃ 以下一般不喷水，气温过高应在傍晚喷水。实际操作过程中，细小的耳木多喷勤喷，粗大的耳木少喷，树皮光滑的多喷勤喷，树皮粗糙的少喷，向阳干燥的多喷勤喷，阴暗潮湿的少喷。批量采耳之后，应停水 3～7 d，增加通气性，根据耳木中的菌丝生长情况和气温是否适宜，再进行下茬催耳出耳管理，条件适宜时再喷水，促使出耳整齐。

(七)采收及后期管理

段木栽培耳片的采收与袋料栽培相同。

五、生态栽培技术

(一)季节选择

不同地区或同一地区不同海拔温度差异较大,栽培季节的选择应考虑接种期温度为 20~30℃,从接种后 40~50 d 即进入子实体生长期,自然温度应为 15~30℃。

(二)栽培方式

将菌袋摆放在阳光直射的畦床上,菌袋先集中催耳后再摆在露地耳床出耳,出耳时采用雾喷设施加湿的方法管理是生态栽培过程的主要流程。露天全光育耳法适用于低湿季节或干燥地区的春季和晚秋。

(三)出耳管理及采收

黑木耳菌丝经 40~50 d 培养后有少量耳芽出现时已生理成熟,及时转入出耳管理阶段,菌袋的划口处理与袋料栽培相同。划口以后要将菌袋由室内搬到林下进行诱耳,将菌袋密排于 1~2 条畦床上,盖上薄膜,让菌袋在小气候内集中培养 5~7 d(达到菌丝快速复壮的作用),再分别摆放于畦床排袋架上,继续罩好盖膜保湿,并利用喷雾器空间喷雾,保持空气相对湿度 85%~90%。穴口湿润后每天早晚揭膜通风 15~20 min,这样干湿交替及通气后原基迅速显露。原基形成后,夜间揭开罩膜形成温差,白天散射光处理促进原基向耳芽的转化。当耳芽伸展膨大,每天向菌袋及空间喷水 1~2 次,使空气湿度达到 90%,每天通风 2 次,每次 40 min,温度为 23~25℃。待耳片色黑且肥厚,每天向菌袋及空间喷水 2~3 次,使空气湿度达到 90%~95%,每天通风 3 次,每次 30 min,温度为 20~25℃。当耳根收缩、耳片起皱及光面粉白时停水 1 d 后采收第一茬菇(图 5-5)。子实体采完停水 2 d,期间每天通风 3 次,每次 1 h。2 d 后恢复第二茬出菇管理。

图 5-5　黑木耳子实体

六、病虫害防治

(一)病虫害种类

栽培过程中,因自然环境条件、气候变化、管理等原因,会出现杂菌和害虫大量发生的问题,尤其是段木栽培。危害黑耳木的杂菌主要有霉菌(青霉、木霉、链孢霉、曲霉、毛霉、根霉等)及其他大型真菌(韧革菌、绒毛栓菌、环纹炭团菌、麻炭团菌、朱红栓菌等),害虫主要有食丝谷蛾、光伪步甲、螨、蛞蝓、伪步行虫等。

(二)防治措施

黑木耳病虫害的防治遵循"预防为主,综合防治"的原则。

1.预防措施

(1)注重品种选择和轮换,应选择抗性强的优质品种,且同一品种在同一场地种植不宜超过2年。

(2)加强场所选择和处理,场地应向阳避风、通气良好及排水方便,同时种植前做好场地的消毒以及周围枯枝、落叶及腐木的清理。

(3)加强养菌和出耳期的管理,各生长阶段应尽量满足最适生长温度、湿度、光照等的要求,避免高温、高湿。

(4)物理预防,菇房要安装防虫网、防虫灯、防虫板。

2.治疗措施

加强巡查,发现病害及时处理。在段木栽培过程中,发现有杂菌感染时,用塑料包住感染部分并立即用消过毒的锋利刀或斧将感染杂菌的木块削去,在切口处涂生石灰、氯化锌(1:50倍液)、退菌特(1:100倍液)等消毒或将耳木喷湿后用杂酚油涂抹;栽培袋局部发生污染时可涂抹或注射3.5%碳酸液、5%甲醛水溶液、5%的石灰水、20%的克霉灵溶液或0.1%～0.2%的50%多菌灵液等抑制木霉、曲霉、青霉、毛霉、根霉等生长;注射3%的生石灰、50%多菌灵500～800倍液或500倍甲醛溶液来抑制链孢霉的蔓延等。通过培养基质的严格消毒或段木人工清理来减少大型真菌的滋生。当发现杂菌耳木或袋料严重时应将其立刻剔出烧毁。

黑木耳的虫害可根据害虫的种类,适当选用化学药剂或石蒜、泽漆、除虫菊、雷公藤、音藤根等经济有效、无残毒的植物性药进行防治。同时,生产前培养室和菇房可用500 mL/100 m³敌敌畏密闭熏蒸18 h左右,再喷1次0.5%敌敌畏或用20%三氯杀螨醇1 000倍液、1:(800～1 000)倍的除虫菊酯、1.8%虫螨克或20%螨死净3 000倍液喷洒防治菇螨;傍晚用5%盐水、1%的五氯酚钠、米糠内加入2%砷酸钙或砷酸铝制成毒饵毒杀蛞蝓;用20%辉丰菊酯1 500～2 000倍液或

80％敌敌畏 800～1 000 倍液喷洒防治食丝谷蛾；可用 20％速灭杀丁或 14.5％高氯乳油 3 000 倍液喷雾防治光伪步甲等。出耳期间严禁使用。

第二节　金针菇栽培技术

一、概述

（一）分类地位及分布

金针菇[*Flammulina velutipes*（Curt：Fr.）Singer]，又名智力菇、朴蕈、冬菇、金菇、构菌、冻菌、朴菇、毛柄小火菇等（图 5-6），英文名 Winter Mushroom,Golden Mushroom,Enokitake,隶属于真菌界（Eumycetes）真菌门（Eumycophyta）担子菌亚门（Basidiomycotina）层菌纲（Hymenomycetes）伞菌目（Agaricales）膨瑚菌科（Physalacriaceae）冬菇属（*Flammulina*），主要分布于中国、俄罗斯、澳大利亚、北美洲、欧洲等地。

图 5-6　野生金针菇子实体

（二）经济价值

金针菇含有多种营养成分，是一种低热、高蛋白质、多糖类的营养型食品，含有18 种氨基酸，其中 8 种必需氨基酸占总量的 40％左右，尤其是有利于儿童智力发育和健康成长的赖氨酸和精氨酸的含量最为丰富，被称为"增智菇"或"智力菇"。除具有较高营养价值外，金针菇还具有抑制肿瘤细胞、吸附胆汁酸盐、降低血浆中胆固醇含量、促进胃肠蠕动、强化消化系统、预防高血压和治疗肝脏疾病及消化道溃疡病等药用价值。

(三)栽培史

金针菇的栽培起源于我国,且是人工栽培较早的食用菌之一,已有1 400多年的历史,经历了段木栽培、塑料袋栽培、瓶栽等过程,目前栽培的金针菇有白色和黄色两大类,工厂化栽培的白色金针菇占产量的85%左右。

二、生物学特性

(一)形态及生活史

1.孢子

金针菇的性遗传模式为四极异宗结合,担孢子平滑、无色或淡黄色、椭圆形或长椭圆形,担孢子双核同核体,孢子印白色。

2.菌丝体

在显微镜下,具有结实能力的双核菌丝粗细均匀,有横隔和分枝,锁状联合结构明显。肉眼观察,呈白色、细棉绒状或绒毡状,稍有爬壁现象,老化后菌落表面呈淡黄褐色,冷藏后易在试管内形成子实体。

3.子实体

子实体(图5-7)丛生、小型,菌盖直径2～8 cm,幼小时白色或淡黄色,湿润时表面黏滑,由半圆形逐渐平展,边缘由内卷逐渐波状或上翘。菌肉近白色,中央厚而边缘薄。菌褶白色至乳白色,有时微带肉粉色,离生或延生,不等长。菌柄长3～18 cm,直径0.2～1 cm,中生,圆柱形,上半部白色至淡黄色,下半部有黄褐色或深褐色短绒毛,内部由近木质髓心至中空。

图5-7　野生与人工栽培金针菇子实体

(二)生长发育

1. 营养条件

金针菇属于弱木腐性食用菌,整个生长发育阶段必须从基质中不断摄取碳素、氮素、无机盐、微量元素等营养物质,但菌丝体分解木质素的能力较弱,抗逆性较差,在野生状态下树木腐朽程度不够而不能产生子实体。生产中,常在培养料中掺入一定的麸皮、米糠或玉米粉来补充维生素 B_1、维生素 B_2,添加一定量的磷、镁、无机盐后会促进其菌丝生长和子实体的分化。金针菇生长的碳氮比(20~40):1,以30:1最适宜。

2. 环境条件

金针菇属于一种低温型恒温结实菌类,其孢子萌发、菌丝生长、原基分化、子实体发育的温度分别是 15~25℃、18~24℃、8~16℃、5~19℃,不同品种之间的差异是存在的。菌丝体耐高温能力极差,高于 32℃时停止生长,致死温度为 34℃,但能耐较低的温度,在−21℃的低温下 3~4 个月仍具有旺盛的生命力。子实体在温度低于 3℃或高于 18℃时发育不良,低于 0℃,其菌盖颜色变为褐色,朵形差,失去商品价值。

(1)菌丝体阶段。培养料的含水量为 60%~65%,空气相对湿度 70%~80%,氧气充足,不需要光线,pH 5.5~6.5。

(2)子实体阶段。除氧气、pH 与菌丝体阶段一致外,培养料的含水量 60%,空气相对湿度 80%~95%,需要一定量的散射光,无光子实体也能形成,但品质差。光线强或二氧化碳浓度低时菌柄短、开伞快、色泽深及菌柄基部绒毛多;光线微弱或二氧化碳高时色泽浅(黄白色或乳白色),商品价值高,能抑制菌柄基部绒毛的产生及色素的形成;长期黑暗则形成菌柄细长、无菌盖的针状菇。

三、袋式栽培技术

(一)栽培品种

1. 黄色品种

黄色品种的温度适应范围宽且较耐高温,菌丝生长、原基分化、子实体生长的适宜温度分别是 22~24℃、10~14℃、8~12℃。黄色品种抗性强产量高,子实体上部和下部颜色分别为黄色、褐色,柄基部有绒毛,口感好。

2. 白色品种

白色品种不耐高温,菌丝生长、原基分化、子实体生长的适宜温度分别是 18~20℃、10℃、5~8℃,高于 18℃,子实体难以形成。白色品种抗性差,子实体上下乳白色,柄基部绒毛少或没有。

3.浅黄色品种

该品种对温度的要求介于金黄与白色两种之间,子实体上下淡黄色。

(二)培养基的制备

1.母种常用配方

(1)马铃薯200 g,葡萄糖(或蔗糖)20 g,琼脂15～20 g,维生素 B_1 1 g,维生素 B_2 1 g,水 1 L。

(2)马铃薯200 g,麸皮20～50 g,葡萄糖(或蔗糖)20 g,琼脂15～20 g,水 1 L。

2.原种常用配方

(1)小麦粒98%,石膏粉2%。

(2)小麦粒93%,米糠(麸皮)5%,石膏粉(或碳酸钙)2%。

3.栽培种常用配方

(1)阔叶木屑73%、米糠(麸皮)25%、蔗糖1%、石膏粉1%。

(2)玉米芯73%、麸皮25%、蔗糖1%、石膏粉1%。

(3)棉籽壳83%、米糠(麸皮)15%、蔗糖1%、石膏粉1%。

(4)豆秸屑78%、麸皮10%、玉米粉10%、蔗糖1%、石膏粉1%、磷肥0.5%。

(5)切碎稻草70%、麸皮25%、玉米粉3%、碳酸钙1%、蔗糖1%。

4.生产常用配方

(1)木屑80%、米糠(麸皮)20%。

(2)玉米芯45%、棉籽壳45%、麸皮8%、石膏粉1%、石灰粉1%。

(3)棉籽壳90%、麸皮8%、石膏粉1%、石灰粉1%。

(4)醋糟78%、棉籽壳20%、磷酸二氢钾0.5%、石膏粉1.5%。

(5)切碎稻草50%、木屑22%、麸皮25%、尿素1%、石膏粉1%、石灰粉1%。

5.制作过程

上述培养基的制作过程采用常规生产方式,灭菌后 pH 以 5.5～6.5 为宜,理论上含水量为以 60%～65%适宜,但可根据情况适当增减。

(三)接种及发菌管理

选择适合本地栽培抗杂能力强、生长势强、纯正的金针菇菌种,挖去表面老化菌丝,25℃左右下接菌,在该菌的最适菌丝生长条件下培养。栽培袋接种后搬进培养室内,摆放于培养架上培养,不能堆放过高(3～4 层),每隔 10 d 左右翻堆 1 次(10 d 可长满料袋的接种表面),约 30 d 左右长满整个菌袋。

(四)搔菌、催蕾

金针菇菌丝生长较快,接种口菌丝容易老化,通过搔菌以便菌丝受伤后遇氧气形成更多的原基。当菌丝即将长满菌袋时,拉开袋口,用消毒的工具扒掉培养料表面老化的菌丝。搔菌结束后,袋口朝上竖立于地面或栽培架,然后在袋口上方覆盖报纸或黑色地膜,每天向报纸及地面喷水 1～2 次以保持空气湿润。2～3 d 后,培养基表面长出一层新菌丝,加强通风换气;待料面有琥珀色(原基)出现时,根据品种保持适宜的温度,空气相对湿度 80%～85% 进行催蕾,经 2～3 d 后原基将分化成 1～2 cm 的小菇蕾。

(五)出菇管理

小菇蕾形成后,一般要采取培养室直接降温或夜晚通冷风降温的抑菌措施,以便使菇蕾整齐一致地向上生长。抑菌完成后,根据品种保持适宜的温度,每天先揭膜通风 10 min,再盖膜后喷水 1～2 次,使空气相对湿度保持在 80%～85%。当菇蕾长至 4～5 cm 高,拉直袋口,提高袋内二氧化碳浓度和空气相对湿度,以达到增加菌柄长度及延迟开伞的目的,经 6～7 d 后方可生产出优质的金针菇子实体。

(六)采收及后期管理

当菌柄长度达到 13～18 cm,盖菌直径 0.8～1 cm 时可采收第一茬菇(图5-8)。采完后,菌袋培养基的含水量减少,养分积累不足,为保证下一茬菇的高产,可用 0.5% 的糖和 0.1% 的尿素溶液灌袋,然后浸泡 5～6 h,再进行新一轮的搔菌、催蕾、抑菌等常规管理,一般可采收 2～3 茬菇。

图 5-8　金针菇袋栽子实体

四、瓶式栽培技术

(一)栽培品种

栽培瓶品种与袋式栽培相同。

(二)培养基制作

培养料分装容器不同外,瓶式栽培其母种、原种、栽培种及生产培养基配方、制备方式均与袋式栽培基本相同,但因菌种的状态不同,培养料含水量略有差异,接液体菌种培养料的含水量一般为50%～55%,接固体菌种与袋式栽培相同。

1.家庭式栽培

常用塑料瓶栽培,规格有750 mL、800 mL、1 000 mL,栽培瓶口小则接菌后不易污染,透气性较差,水分蒸发少,菇蕾发生数量少,瓶口大则相反。装料时要松紧均匀,瓶壁处须压实,培养料装满并压平后距瓶口1.5～2 cm,采用直径为1.5 cm的锥形棒在料中央打孔,用带有小洞的聚丙烯膜加4层报纸或牛皮纸封口后用绳子扎紧。

2.工厂化栽培

栽培瓶规格与生产设备相配套,常见的有850 mL、1 000 mL、1 100 mL等聚丙烯塑料瓶,瓶口直径有55 cm、65 cm、70 cm等规格。调节机器(包括装料量和松紧度)后,装料和压盖由装料机一次完成。

(三)接种及发菌管理

固体菌种的人工接种与袋式栽培相同,工厂化则由自动接种机大规模快速接菌;液体菌种由接种枪或自动接种机接种,每瓶接种30 mL左右,接种后的培养与袋式栽培相同。

(四)搔菌、催蕾

1.家庭式生产

家庭式栽培的搔菌、催蕾与袋式栽培类似。当菌丝长满瓶或菌丝生长达到培养料的90%时,用消毒的工具刮去料面菌块和老化菌丝,再用报纸或薄膜覆盖,温、湿、光、气的调节同袋式栽法,切忌积水或直接向菌丝喷水。

2.工厂化生产

菌丝长满菌瓶后,搔菌机采用平搔法搔去表面1～2 cm的老菌块,封盖,将菌瓶移入遮光出菇室,根据品种调节适宜的温度,空气相对湿度90%～95%,二氧化碳浓度0.1%～0.2%进行催蕾。

(五)出菇管理

1.家庭式栽培

菇蕾出现后,当幼菇长至瓶口时,采用加套筒(塑料或纸)法,调节供氧气浓度、二氧化碳浓度、光照、湿度,增加菌柄长度及抑制开伞,生产色浅、质地柔嫩的金针菇子实体。

2.工厂化栽培

菇蕾产生后,根据品种保持适宜的温度,空气相对湿度80%～85%,适当通风。当幼菇长出瓶口3～5 cm时,加套筒保证幼菇形态、生长整齐一致。

(六)采收及后期管理

瓶式栽培与袋式栽培的采收及管理基本相同,但工厂化生产考虑到综合成本(能耗和管理),一般都是一次采收,因此,家庭式栽培和工厂化栽培所用的品种有差别,工厂化的品种要求出菇整齐、头茬菇产量高,而家庭式栽培则相反,要求出菇周期长、茬次不明显。

五、病虫害防治

(一)病虫害种类

金针菇菌丝体培养阶段的主要病菌有青霉、木霉、曲霉、根霉、毛霉等,出菇阶段主要有褐斑病、褐腐病、软腐病、黑斑病、细菌斑点病等病害;主要虫害有菌蚊、线虫、螨类、菇蝇、尖眼蕈蚊等。

(二)防治措施

1.预防措施

培养和出菇场所要向阳避风、通风良好且排水方便,出菇房南北长形建设,上风口1 000 m内无养殖场(厂),周围的枯枝、落叶、腐木、杂草应清理干净,安装防虫网,菌袋(瓶)进入前进行熏蒸消毒。

2.防治措施

一旦发现污染或虫害,应及时移除处理,子实体部分出现病害时,初期立即清理病菇。

青霉、木霉、曲霉、根霉、毛霉、螨类的防治与黑木耳相同;黑斑病、褐斑病的防治与青霉菌的防治相同,同时,喷洒100 IU的农用链霉素或1%漂白粉液可抑制褐斑病发生;刮除料面0.2～0.3 cm,地毯式喷洒100倍的蘑菇祛病王溶液、100 IU的农用链霉素、0.1%的50%多菌灵液或0.5%～1%漂白粉液清除褐腐病病原菌。喷洒5%的石灰水、0.1%～0.2%的50%多菌灵或2%～5%的漂白粉液防止软腐病扩散传染。喷洒1∶600的次氯酸钙、万消灵片溶液防治细菌性斑点病。

虫害一般用高压静电灭虫灯杀灭(如菌蝇、菌蚊)或食用菌专用生物杀虫剂处理。排袋出菇之前,喷洒3 000～4 000倍溴氰菊酯杀虫农药或1 500倍食用菌专用杀虫剂防治菌蚊。用0.5%石灰水或0.1%食盐水喷洒于地面后再撒生石灰防治线虫,针对卵期与休眠期的线虫用60℃热水浸泡30 min即可。菇蝇或尖眼蕈蚊的成虫用敌敌畏、二嗪农、除虫脲、马拉硫磷或溴氰菊酯等防治,如喷洒 3 000～4 000 倍的 2.5％溴氰菊酯可杀灭尖眼蕈蚊幼虫。有菇蕾时上述生物农药也应立刻停用。

第三节　香菇栽培技术

一、概述

(一)分类地位及分布

香菇[*Lentinula edodes*（Berk.）Pegler]，又名栎菌、厚菇、香蕈、花菇、香菌、花蕈、香信、椎茸等（图 5-9），英文名 Shiitake,Black Forest Mushroom,隶属于真菌界（Eumycetes）真菌门（Eumycophyta）担子菌亚门（Basidiomycotina）担子菌纲（Basidiomycetes）伞菌目（Agaricales）类脐菇科（Omphalotaceae）香菇属（*Lentinula*），其野生子实体主要产于我国云南、福建、浙江、湖南、四川、台湾、安徽、湖北、海南、广东、甘肃、广西、贵州等地,在朝鲜、日本、新西兰、菲律宾、俄罗斯、尼泊尔、马来西亚等国也有分布。

图 5-9　香菇的子实体

(二)经济价值

香菇有"菇中皇后""山珍之王"的美称,是一种肉质嫩、味道鲜、高蛋白质、低脂肪的营养保健食品,含有除色氨酸外的 7 种必需氨基酸,非必需氨基酸、维生素、矿质元素等较为丰富。除营养价值外,香菇具有降血压,清除血毒,抑制癌细胞,降低胆固醇,提高免疫力,预防肝硬化、流行性感冒及人体各种黏膜及皮肤炎症,对天花、麻疹有显著预防和治疗作用等。

(三)栽培史

香菇栽培起源我国,有 800 多年的发展历史,其经历砍花栽培、段木栽培、袋料栽培 3 个重要阶段,我国已成为香菇最大的生产国和出口国,主产区分布于福建的古田县、浙江的庆元县、河南的西峡、湖北的随州等地。

二、生物学特性

(一)形态及生活史

1.孢子

香菇的性遗传模式为四极异宗结合,即有 4 种不同极性的担孢子,其担孢子无色、光滑、椭圆形至卵圆形。单个孢子萌发成单核菌丝,互补的两种极性单核菌丝结合之后形成双核菌丝才具有结实能力。

2.菌丝体

具有结实能力的双核菌丝在显微镜下粗壮,粗细较均匀,具有隔膜、分枝及明显的锁状联合结构,呈白色绒毛状,培养基上平铺生长,略有爬壁现象且边缘呈不规则弯曲,培养基老化菌丝略有淡黄色色素分泌物,若菌丝经长时间光照后易形成褐色的被膜。具结实性的菌丝体发育至生理成熟后便扭结成三生菌丝,在适宜条件下形成直径 1~2 mm 的小瘤状突起即为原基,原基上半部菌丝组织生长速度比下半部快。上半部分逐渐下包、扩展形成菌盖,下半部则成为菌柄,最终发育成由菌盖、菌柄、菌褶等构成的子实体。

3.子实体

子实体(图 5-10)单生、丛生或群生,菌盖淡褐色至深褐色,半球形至平展,直径 4~15 cm,表面有淡褐色或褐色的辐射状鳞片,空气干燥且温差较大时菌盖龟裂露出菌肉(花菇),边缘内卷至伸展且幼时有白色至淡褐色菌膜,后期以小破片的形状残留于边缘。菌肉呈白色,厚而韧,干品有特殊的香味。菌褶白色至红褐色,弯生或直生,受伤后产生斑点。菌柄偏生或中生,直径 0.5~1.5 cm,长度 3~8 cm,上部着生菌环,白色且易消失。菌柄内实、纤维质,菌环以下的有纤毛状白色鳞片且部分带褐色。孢子印白色。

(二)生长发育

1.营养条件

香菇是具有较强同化作用的木腐性食用菌,其菌丝能利用有机氮和铵态氮,可以从基质中摄取碳源、氮素、无机盐、微量元素等营养物质,生长最适宜 C/N 为 (25~40):1,栽培时通常用 20% 左右麦麸或米糠提高含氮量,同时添加 1% 的蔗糖可促进菌丝快速生长。

图 5-10　野生香菇子实体

2.环境条件

香菇属耐低温变温结实型菌类,孢子萌发、菌丝生长、子实体发育最适温度分别是 22~26℃、25℃、12~18℃,低于 5℃或高于 35℃时菌丝体停止生长,38℃以上数小时即死亡,温差越大越有利于子实体原基的分化,但不同品种间的差异较大。

(1)菌丝体阶段。培养料的含水量为 50%~55%,空气相对湿度 60%~70%,不需要光线,过强光线会抑制菌丝体生长,pH 4.5~6 为适宜。

(2)子实体阶段。除氧气、pH 与菌丝体阶段一致外,培养料的含水量 55%,空气相对湿度 85%~95%,子实体发育及生长需要大量的散射光,无光不能形成子实体,所需光照强度为 200~600 lx,其中 370~420 lx 最有利于原基的形成和分化。

三、袋料栽培技术

(一)季节选择

根据当地的气温条件,结合香菇生长发育各阶段的温度要求来选择接种时间(表 5-1)。

表 5-1　香菇生长发育的温度条件

生长发育阶段	最适温度/℃	昼夜温差/℃	持续时间/d
菌丝生长阶段	22~27	0~2	30~40
高温诱导转色阶段	25~28	0~2	20~30
子实体分化阶段	10~15	8~12	10~15
子实体发育阶段	12~18	8~10	7~12

注:资料改自魏生龙.食用菌栽培技术,2006。

（二）培养基的制备

1.母种常用配方

（1）马铃薯 200 g，葡萄糖（或蔗糖）20 g，琼脂 15～20 g，磷酸二氢钾 2 g，蛋白胨 2 g，硫酸镁 0.5 g，维生素 B_1 10 mg，水 1 L。

（2）玉米粉 60 g，琼脂 15～20 g，蔗糖 10 g，水 1 L。

（3）黄豆粉 40 g，葡萄糖 20 g，琼脂 15～20 g，水 1 L。

2.原种常用配方

小麦粒 80%、阔叶木屑 19%、石膏粉 1%。

3.栽培种常用配方

（1）阔叶木屑 78%、麸皮（米糠）20%、石膏粉 1%、蔗糖 1%。

（2）玉米芯 50%、棉籽壳 30%、麸皮 15%、玉米粉 2%、石膏粉 1%、过磷酸钙 1%、蔗糖 1%。

（3）棉籽壳 55%、玉米芯 25%、麸皮 15%、玉米面 3%、过磷酸钙 1%、石膏粉 1%。

（4）甘蔗渣 76%、米糠 20%、石膏粉 2%、磷酸二氢钾 0.3%、尿素 0.3%、过磷酸钙 1.4%。

（5）大豆秆 40%、杂木屑 20%、玉米芯 20%、麦麸 17%、石膏粉 2%、蔗糖 1%。

4.生产常用配方

（1）阔叶木屑 78%、麸皮 20%、石膏粉 1%、碳酸钙 1%。

（2）玉米芯 78%、麸皮 20%、石膏粉 1.5%、过磷酸钙 0.5%。

（3）棉籽壳 50%、玉米芯 30%、麸皮 15%、玉米面 2%、过磷酸钙 1.5%、石膏粉 1.5%。

（4）芦苇 63%、盲蕸 20%、麸皮 16%、石膏粉 1%。

（5）棉柴粉 60%、麦麸 20%、木屑 19%、石膏粉 1%。

5.制作过程

上述培养基的制作过程采用常规生产方式，灭菌后 pH 以 4.5～6 为宜，栽培种培养基理论上含水量以 50%～55% 为宜，可根据情况适当增减。

（三）接种及发菌管理

选择适宜本地栽培的香菇品种，料温降至 25℃ 时接种，在适宜菌丝生长条件下培养，接种操作如下。

无菌条件下，用 75% 酒精棉擦拭菌袋的接种部位，用接种打孔器在菌袋的正面打直径为 1.5 cm、深 2 cm 的孔 3 个，将菌种块压入小孔至块略高出料袋 2～3 mm 为止，清洁接种孔周围培养料并用专用胶布贴封接种孔（图 5-11）。

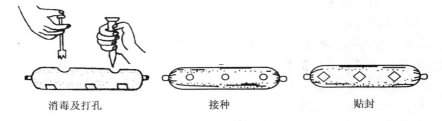

消毒及打孔　　　　　接种　　　　　贴封

图 5-11　香菇袋料栽培接菌

　　接种后的菌棒搬入清洁、黑暗、通风良好及地面经过消毒处理的培养室培养发菌。按每层 4 棒的"井"字形堆放,堆 10 层(堆高 1 m 左右)(图 5-12),室温保持在 22~24℃,空气相对湿度在 60%~70%,为防止烧菌,当堆温高于 28℃时应拆高堆为矮堆,每天定时通风 1~2 次。

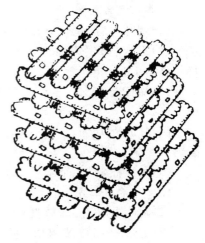

图 5-12　"井"字形堆放菌袋
（引自常明昌.食用菌栽培学,2003）

　　培养 7 d 后拆堆检查并清除污染,当接种孔内菌丝呈放射状蔓延且直径达 6~8 cm 时,可揭开胶布一角以增加供氧量,加速菌丝生长,加大菌棒间的距离,将每层 4 个菌棒减为每层 3 个,加强室内通风。正常情况下,40~50 d 的时间菌丝可长满,52~60 d 菌丝达到生理成熟,棒内有 2/3 培养料面产生瘤状隆起且接种孔附近出现棕色色斑。此时,应在菌棒上划 2~3 处"V"字形以增加氧气量,增加光照,使菌袋边成熟边转色。待温度适宜时,将菌棒搬入菇棚内脱袋。香菇出菇有地面出菇和上架出菇两种方式,云南多数地区空气湿度较低宜采用地面出菇方式,将菌棒与地面成 60°~70°夹角、棒间距约 10 cm 的方式排放到菇床的排架横木上,菇棚温度保持在 20℃左右,空气相对湿度 85% 左右,每天通风 20 min。1~4 d 后菌棒表面出现浓密的白色绒毛状菌丝,增加通风换气时间,每天通风 2 次,每次 30~40 min。1~2 d 后菌棒表面菌丝逐渐倒伏并分泌色素,此时保持温度 20℃左右,空气相对湿度 85%~90%,喷水 1~2 次冲洗黄水,连续 2 d。当菌棒表面菌丝吐出黄水珠且菌棒菌丝由粉红色变为棕黄色时,通过温差刺激和干湿调节促进菇蕾产生,若菌棒转色出现花斑龟裂,应增加遮阳度和棚内的相对湿度,通过连续 2~3 d 处理后会有菇蕾产生。袋料栽培菌棒的堆放除采用"井"字形堆放方式以外,实际生产中也常采用"人"字形(图 5-13)。

"井"字形堆放　　　　　　　　　　"人"字形堆放

图 5-13　袋料栽培菌棒的堆放方式

(四)出菇管理

因温度和通风供氧量影响子实体的形态,湿度、光线与菇体色泽有关,所以菇蕾形成后,温差、含水量、空气相对湿度、光照及菌棒表皮的干湿差等是子实体能否正常发育的关键。此时,菇房空气相对湿度应保持在 80%～85%,光照强度 300～500 lx(图 5-14)。

图 5-14　香菇的袋料栽培出菇

(五)采收及后期管理

香菇的最佳采摘期是子实体菌盖边缘仍内卷、呈铜锣边状、菌膜刚破裂(图 5-15)。采摘宜选在晴天进行(若加工成干菇,晴天采摘的子实体先摊晒再烘烤,外观质量更好),如遇阴雨或高温天气则需提前采收(高温阴雨会导致菇体迅速膨大,菌盖反卷而影响商品性)。采摘时,以尽量保持菌盖边缘和菌褶完整,不碰伤未成熟小菇蕾为前提,用拇指和食指抓住菇柄根部再轻轻旋起,摘下的菇用小竹篮或塑料筐盛装。采摘完成后,一方面,将新鲜子实体及时摊晒(图5-16)、烘烤、分级、包装及密封贮藏;另一方面,因菌棒的含水量减少及养分积累不足,采收2 d后通过注水的方法使菌丝恢复健壮与养分的积累。注水后7 d左右,采摘菇痕处开始发白,增加空气相对湿度和温差,菇蕾形成后的管理与第一茬相似。

图 5-15　香菇的新鲜子实体

图 5-16　香菇的风干子实体

四、段木栽培技术

（一）制备菌种

选择适合本地段木栽培的优良菌种，按常规制种方法制种。

（二）季节选择

段木栽培季节的选择如同袋料栽培法，根据当地气温而定。

（三）设置菇场

菇场要求：地势平坦，交通便利，通风向阳，空气清新，进水排水方便，空气相对湿度在70%左右。

（四）准备段木

1. 树种的选择

香菇栽培树种可根据当地树种资源选择，一般选择树龄在7～8年阔叶树，直径10～20 cm。树龄小的树因直径小、树皮薄、材质松等栽培时出菇早，菇木易腐朽、生产年限短、菇体小而薄，而老龄树则相反，但因树干直径大、管理不便。栽培香菇的常用树种有桦树、栗树、槲树、柞树、千金榆、生赤杨、胡桃楸等。

2. 菇木的砍伐及预处理

菇木的砍伐及预处理与黑木耳类似，在砍伐或搬运过程中，一定要保持树皮完整无损不脱落，防止因没有树皮导致菌丝较难定植以及原基难形成。原木运输到菇场后自然风干一段时间后，锯成1 m左右长短一致的段木，可在段木两端撒一层生石灰防杂菌污染。

（五）接种

接种方法有2种，即木屑菌种接种法和木塞菌种接种法。木屑接种法通常按穴距10 cm，行距6～7 cm，用电钻或打孔器在段木上打穴（穴直径1.5 cm，穴深1.5～2 cm），行与行之间的穴排成"品"字形或"梅花"形，接种时边打穴边接种，先用菌种装满孔穴按紧，穴口用木钉加盖，使之与树皮表面平整（图5-17）。木塞接种法根据接种孔的大小制备圆台形或圆柱形木塞菌种，接种前先在菇木上打孔，接种方式和木屑菌种接种法相同（图5-18）。

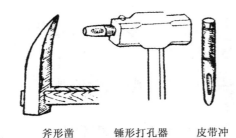

斧形凿　　　　锤形打孔器　　　　皮带冲

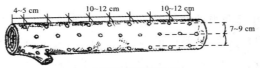

日本接种穴排列模式

中国接种穴排列模式

图 5-17　香菇段木接种工具及接种穴排列模式

（引自杨新美. 食用菌栽培学, 1996）

木屑菌种接种法　　　　　　　木塞菌种接种法

图 5-18　香菇段木接种方法

（引自杜敏华. 食用菌栽培学, 2007）

(六)发菌管理

接种后的菇木,在适宜条件下按格式堆放,堆放的方式因菇场而不同,有井叠式、蜈蚣式、坡地覆瓦式、平地覆瓦式、直立式、顺码式等(图 5-19),前 3 种最常见。

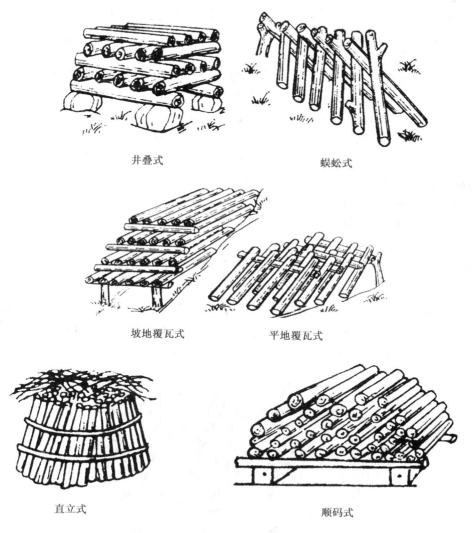

井叠式　　　　　　　　　　蜈蚣式

坡地覆瓦式　　　　　　平地覆瓦式

直立式　　　　　　　　　　顺码式

图 5-19　菇木的堆叠方式

(引自杨新美. 食用菌栽培学,1996)

堆叠初期,垛顶和四周用遮阳网、枝叶或茅草覆盖起保温作用,高温时可将堆面遮阳改为搭凉棚遮阳,保持堆内温度低于 20℃即可;高温季节要选择早晚凉爽时进行补水,尤其是当切面出现相连的裂缝时应及时补水,补水后要加强通风,切忌湿闷而出现杂菌污染和滋生虫害。同时,在不损伤菇木树皮的前提下,每隔 20 d 左右将菇木的位置调换 1 次,以保证菇木发菌速度的一致。菌丝迅速定植并在菇木内快速蔓延,发菌期一般为 2 个月。

(七)出菇管理

发菌期结束后,当菇木散发出浓厚的香菇气味或出现瘤状突起时已达到生理成熟,菇木具备出菇条件,应及时立木出菇。一般采用"人"字形立木,在不损伤树皮的前提下,立木前菇木要在浸水池全浸淋水处理 10~20 h(菇木不再冒气泡为止)。若条件有限,可将菇木直接平放在地面上,通过连续几天大量喷水至其上长出原基再立木出菇。立木应南北向排放,选择一根长木桩作横木,两端用有分叉的木桩撑起搭架(架高 30~50 cm,架与架间留 50 cm 左右的人行通道),然后将待出菇段木两面交错"人"字形斜靠在横梁上即可(图 5-20)。立木出菇的方式多种多样,因地制宜可采用其他方式如井叠式立木(图 5-21)。

浸淋水催菇后,保持菇木含水量在 40%~50%,空气相对湿度 85%左右,温度 10~25℃且温差在 10℃左右时即可出菇,现蕾后尽量将温度保持在 18~22℃,空气相对湿度保持至 75%左右。

在生产实践中,除按照上述出菇管理外,还可采用惊木的方法而使出菇整齐。常用惊木方法有浸水打木和淋水惊木,前者是浸水结束后立木时用木棒、铁锤、铁棍等敲击菇木两端切面;后者是通过淋 1 次水后,再用上述同样的方法敲打 1 次。

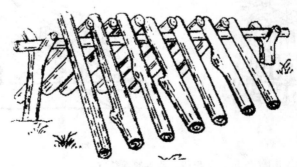

图 5-20 "人"字形立木
(引自杨新美. 食用菌栽培学,1996)

图 5-21　井叠式立木出菇管理

（八）子实体采收

段木栽培子实体的采收与袋料栽培相同。

（九）换茬养菌

采完第一茬菇后，菇木菌丝的养分和水分大量减少，为再次高产，必须重新积累养分和水分。一般有隔批养菌和隔年养菌两种，前者是一种短期养菌，要求菇木水分略偏干，增加通风量，提高温度；后者是一种隔年长期养菌，要求菇木略风干后，通过不同的方式堆垛来保证其透气保温、免日晒，防虫害。

五、生态栽培技术

（一）季节选择

香菇生态栽培是一种室内养菌、林下自然出菇的方法。

（二）环境要求

生态栽培法设置与段木栽培相似，要求林地坐北朝南，郁闭度达到 70%，当郁闭度为 50%～60% 时，适合秋冬季培育香菇。

（三）栽培方法及排场

1.露地立棒栽培

根据气候特征和栽培季节，选择低、中、高温型香菇品种生产菌棒，室内养菌至转色。在适宜的林地，将转色的菌棒移入林下脱袋后排场出菇，该方法适于南方高海拔山区或长城以北的北方省区和东北各省夏季月平均温度不超过 28℃ 的地区。

露地林下栽培通常采用拍打法和喷水法催蕾，前者采用竹枝、木棒轻轻拍打转色的菌棒，拍后一般 2～3 d 后大量产生菇蕾；后者是采用高压喷洒树枝形成水滴下落,下落的水滴轻度震动刺激,水击后及时通风降湿,使其形成干湿差。排场后,若转色的菌棒有菇蕾自然发生可不催蕾。

2.埋棒覆土栽培

香菇品种的选择与上述露地立棒栽培相同。接种发菌培养60～70 d,当菌丝全部发透且菌丝表皮已有2/3以上形成淡褐色菌膜时,选择适宜的林地,将转色的菌棒移入林下脱袋覆土埋棒,利用林下地表与空间的自然温差与遮阳设施培育出菇。适合于南北方,但海拔较低及夏季温度超高的地区不宜采用。

埋棒栽培主要利用土壤微生物、土壤水分、土壤营养等刺激催蕾。

(四)出菇管理

1.春季菇管理

3—5月出的为春季菇,其产量约占50%。春菇质薄易开伞,每天上午将八成熟的菇采收,当天采收当天加工,采完菇后是喷水最佳时机,雨后或阴天湿度大时减少喷水(图5-22)。第一茬菇采菇后,及时清理腐烂菌棒及残留的菇脚,降湿1～2 d,待菌棒表面稍干后,再晴天喷水,对露地栽培的经过几茬出菇后,可进行注射补水,同时每天往棒上来回喷洒1～2次,连喷3～4 d。

图 5-22　香菇的覆土栽培

2.夏季菇管理

夏季多采用覆土栽培法,5月下旬至6月出第一茬菇,可通过用落叶、茅草、树枝等加盖控制光照在"九阴一阳",保持阴凉状态,但不能积水(图5-23)。覆土栽培一般菇蕾较多,每次菇蕾出现后,一般要进行疏蕾,每棒保留10个左右圆正、饱满、柄短及分布合理的菇蕾,其余摘除。夏菇从菇蕾至成菇一般1～2 d,1 d采菇

1次,盛发期早晚各采1次。

图5-23　香菇的覆土栽培

3.冬季菇管理

春节前后(1～2月)出菇的为冬季菇,冬季菇出菇少,子实体生长慢,肉厚、品质好。出菇管理期间,林下光照达到"五阳五阴",而日照短的山区可以"七阳三阴",晚上可盖膜保温。霜冻期不宜喷水,保持菌棒或地面干燥即可。

(五)采收

生态栽培子实体的采收与袋料栽培、段木栽培相同。

六、病虫害防治

(一)病虫害种类

香菇栽培出现的病害主要有黑斑病、褐腐病、褐斑病等,由木霉、青霉、毛霉等病原菌引起;主要虫害有天牛、跳虫、吉丁虫、白蚁、蛞蝓、凹赤薹蚜等。

(二)防治措施

1.预防措施

菇木堆放场和出菇棚应向阳避风、通风良好及排水方便,切忌选择不通风的谷地或洼地,周边无污水沟和杂草,上风口500 m不得有养殖场。同时,菌棒进入前应做好场地的消毒与周围枯枝、落叶及腐木的清理工作;接种后,要尽量满足香菇生长各阶段的温度、湿度、光照等要求,科学管理,菇房要安装防虫网、防虫灯或防虫板。

2.防治措施

当发现段木或菌棒有杂菌感染时，应立即清除残菇，病害发生初期，木霉、青霉、毛霉的防治与黑木耳相同。黑斑病、褐腐病、褐斑病的防治与金针菇相同。

香菇虫害可根据害虫的种类，适当选用高效低毒的化学农药如除虫菊酯800倍液、鱼藤精500～600倍液、马拉硫磷1 000倍液等喷雾或敌敌畏200倍液地面喷洒。蛞蝓的防治与黑木耳相同。喷洒50%马拉硫磷1 500倍液可杀死或驱散跳虫，蜂蜜加敌敌畏或采用灯光诱杀或出菇前喷1 000倍液敌敌畏可诱杀跳虫；采用密封熏蒸的措施对凹赤蕈岬、跳虫等多种害虫有良好的效果；若天牛和吉丁虫发生严重时，可用敌敌畏1 000倍液灌注虫道，然后用石灰堵封洞口即可；若白蚁严重，可通过施用白蚁药（灭蚁灵）或在段木上涂1∶1煤焦油加防腐油混合剂来防治白蚁并兼治菇木上的杂菌等。

第四节　银耳栽培技术

一、概述

（一）分类地位及分布

银耳[*Tremella fuciformis* Berk.]，又名雪耳、白耳子、白木耳、银耳子等，英文名Sliver Ear Fungus或White Jelly Fungus，隶属于真菌界（Eumycetes）真菌门（Eumycophyta）担子菌亚门（Basidiomycotina）层菌纲（Hymenomycetes）异隔担子菌亚纲（Heterobasidiomycetes）银耳目（Tremellales）银耳科（Tremellaceae）银耳属（*Tremella*）。野生银耳（图5-24）主要分布于云南、四川、西藏、福建、浙江等地。

图5-24　银耳野生子实体

（二）经济价值

银耳是一种著名的珍稀食用菌，因含有银耳多糖、氨基酸、酸性异多糖、有机磷、有机铁等活性成分，具有很高的营养价值，同时具有滋阴补肾、益气活血、嫩肤美容、润肺止咳、补脑提神、保护肝脏、提高免疫力等药理功效。

（三）栽培史

银耳是弱腐生胶质菌类，其人工栽培起源于 1866 年我国湖北房县，最早为半野生栽培，直到 1941—1954 年，杨新美证实了银耳与伴生菌（香灰菌）的关系，开创了银耳混种栽培的先河。从 20 世纪 70 年代开始至今，银耳经历了段木栽培、瓶式栽培及袋式栽培，其主产区分布于我国福建、四川、湖北、贵州、江西等地。

二、生物学特性

（一）形态及生活史

1. 孢子

银耳的性遗传模式为四极异宗结合，担孢子无色、透明、卵球形或卵形。

2. 菌丝体

具有结实能力的双核菌丝在显微镜下分隔和分枝明显，具有明显的锁状联合结构。银耳属于混合型菌丝类型，菌丝体呈灰白色或淡黄色，栽培种由纯白、短而密、绣球状且生长极缓慢（0.1 cm/d）的银耳菌丝与白色至灰白色、细长、羽毛状、爬壁力极强、分泌黑褐色色素、生长速度极快（3～5 d 长满试管）的香灰菌菌丝组成。银耳的生活史必须借助于伴生菌香灰菌的帮助才能正常完成，适宜的条件下，生理成熟的菌丝体逐渐形成原基，最终发育成银耳子实体。

3. 子实体

子实体（图 5-25）中型、脑状，高 10～17 cm，宽 8～11 cm，新鲜的耳片半透明、胶质、柔软且有弹性，其外层呈白色或米黄色，基部为褐黄色，其内部近白色。干耳片脆硬，浸水后复原成韧胶质。子实体成熟时，在耳瓣表面，尤其是耳瓣扭曲凹凸不平的沟穴部或裂缝处常常可以看到一层类似白霜状物，即为大量形成的担孢子。

图 5-25　银耳子实体

(二)生长发育

1.营养条件

银耳是一种常发生于阔叶树枯枝上的特殊弱木腐性食用菌,生长发育过程中必须从基质中不断摄取碳源、氮源、无机盐、微量元素等营养物质,同时,该菌必须依靠与香灰菌之间的特殊关系完成生活史。银耳只能利用小分子的碳源(如葡萄糖、蔗糖、半乳糖、乙醇、麦芽糖、纤维二糖、醋酸钠等),香灰菌可将基质内的乳糖、乙二醇、丙二醇、丙三醇、可溶性淀粉、纤维素、半纤维素、木质素等大分子物质降解成可溶性营养物质,再提供给银耳菌丝吸收利用;银耳菌丝可利用有机氮与铵态氮,但不能利用硝态氮。

袋料栽培或瓶栽中可利用秸秆、蔗渣、木屑、棉籽壳等作为碳源,以麸皮、米糠、尿素等作为氮源,添加适量的磷酸二氢钾、硫酸镁、石膏粉提供矿质营养。

2.环境条件

银耳属中温型恒温结实菌类,孢子萌发、菌丝生长、子实体发育的适宜温度分别是 24~28℃、25℃、20~24℃。温度低于 12℃时,菌丝体生长极慢,高于 28℃菌丝生长受阻且分泌黄水或黑水;温度低于 18℃时,子实体生长发育较慢,高于 28℃商品性差。香灰菌菌丝生长的温度是 22~26℃,低于 18℃时其生长发育受到影响。

(1)菌丝体阶段:培养料的含水量 55%~60%,空气相对湿度 70%~80%,氧气充足,不需要光线,pH 以 5~6 为宜。

(2)子实体阶段:除氧气、pH 与菌丝体阶段一致外,培养料的含水量 55%,空气相对湿度 85%~95%,无光可形成子实体,但发育不正常。

三、袋料栽培技术

(一)栽培季节

根据银耳的生物学特性和当地的气候决定最适的栽培时间,一般分春、秋两季栽培出耳。

(二)母种制备

1.银耳菌种的分离

银耳菌丝耐旱不耐湿,生长速度极慢,仅在耳基或接种部位周围数厘米内生长,银耳菌种分离采用基质分离,取耳基或附近基质,先置于硅胶干燥器干燥,足够干时再取一小块接入 PDA 斜面上,经 22~25℃下培养 10~15 d 可获得白色的银耳菌丝。

2.香灰菌菌种的分离

利用香灰菌菌丝不耐旱,且生长速度极快,在耳基周围和远离处均有生长的特点,取远离耳基的材料一小块,移入 PDA 培养基,25℃下培养 5~7 d 后,培养基颜色变黑者即为香灰菌菌丝。

3.银耳母种的交合

银耳栽培种同时含有银耳和香灰菌,银耳菌丝体占优势、香灰菌菌丝体占劣势的双重菌丝体才能制成优良母种、原种和栽培种,实现其栽培出耳。

在母种培养基试管内扩繁银耳菌丝数支,23~24℃下培养 6~8 d,待菌丝由米粒大长至黄豆大时,在距其菌落 0.5 cm 处接入米粒大香灰菌边缘菌丝,待其菌丝蔓延全试管时即为母种(2 d 后长出白色菌丝,7 d 后长出浓白色毛团状菌丝,12~15 d 将在白毛团上显红黄水珠)。

(三)原种、栽培种及生产培养料的制作

1.原种及栽培种常用配方

(1)银耳适生木屑 74%,麸皮 22%,黄豆粉 1.5%,石膏粉 1.5%,白糖 0.6%,硫酸镁 0.4%。银耳栽培树种与香菇相同,下同。

(2)银耳适生木屑 75.5%,麸皮 20%,黄豆粉 1.5%,白糖 1.5%,石膏粉 1%,硫酸镁 0.5%。

(3)棉籽壳 60%,麸皮 20%,银耳适生木屑 16%,石膏粉 1.5%,黄豆粉 1.5%,白糖 0.6%,硫酸镁 0.4%。

2.生产常用配方

(1)棉籽壳 86%,麸皮 12%,石膏粉 2%。

(2)银耳适生木屑 76.7%,麸皮 19.2%,石膏粉 3.1%,硫酸镁 0.4%,尿素 0.3%,石灰粉 0.3%。

(3)甘蔗渣 70.33%,麸皮 25.12%,黄豆粉 2.01%,石膏粉 2.01%,硫酸镁 0.5%,磷酸二氢钾 0.03%。

3.制作过程

上述培养基的制作过程采用常规生产方式,灭菌后 pH 以 5～6 为宜,因香灰菌菌丝生长快,银耳菌种生长较慢,要保证二者转接过程中的有效混合,从节约培养料的角度,原种和栽培种培养基仅装 1/3 瓶即可。

(四)接种

栽培种与生产培养基的接种比较特殊,只有银耳纯菌丝和香灰菌丝充分混合才能达到高产。接菌时,铲掉菌种瓶(袋)内胶质化耳基,先将耳基正下方较为坚硬的银耳纯菌丝团块在菌种瓶(袋)内碾碎,再碾碎其周围 3 倍数量的香灰菌菌丝,混匀。接种过程与香菇袋料栽培相似,但注意穴内菌种要比胶布凹 1～2 mm,有利于银耳白毛团的形成和胶质化形成原基。

(五)发菌管理

接种后的菌袋移入消毒处理的培养室发菌,堆垛的方法与香菇袋料栽培相同,气温低时采用 4 棒为一排的"井"字形堆叠,气温高时采用"△"式堆叠以利通风降温。发菌初期,温度稳定在 27～28℃,促进香灰菌菌丝快速萌发、定植及封口,防止其他杂菌侵入,切忌此时因室内温度超过 32℃ 而发生"烧菌"现象,同时,空气相对湿度应维持在 60% 左右,遮光,微通风。菌丝定植完成,应立即翻堆,检查穴口胶布密封情况及菌丝成活情况。后期逐步将"井"字形垛改为"△"形或直接将菌棒以 1 cm 的间距排放于栽培架上,控制堆内温度不超过 24℃;当接种穴口呈现清晰的辐射状菌丝圈、左右相连并有黑灰色色斑出现时,开始进行出耳管理。

(六)出耳管理

发菌结束,通过喷水控制空气相对湿度 80%～85%,喷水后每天打开门窗揭开胶布通风 30 min,若气温高于 25℃,通风窗可不关。待接种穴内出现白毛团胶质化(即耳芽)时,揭去胶布,保持接种穴口敞开直径 4～5 cm(切忌误伤菌丝体),然后在菌袋上盖一层旧报纸,在不积水的前提下保持报纸湿润,每天掀动报纸通风 1 次,每隔 4～5 d 取下报纸暴晒消毒。原基形成后,将室温调至 23～25℃,切忌不能低于 18℃(耳芽成团不易开片)或高于 30℃(耳片薄、疏松、易烂),空气相对湿度 80%～95%(过低原基分化不良,过高耳片易腐烂),并结合报纸暴晒消毒,耳片外露后通风换气 8～10 h；发现耳片干燥且边缘发硬，可直接向耳片喷少量雾状水。子实体发育期，增加散射光，若室内栽培光照强度不够，安装日光灯或 LED 灯进行补光。出菇管理 10 d 左右，子实体达到成熟（图 5-26）。

图 5-26　银耳的袋料栽培

（七）成熟期管理及采收

子实体耳片完全展开、疏松且弹性减弱时，减少喷水，保持空气相对湿度为 80%～85%，延长通风时间，经 7 d 左右，当尚未展开的耳片继续扩展且耳片加厚时，于晴天及时采收，采收时，拔起整个耳块，用小刀削去银耳基部残留的培养料，洗净，晒干或烤干即可（图 5-27）。

图 5-27　银耳子实体

四、病虫害防治

(一)病虫害种类

银耳栽培过程中的病虫害与黑木耳基本相似,主要的病原菌有绿色木霉、浅红酵母、链孢霉等,虫害有线虫、螨类、跳虫、菌蝇、蛞蝓、白蚁等。

(二)防治措施

1.预防措施

银耳病虫害的预防措施与黑木耳相同。

2.治疗措施

发现病害后及时清理残菇。绿色木霉、链孢霉、螨类、蛞蝓的防治与黑木耳相同。线虫、菌蝇的防治与金针菇相同;白蚁、跳虫的防治与香菇相同。可注射土霉素或多菌灵抑制浅红酵母菌发生。

第五节　糙皮侧耳栽培技术

一、概述

(一)分类地位及分布

糙皮侧耳[*Pleurotus ostreatus*(Jacq. ex Fr.)Quél.],又名粗皮侧耳、青蘑、侧耳等(图 5-28),英文名 Oyster Mushroom,隶属于真菌界(Eumycetes)担子菌门(Basidiomycota)担子菌纲(Basidiomycetes)伞菌目(Agaricales)侧耳科(Pleurotaceae)侧耳属(*Pleurotus*),全国大部分省(区)均有分布。

图 5-28　糙皮侧耳野生子实体

（二）经济价值

糙皮侧耳是栽培最为广泛的食用菌种类。子实体肥嫩,味道鲜美,具有高蛋白质、低脂肪的优点,同时还具有舒筋活络、追风散寒、降低胆固醇、预防动脉硬化、降低高血压、抗肿瘤、治疗植物性神经系统机能紊乱等功效。

（三）栽培史

自从 20 世纪初,意大利首次开展了糙皮侧耳木屑栽培研究,历经瓶栽、段木栽培,1972 年河南刘纯业成功进行了棉籽壳生料栽培糙皮侧耳,这为糙皮侧耳快速发展奠定了良好的基础。因糙皮侧耳生物学效率高、栽培效益好,其袋栽正越来越受到广大生产者的重视。

二、生物学特性

（一）形态及生活史

1.孢子

糙皮侧耳的性遗传模式为四极异宗结合,担孢子无色、光滑、圆柱形或长椭圆形。

2.菌丝体

具有结实能力的双核菌丝,粗细不匀,多分支,有横隔,具有明显的锁状联合结构。肉眼观察,菌丝白色,呈绒毛状,气生菌丝发达,密集且爬壁性强,有时会分泌淡黄色素,生长速度快且耐高温,25℃下 6～7 d 可长满 PDA 试管斜面。

3.子实体

子实体(图 5-29)叠生或丛生,菌盖青灰色(或灰黑色)至灰白色(或白色),呈贝壳状或扇状,直径 4～15 cm 或更大;菌肉厚嫩、白色、柔软;菌柄白色、侧生、内实,短或无,长度 1～5 cm,直径 0.5～2 cm,基部多有白色绒毛;菌褶白色、延生、不等长且质脆易断;孢子印白色。

图 5-29　糙皮侧耳子实体

(二)生长发育

1.营养条件

糙皮侧耳属于木腐性食用菌,分解木质素和纤维素的能力很强,但利用草本植物的能力也较强,也可归为草腐型食用菌。该菌以葡萄糖、蔗糖、半乳糖、乙醇、麦芽糖、纤维二糖、乳糖、乙二醇、丙二醇、丙三醇、可溶性淀粉、纤维素、半纤维素、木质素等多种分子为碳源;有机氮与无机氮均能利用,其菌丝生长阶段的碳氮比(C/N)20∶1,生殖生长阶段为40∶1。

2.环境条件

糙皮侧耳为中温型变温结实菌类,其孢子萌发、菌丝生长、子实体发育适宜温度分别是 24～28℃、24～28℃、10～17℃。温度低于 3℃,菌丝停止生长;大于 28℃,菌丝容易产生黄色水珠,老化快;高于 33℃,菌丝生长很慢;高于 40℃后 10 h 菌丝死亡。子实体分化需要变温条件的刺激,在 5～20℃的温度范围内,温差越大,子实体原基的形成越容易;7～22℃的温度范围内,随着温度的降低,子实体发育速度减慢,但菇体逐渐肥厚,商品价值逐渐提高。

(1)菌丝体阶段:培养料的含水量为 60%～65%,空气相对湿度 70%,氧气充足,不需要光线,以 pH 5.5～6.5 最为适宜。

(2)子实体阶段:除 pH、氧气与菌丝体阶段一致外,培养料的含水量 65%～70%,空气相对湿度 85%～95%,无光照子实体也可形成,散射光促进子实体正常发育。

三、袋料栽培技术

(一)栽培季节的选择

结合糙皮侧耳生物学特性与当地的气候选择最适栽培时期,因多数糙皮侧耳品种不耐高温,宜在秋、冬、春三季生产,即晚秋、冬季和早春出菇模式。

(二)培养基的制备

1.母种常用配方

(1)马铃薯 200 g,葡萄糖(或蔗糖)20 g,琼脂 15～20 g,水 1 L。

(2)蛋白胨 2 g,酵母粉 2 g,葡萄糖 20 g,琼脂粉 15～20 g,水 1 L。

(3)马铃薯 200 g,葡萄糖(或蔗糖)20 g,琼脂 15～20 g,蛋白胨 2 g,磷酸二氢钾 2 g,硫酸镁 0.5 g,水 1 L。

2.原种常用配方

(1)小麦粒 98％,石膏粉 2％。

(2)小麦粒 94％、阔叶木屑 5％、石膏粉 1％。

3.栽培种常用配方

(1)阔叶木屑 78％、麸皮(米糠)20％、白砂糖 1％、石膏粉 0.5％、石灰粉 0.5％。

(2)玉米芯 86％、麸皮 10％、石灰粉 2％、过磷酸钙 1％、石膏粉 1％。

(3)棉籽壳 80％、稻草段 10％、麸皮 8％、石灰粉 2％。

(4)甘蔗渣 70％、麸皮(米糠)28％、石膏粉 2％。

(5)农作物下脚料粉碎料屑 75％～85％、麸皮 10％～15％、蔗糖 1％、尿素 0.5％、过磷酸钙 2％、石膏粉 1％。

4.生产常用配方

(1)阔叶木屑 55％、玉米芯 35％、麸皮 7％、石灰粉 2％、石膏粉 1％。

(2)玉米芯 62％、棉籽壳 30％、麸皮 5％、石灰粉 2％、石膏粉 1％。

(3)棉籽壳 75％、玉米芯 15％、麸皮 8％、石灰粉 2％。

(4)甘蔗渣 90％、麸皮 6％、钙镁磷肥 2％、石膏粉 2％。

(5)稻草或玉米秆 74％、麸皮或米糠 24％、过磷酸钙 1％、石膏粉 0.5％、石灰粉 0.5％。

5.制作过程

上述培养基的制作过程采用常规生产方式,灭菌后 pH 以 5.5～6.5 为宜,理论上含水量以 60％～65％为宜,但根据情况可适当增减。

(三)接种及发菌管理

选择适于本地区栽培,菌丝健壮、长势好、抗杂菌能力强的糙皮侧耳品种,待灭菌后的菌袋温度降到 30℃后即可接种,目前糙皮侧耳袋式栽培常采用两头式接种法,在适宜的菌丝生长条件下培养。

接种后的菌袋平放在培养架或堆码发菌,切忌堆的太高或袋与袋之间太紧密,平均气温低于 10℃可堆放 5～8 层,气温在 10～20℃时堆放 3～4 层,气温高于 20℃要散开单层堆放,不宜上堆,原则是控制袋内料温 20～28℃,严防超过 30℃;每隔 7～10 d 翻堆 1 次,20～30 d 菌丝可长满塑料袋(图 5-30)。

图 5-30　糙皮侧耳袋料发菌

(四)出菇管理

发菌结束,将菌袋移入消毒处理的出菇室继续培养 4～5 d。若袋口料面有淡黄色分泌物出现时,菌丝即达到生理成熟,应及时通过增加散射光、加湿、降温、通风等措施促进原基形成,一般 3～7 d 菌丝开始形成米粒状的原基。拔掉袋筒两端报纸或透气塞,保持空气相对湿度 80%～85%。当原基发育成黄豆粒大小的菇蕾时,卷起袋筒两端多余的袋边,露出菇蕾和两端的栽培料,继续保持散射光,使菇房温度稳定在 15～16℃,向地面或空气喷水,保持空气相对湿度为 80%～85%,喷水后适当通风。菇蕾快速长大时,加湿应采取"勤少"原则,每天 2～3 次,每次 30 min,使得空气相对湿度控制在 85%～95%,结合喷水增加通风次数,延长通风时间,增加光照强度(图 5-31)。

图 5-31　糙皮侧耳子实体出菇管理

(五)采收及后期管理

子实体的采收可根据商品要求进行,以子实体菌盖已展开但边缘仍向内卷为成熟(图 5-32)。采收后立即清除残留的根部、死菇及料面菌膜,停止喷水 2～3 d 使菌丝恢复生长,为下一茬菇管理做准备,整个生产周期可收获 3 茬菇。

图 5-32 糙皮侧耳子实体

根据盐渍菇的要求,我国对平菇的出口有以下分级标准(表 5-2)。

表 5-2 我国出口平菇的分级标准

级别	菌盖直径/cm	菇色	菌肉	菇体破碎率/%	质量
一级	1～5	自然	肉厚	<5	无杂质霉变
二级	5～10	自然	肉厚	<5	无杂质霉变
三级	>10	—	—	<5	无杂质霉变

注:"—"表示没有要求。

四、病虫害防治

(一)病虫害种类

糙皮侧耳栽培过程中,由于培养料消毒不当、出菇管理不善、季节选择不适、气候突变等原因会导致病虫害的发生。其主要的病害有褐斑病、软腐病、枯萎病、褐腐病等,病原菌为多种真菌和细菌;虫害有线虫、菇蚊、跳虫、蛞蝓等;生理病害主要有珊瑚状、长柄状、萎缩状等。

(二)防治措施

1.预防措施

选择抗病强、耐温度变化的品种,栽培前认真检查菌种质量;菇房的建造合理、消毒彻底;操作人员培训到位,操作规范有序,出菇管理严格等。

2.治疗措施

(1)病虫害。绿色木霉、蛞蝓的防治与黑木耳相同;褐腐病、褐斑病、软腐病、线虫、菇蝇的防治与金针菇相同;跳虫的防治与香菇相同;浅红酵母的防治与银耳相同。栽培前菇蚊成虫可用1 000倍敌百虫喷雾或5 000倍DDVP棉球、10 g/m³磷化铝熏蒸72~96 h或室内设置3 W黑光灯1盏,水盆装入废菇(料)浸出液或糖水并滴入几滴敌敌畏或放加有0.1％ DDVP的半盆水进行诱杀。用50％多菌灵800倍液或70％甲基托布津800倍液进行局部处理来抑制枯萎病病原菌生长。

(2)生理病害。生理病害可引起子实体畸形,主要有3种类型:珊瑚状、长柄状、萎缩状。珊瑚状是指原基发生后,因群体松散与菌柄异常造成珊瑚状差不齐的子实体,通过加强通风、及时揭膜、增加光照解决。长柄状是指子实体分化形成一类柄长、盖小及生长比例失调的高脚长柄菇,应加强光照、供足氧气、降低湿度补救。萎缩状是指菇体正常分化后逐渐停止生长,甚至萎缩枯死或腐烂,应科学的通风和控湿。

第六节　双孢蘑菇栽培技术

一、概述

(一)分类地位及分布

双孢蘑菇[*Agaricus bisporus*(Lange)Singer],又名蘑菇、洋蘑菇、白蘑菇、双孢菇、二孢蘑菇等(图 5-33),英文名 Button mushroom、White mushroom、Mushroom、Common Cultivated Mushroom,属于真菌界(Eumycetes)担子菌门(Basidiomycota)层菌纲(Hymenomycetes)伞菌目(Agaricales)伞菌科(Agaricaceae)蘑菇属(*Agaricus*),野生子实体主要分布于欧洲、北非、北美洲和澳大利亚等地。

图 5-33　双孢蘑菇子实体

(二)经济价值

双孢蘑菇子实体肉质肥厚、鲜美可口,含有丰富的蛋白质、多糖、维生素、核苷酸等,8 种人体必需氨基酸齐全,是一种高蛋白质、低脂肪的食药兼用菇类。同时,还能够起到滋阴壮阳、延年益寿、抗肿瘤、抗病毒的作用,对肝炎、贫血、营养不良、消化不良、白细胞减少症、高血压等有一定疗效。

(三)栽培史

1650—1780 年,双孢蘑菇在法国发现并利用废弃的石灰岩矿洞穴周年畦栽获得成功;1831—1934 年,在英国、美国该菌再次人工栽培,获得了纯菌种并采用了二次发酵技术;1950—1973 年,丹麦人首次采用袋式栽培法获得成功之后,瑞士和意大利分别采用浅箱栽培、通气浅槽隧道式后发酵与发菌新技术,再次使该菇实现了多元化栽培。随后,爱尔兰人开发的室外大棚栽培因其成本低、简单易行、易推广等优点,使该菌人工栽培实现了大规模推广。

1930 年,我国首次引进双孢蘑菇,开展了麦粒菌种、二次发酵技术、菇房结构改良、规范化栽培等多方面的研究,但栽培技术仍处于季节性简易床架式栽培。1990 年,福建规模化栽培尝试初步取得成功,相继出现了地面畦式栽培、高海拔地区反季节栽培及周年工厂化栽培。目前,福建、河南、浙江等地是我国双孢蘑菇栽培最多的省份。

二、生物学特性

(一)形态及生活史

1. 孢子

双孢蘑菇为次级同宗结合菌,担孢子褐色、光滑、椭圆形,担子上着生 2 个担孢子的比例占 81.5%,另有着生 1、3、4、5、7 个担孢子的情况,在减数分裂过程中形成"+"和"-"两个不同交配型的核,双孢担子上的担孢子萌发后形成可孕且多核的异核菌丝体即双核菌丝或次生菌丝,而非双孢担子上的担孢子多数不具备结实性。因此,经过单孢分离获取的双孢蘑菇菌丝体,只有通过出菇验证才能用于生产。

2. 菌丝体

双核菌丝体较粗、有分枝和分隔、呈长管状,没有锁状联合结构。不同的菌株在同一培养基上肉眼观察形态表现型差异较大,如 PDA 斜面试管培养基上存在 3 类,即气生型、气生菌丝匍匐型、半气生型。气生型菌落洁白、较粗、致密、呈芒状至绣球状,菌丝发达且爬壁力强,生长较快,但老化时易倒伏;气生菌丝匍匐型菌落蓝灰、纤细、稀疏、呈放射状,无爬壁现象且生长慢;半气生型其形态介于两者之间。

一般情况下 7～12 d 可长满试管斜面。

3．子实体

子实体(图 5-34)白色或乳白色,群生或单生,少丛生,中等至稍大,菌盖半球形至近平展,有时中部略下凹,光滑,干燥时具有纤维状鳞片且边缘开裂,直径 3～15 cm 不等;菌肉厚、白色,受伤后略显淡红色,具有特殊香味;菌柄白色、粗短、内实,近圆柱形且稍弯曲,近光滑或略有纤毛,长度 1～9 cm,直径 0.5～2 cm;菌环着生于菌柄中部,白色、单层、膜质且易脱落;菌褶白色至淡粉红色、褐色、紫褐色、暗紫色、黑色、离生,较密且不等长。

图 5-34　双孢蘑菇子实体

(二)生长发育

1．营养条件

双孢蘑菇属于草腐型菌类,利用新鲜有机物质的能力较弱,栽培所需碳源有焦糖(碳水化合物在焦糖化过程中形成的暗色高碳化合物,也是双孢蘑菇碳代谢的主要成分)、细菌多糖类物质、葡萄糖、果糖、纤维二糖等小分子碳水化合物;氮源有菌体蛋白质、腐殖质复合体(富含氮素的木质素)、氨基酸、铵盐、尿素等简单的有机氮。

实际生产中,将稻草、麦草、玉米秆等作物秸秆与禽畜粪便、大豆饼、油菜饼等混合进行发酵后可作为双孢蘑菇的碳氮源。其原理是利用不同微生物(细菌、放线菌、霉菌等)分泌的酶类和新陈代谢产生的生物热,使作物秸秆、粪便、豆饼等转化为焦糖、细菌多糖、单双糖等碳源和菌体蛋白质、腐殖质复合体、氨基酸等氮源。发酵的过程中将青霉、木霉、曲菌等杂菌易吸收利用的单糖、双糖、多糖等营养物大部分转化成为双孢蘑菇容易吸收的焦糖、细菌多糖、菌体蛋白质、腐殖质复合体等物质,使发酵料更适合双孢蘑菇生长,有效防止了杂菌的污染。双孢蘑菇培养料发酵前的碳氮比为 33∶1,发酵后适宜其菌丝生长的碳氮比为(17～18)∶1,原基分化和子实体形成的最适碳氮比为 14∶1;培养料中的 N∶P∶K 浓度比以 13∶4∶10 为宜;维生素 B_1 和维生素 H 对双孢蘑菇的影响较大,但因发酵后合成了大量的维生素,培养料堆制时无须添加。

2.环境条件

双孢蘑菇属低温型变温结实菌类,其孢子萌发、菌丝生长、子实体发育适宜温度分别是 18～25℃、22～25℃、14～16℃。发菌期的温度低于 5℃时,菌丝体生长缓慢,高于 30℃时易衰老,34～35℃为菌丝致死温度;出菇期的温度低于 12℃时,子实体生长慢且产量低,高于 23℃时,菇蕾大量死亡。

(1)菌丝体阶段:培养料的含水量 60%～65%,低于 50%时菌丝生长缓慢且菌丝纤细,超过 73%时培养料透气性差,菌丝生活力弱;空气相对湿度 60%～70%为宜;需要氧气,二氧化碳浓度 0.1%～0.3%;避光;制种时以 pH 6.8～7 为宜,培养料在播种时 pH 控制在 7.5～8。

(2)子实体阶段:培养料的含水量为 60%左右,空气相对湿度 80%～90%;需要充足的氧气,覆土层和培养料之间或菇房空气中二氧化碳的浓度分别达到 0.1%、0.03%～0.1%时原基易形成,大于 0.3%时抑制子实体分化,大于 0.5%时出现菌柄徒长、开伞早,超过 0.6%时菌盖发育受阻而形成畸形菇;避光;以 pH 6.5～6.8 为宜。

三、栽培技术

(一)季节的选择

自然条件栽培,结合双孢蘑菇生物学特性与气候特征来决定最适的栽培期。一般安排在秋季和早春两季栽培出菇,除具备相应控温设备外,播种期应选择当地白天平均气温在 20～24℃,30 d 后白天的气温能降至 18℃以下为依据。如北京、山东一带 8 月下旬播种,浙江、江苏、长江流域 9 月上中旬播种,福建 9 月下旬至 10 月上中旬播种,广东、广西 11 月初播种等。

(二)菇房的设置

选择地势较高、交通方便、近水源且水质好、排水方便的场地,以坐北朝南的方式建造菇房。建造时安装通风设备,前后墙留上、中、下对流窗,屋顶中间设置直径 20～30 cm,高 60～100 cm 数个排气管,门口挂帘或设缓冲室。菇房内菇床的设置要保证通风良好、整洁、保温保湿,无直射阳光,照明设置均匀。床架与菇房方位成垂直并因地制宜排列,根据菇房的高度设 3～6 层不等,每层之间距离 60～70 cm,床架顶层与屋顶距离不小于 1 m,底层距地面 30 cm 以上。

(三)制种

母种、原种及栽培种培养基的制作、接菌及培养方式参考第三章第四、五、六节。

1.母种常用配方

(1)马铃薯 200 g,葡萄糖(或蔗糖)20 g,琼脂 15～20 g,水 1 L。

(2)马铃薯 200 g,葡萄糖(或蔗糖)20 g,琼脂 15～20 g,麦芽汁 100 mL,水 1 L。

(3)马铃薯 200 g,麸皮 100 g,葡萄糖(或蔗糖)20 g,琼脂 15～20 g,水 1 L。

(4)马铃薯 200 g,葡萄糖(或蔗糖)20 g,琼脂 15～20 g,磷酸二氢钾 3 g,硫酸镁 1.5 g,蛋白胨 5 g,维生素 B_1 10 mg,水 1 L。

注意:去皮马铃薯、麸皮均煮 25～30 min,取汁液。

2.原种常用配方

(1)小麦粒 97%、石膏粉 1%、碳酸钙 2%。

(2)小麦粒 88%、发酵牛粪粉 10%、碳酸钙 2%。

(3)干粪草(6 份干牛粪与 4 份稻草发酵料)91%、麦麸(米糠)8%、碳酸钙 1%。

3.栽培种常用配方

(1)干牛粪 44%、干稻草 50%、菜籽饼 2%、石膏粉 2%、石灰粉 2%。

(2)干稻草 93%、硫酸铵 2%、过磷酸钙 2%、石灰粉 2%、尿素 1%。

(3)干麦秆 52%、干鸡粪 30%、棉籽壳 15%、石膏粉 2%、石灰粉 1%。

(4)干牛粪 56%、干麦草 17%、干稻草 11.2%、干鸡粪 9.3%、菜饼 4%、石膏粉 1.5%、石灰粉 0.6%、尿素 0.4%。

(5)干稻草 55.4%、干牛粪 36.1%、饼粉 2.2%、石膏粉 1.4%、石灰粉 1.4%、碳酸钙 1.1%、过磷酸钙 0.8%、尿素 0.8%、碳酸氢铵 0.8%。

注意:上述培养基灭菌后 pH 以 6.8～7.0 为宜,理论上含水量 60%～65%,但根据情况可适当增减。

4.生产常用配方

(1)干稻草 54.88%、干牛粪 41.16%、饼肥 1.23%、石膏粉 1.1%、硫酸铵 0.81%、过磷酸钙 0.69%、尿素 0.13%。

(2)棉籽壳 99%、尿素 1%。

(3)干麦秆 58%、干牛粪或猪粪 38.6%、尿素 0.5%、石灰粉 1.9%、过磷酸钙 1%。

(4)干猪粪 55%、干麦秆 40%、菜籽饼 3.5%、石膏粉 1%、过磷酸钙 0.5%。

(5)干麦秆 60%、干鸡粪 38%、石膏粉 2%。

注意:栽培料发酵前 pH 7.8～8,发酵后 pH 以 6.8～7 为宜,培养料播种时 pH 控制在 7.5～8,理论上含水量为 60%～65%,但根据情况可适当增减。

(四)培养料前发酵

根据气候资料确定播种期后,向前推移 18～20 d 为建堆期。选择本地资源丰富的农作物秸秆,一般堆宽 2.0 m,堆高 1.8 m,长度不限。以生产常用配方中稻草牛粪培养基为例,先用清水或 0.5% 石灰水浇透稻草并堆放预湿 2～3 d,充分吸水并软化,干牛粪打碎并用尿素水喷湿,使含水量达到 70% 左右(即用手握料指缝间有水滴溢出但悬而不掉)。建堆时,在水泥地面上均匀撒上一层石灰粉进行消毒,然后一层草(厚约 20 cm 预湿过的稻草),一层粪(4～6 cm 厚的喷湿牛粪)如此重复,在稻草或牛粪上逐渐加入所有的饼肥、硫酸铵及一半的尿素,最后用粪肥封顶。建堆完成后,在堆上每间隔 30～50 cm 打直径为 10 cm 且深达堆底的通气孔,晴天用草帘覆盖遮阳,雨天用塑料薄膜覆盖防雨(雨后要及时掀膜透气)。针对预湿不足的堆料,建堆时酌情泼水,至堆底四周溢水为止。

正常情况下,建堆后 2～3 d 料顶层 10 cm 以下的温度达到 55～60℃ 进行第一次翻堆,此时,先将最外层干燥冷却料翻下,抖松后作为新的堆底,然后将温度较高的料翻到一边,再抖松最底层温度较低的料并将其翻叠到新堆底上面,最后将翻到一边的那部分温度较高的堆料翻到堆外,将前两部分料完全包围起来即可。同时,伴随翻堆添加全部过磷酸钙、石膏粉及另一半的尿素,并将培养料的水分调节至 65% 左右。前发酵三次翻堆的时间控制在 9～12 d,第二、三次翻堆与第一次相同,第三次要用石灰粉将 pH 调节为 7.5～8.0,使培养料水分达到 70% 左右。同时,最后一次是杀虫的好时机(堆内高温使虫多密集在堆外层)。当培养料呈咖啡色且含水量与含氮量分别为 65%～68% 和 1.5%～1.8% 时发酵结束。

(五)培养料二次发酵

在前发酵完成之前,应对菇房进行清扫和消毒。选择晴天,先关闭菇房所有的门窗和通风窗口,再将培养料翻开后趁热迅速搬入菇床(以防堆温急骤下降),将其呈培垄式集中于菇房床架中层,切忌在顶层与底层堆放(顶层培养料发酵后易过湿,而底层因温度较低无法进行二次发酵),清扫散落于地面的培养料后立即密闭门窗,通过向菇房输入热蒸汽进行巴氏消毒,待料温达到 58～62℃ 时保持恒温 6～8 h,结束后方可降温,可打开对角窗门数对让菇房短时间换气,当料温逐渐下降至 52℃ 左右,关闭窗门使温度维持在 48～52℃ 4～6 h。二次发酵结束后将全部窗户及通风管打开,培养料降温后,结合水分和酸碱度的调整使培养料均匀分床,通过翻动排除料堆内的有害气体。此时,发酵料含水量、pH、含氮量分别为 63%～65%、6.8%～7.2%、1.9%～2.2%,呈棕褐色或咖啡色,秸秆柔软,内部存在大量白色嗜热放线菌,无杂味(如氨味、粪臭、霉味等)、有特殊香味,富有弹性且易拉断。

(六)播种

选择适龄的优良菌种(菌丝灰白且微带蓝色,生长健壮,多呈扇状或绒毛状,形成少量菌索且有蘑菇特有香味)趁热播种(约 30℃),播种前接种工具、菌种袋(瓶)外表及工作人员的双手用 75％乙醇擦拭或 0.1％的高锰酸钾溶液、2％的来苏儿溶液浸泡 1～2 min 消毒。以麦粒种为例,播种量为 450 g/m²,播种方法有层播、混播或穴播,以混播最好。播种前,用铁丝钩挖出菌种袋(瓶)内菌种,倒入盆后用手将团块掰成粒状。混播播种时,先将 3/4 的菌种均匀撒在培养料上,用手将菌种和培养料拌匀后(使麦粒均匀分散在培养料中),再将剩余 1/4 菌种均匀撒在培养料表面,继续覆盖一薄层培养料,稍压实、整平。

(七)发菌管理

播种结束,调节菇房温度 24℃左右,空气相对湿度 70％～80％。1～2 d 后菌种块长出白色短绒样的菌丝表明菌丝恢复生长。若 4 d 后仍不见长出菌丝,应及时检查发酵料(水分、发酵程度、气味等)与菌种是否达到要求。蘑菇菌丝彻底恢复生长后,开始微通风,使培养料表层处于干燥状态(使菌丝向培养料中下层充分蔓延),促进菌丝尽早封盖料面。7～10 d 后菌丝已经基本封盖料面,适当降低料面湿度,并逐渐结合加大通风量(以早晚为主,若气温较高时及时堵塞通风口)。10～15 d 后用直径为 2 cm 的木棍在料面上每隔 20 cm 打孔至料底以利于通氧并排除培养料中积存的有害气体。13～20 d 后,约 70％的培养料被菌丝吃透,将干燥的菇床培养料面调成湿润,当菌丝"吊"上床面后再覆土。

(八)覆土

选择有团粒结构,孔隙多且保水性强,土壤贫瘠微含腐殖质,无病虫害的中性土壤。一般在中性成团块的壤土农田中,先去掉 20～30 cm 的耕作层熟土,再挖取生土,将其晒干、敲碎后过筛,分别制成粒径为 2 cm 和 0.5 cm 左右的土再混合(粗细土既能保湿又能通气)。土粒制好后拌入 1％石灰粉,并将 pH 调至 7.2～7.8,备用。

覆土前要保持料面干燥无积水,积水易导致菌丝窒息萎缩,清除带有杂菌的粪草并整平料面。覆土时,采取先粗后细的原则,先把粗土粒覆盖于培养料表面,使其与培养料直接接触,然后铺撒均匀并把土粒重新摆齐,以看不到料面或让料面若隐若现为标准(图 5-35)。覆土后,保持室温 22℃,采用轻喷少喷、轻洒勤洒的方式每天喷水 3～4 次并结合通风换气,在 2～3 d 内及时调节粗土内水分,使粗土水分达到 22％为宜,切忌因喷水过多使水分直接流入培养料内,诱导菌丝从料面往粗土上生长。4～6 d后菌丝逐渐长上覆土层,待菌丝爬至粗土粒2/3处,即床面有70%粗土粒间出现白绒菌丝,可再覆1 cm厚的细土,细土以半干半湿为宜,过湿菌丝向细土生长过快而基础不牢固,过干容易导致在粗土层内过早出菇。细土调湿后相对减少喷水量,加强通风,保持细土偏干来促进菌丝在粗土层间横向蔓延,使得原基在粗细土层之间略偏下的位置形成,原基位置偏低易造成子实体发育畸形,偏高则根基不稳子实体易倒伏。

图 5-35　双孢蘑菇的覆土

(九)出菇管理

当覆土层内看到细索状菌丝(即菌索),且部分菌索开始扭结并逐渐膨大成白色小米粒的扭状物时,表明菌丝开始从营养生长转入生殖生长,原基开始形成。菇房的温度应维持在14～16℃,空气相对湿度90%左右,加强通风换气。

1. 秋菇

秋菇是双孢蘑菇的主要生产季节,在温差的刺激下菌索扭结物(即原基)逐渐可现。此时要加大喷水量,多喷出菇水,2～3 d喷水4～10次,总喷水量为2～4.5 L/m²,以喷至细土层发亮,渗漏至粗土层中上部为好,手握能成团,手松能散开,含水量约22%。出菇水喷后,约3 d,菇蕾形成并逐渐发育成黄豆大小,要稳喷保质水,喷水量通常为1.8 L/m²,2 d内完成。若遇到气候干燥,空气相对湿度低且菇床蒸发量大时,每天喷维持水,喷水量通常为350～500 mL/m²。前一茬蘑菇采收后,清除残根,减少喷水量2～4 d后逐渐加大喷水量即为转茬水,喷水量通常为2.0～2.5 L/m²,2 d内分4～5次完成。待下一茬原基形成后,按同样的方法喷出菇水、保质水、维持水及转茬水。出菇期间的喷水要根据气候和菌株特性酌情增减,晴天多喷、阴雨天少喷或不喷;气温低时午前或午后喷,气温高时早晚喷;较耐湿的匍匐型菌株则多喷,气生型菌株则少喷;菌丝生长健壮、出菇多、菇大、土层含水量不足、菇房通风好等多喷,反之,则少喷或不喷。同时,喷水时和喷水后都必须结合通风,喷水多则多通风,当气温高于18℃,白天关闭门窗,在清晨和晚上气温较低时通风;若气温低于14℃,则选择白天气温较高时通风,若遇无风天或阴雨天,窗户可打开,有风时开背风窗(图5-36)。

图 5-36　双孢蘑菇的秋菇管理

2. 菇床越冬管理

经过2~4茬的秋菇管理,菇房温度低于8℃时,菌丝将逐渐停止生长,子实体也不再形成,开始进行菇床越冬管理,目的是保持菌丝生命力,为春菇积累养分。首先,停止喷水,待覆土稍干后将土粒中枯黄菌丝、老菌块及死菇等剔除,拍实并整平料面。越冬期间,菇房以保温保湿为主,并适当通风换气;其次,温度保持在3~5℃,每周喷水1次,选择室温高于0℃的晴天中午进行,前2~3次喷水可配合1%的葡萄糖,每次喷水量为250~400 mL/m²,以土粒略微湿润而不发白为标准,结合喷水还要喷1~2次2%石灰水澄清液。同时,在喷水时开向阳门窗通风2~3 h(因气温高低延长或缩短)。气温回升后,菌丝便恢复生长,此时应做好菇房内和床面的防虫。除上述管理外,对一些空气不太干燥的地区,也可将菇床整理后基本停止喷水,床面放干至翌年春季气温回升后再恢复喷水管理。

3. 春菇

春季,当菇房温度回升并稳定在8~10℃,菌丝生长良好时开始水分管理,调至覆土层湿润,方法基本与秋菇相同,但喷水量应从少到多逐步增加。当菇蕾大量形成之后,喷水量比秋菇管理用水量相对减少,结合喷水在气温较高时增加通风换气(图 5-37)。因春季温差较大,要及时做好保温或降温措施,并通过适当增加追肥来保证春菇的质量和产量。

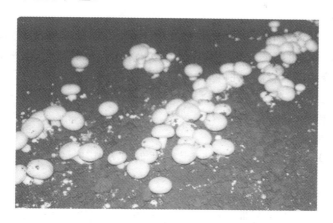

图 5-37　双孢蘑菇的春菇管理

(十)采收

正常情况下,从现蕾到采收为 4～6 d,当菌盖未开、菌膜未破裂、直径达到2.5～4 cm 时及时采收(图 5-38)。采菇时,若单个子实体,则用手指轻轻捏住菌盖旋转拔起后放入已垫好塑料膜的篮(筐);若为丛生大、小菇体,则用刀将大菇切下而留下小菇即可,但切忌碰伤菇体。采完后,用新土将孔穴补平。

图 5-38　双孢蘑菇人工栽培子实体

四、病虫害防治

(一)病虫害种类

双孢蘑菇栽培过程中,由于发酵料发酵不彻底、播种时机不当、覆土基质消毒不良等常导致其病虫害的发生。其病害主要有褐斑病、褐腐病、软腐病、菌斑病、头孢霉病、小菌核病等,由绿霉、白色石膏霉、褐色石膏霉、鬼伞菌等病原菌引起;主要虫害有害菇蝇、螨类、菇蚊、线虫等。

(二)防治措施

1.预防措施

选择无病害的菌种,菇房的消毒、接种人员及工具的操作等措施与金针菇相同。

2.治疗措施

一旦发现病害,发生初期,立即清除残菇并结合化学防治。绿霉、螨类的防治与黑木耳相同;褐斑病、褐腐病、软腐病、线虫、菇蝇的防治与金针菇相同;菇蚊的防治与糙皮侧耳相同。喷洒 500 倍的 50%多菌灵液或 1 000 倍的 20%甲基托布津液连续处理 2~3 次抑制菌斑病病原菌扩展。菇房在使用之前,用 50%多菌灵 500~600 倍液或 70%甲基托布津 1 000 倍液喷洒床架和菇房四周,清除头孢霉病病原菌。在菌床患病处打孔至料厚的 2/3,浇灌 300~500 倍的波尔多液、500~600 倍的百菌清或用 0.1%的 50%多菌灵液喷洒床面来抑制小菌核病扩散。病害初期,用 2%甲醛液、0.1%的 50%多菌灵液、1:7 的醋酸水溶液进行局部喷洒处理或在发病部位覆盖过磷酸钙,抑制白色石膏霉病原菌扩散。菇房在使用之前,喷洒 2%甲醛液或 0.1%的 50%多菌灵液针对褐色石膏霉进行除菌处理。在配料时暴晒培养料且用 0.5%的多菌灵拌料或用 5%石灰水喷洒可杀死鬼伞孢子,用 5%石灰水对其喷雾可抑制鬼伞生长。

第七节　鸡腿菇栽培技术

一、概述

(一)分类地位及分布

鸡腿菇[*Coprirtus comatus*(Muell. ex Fr.)Gray],又名鸡腿蘑、毛头鬼伞、毛鬼伞、刺蘑菇、毛头鬼盖等,英文名 Shaggy Mane,隶属于真菌界(Eumycetes)担子菌门(Basidiomycota)层菌纲(Hymenomycetes)伞菌目(Agaricales)鬼伞科(Coprinaceae)鬼伞属(*Coprirtus*),野生子实体(图 5-39)一般生于春夏秋雨后的树林、田野中。鸡腿菇是一种世界性分布菌类,在我国广泛分布。

图 5-39　鸡腿菇野生子实体

(二)经济价值

鸡腿菇作为一种集营养、保健于一身的菇种,保鲜期短、与酒同食易引起中毒,其子实体肥厚、肉质细嫩、味道鲜美,含有丰富的粗蛋白质、糖类、维生素、矿物质等,其中含 20 种氨基酸,8 种人体必需氨基酸齐全,以谷氨酸、天门冬氨酸和酪氨酸最为丰富。鸡腿菇具有降低血糖、清心安肺、增加食欲、治疗痔疮等作用。

(三)栽培史

自 1980 年以来,鸡腿菇在美国、荷兰、捷克等国相继人工栽培成功,我国也同时栽培成功,由于该菇分布广、适应性强,能利用的原料多而广,栽培范围逐渐由北向南扩大,经济效益明显。因鸡腿菇菌丝长满培养料后不覆土无法出菇,这一特性可以有效调节出菇期,已成为菇农调节产品供应的有效途径。目前,该菌的人工栽培方法主要有发酵料栽培和熟料栽培。

二、生物学特性

(一)形态及生活史

1.孢子

鸡腿菇的性遗传模式为四极异宗结合,担孢子黑色、光滑、椭圆形。

2. 菌丝体

鸡腿菇的双核菌丝粗细不匀、分枝少、有横隔、呈管状，少数有锁状联合结构。菌丝白色或灰白色，在 PDA 培养基上匍匐生长，气生菌丝不发达，菌丝生长较快，绒毛状至线状，细密至致密，贴生于基质表面。

3. 子实体

子实体（图 5-40）单生、群生或丛生，成熟后由边缘开始自溶成墨汁状液体；菌盖白色，有白色至淡锈色鳞片，圆柱形至钟形，表面光滑至裂开，后期平展，直径 3～5 cm，高 9～15 cm；菌肉白色、薄；菌柄白色、纤维质、中空，上细下粗，有丝状光泽，长度 17～30 cm，直径 1～2.5 cm，其上着生乳白色、脆薄、易脱落的菌环；菌褶白色、离生、密集，较宽。

图 5-40　鸡腿菇的子实体

（二）生长发育

1. 营养条件

鸡腿菇属于适应能力极强的土生草腐型菌类，该菌除对木质素的利用较差外，能够广泛利用多种碳源，其菌丝在仅有无菌水、磷酸盐及一种碳源的培养液中也能生长，若培养基中加入天冬酰胺、蛋白胨生长会更好，缺少硫胺素时其生长将受到影响。

生产实践中，通常选用木质素含量较低的原料作为主料，并在培养料中加入维生素 B_1 和含氮量丰富的粪肥、米糠、玉米粉等促进其菌丝长势。鸡腿菇与其他食用菌有所不同，其菌丝具有较强的固氮能力，在 C/N 较高的基质中也能生长和繁殖，营养生长阶段 C/N 以（20～25）：1 为宜，生殖生长阶段 C/N 以（30～40）：1 为宜。

2.环境条件

鸡腿菇属于中低温型变温结实菌类,孢子萌发、菌丝生长、子实体发育适宜的温度分别是 24℃、21～28℃、12～24℃。即使有部分冻土,菌丝体也能安全越冬,高于 35℃菌丝停止生长并迅速老化自溶;温度低于 8℃或高于 30℃时不形成子实体。

(1)菌丝体阶段:培养料的含水量为 60%～65%,空气相对湿度 60%～70%,需要氧气,不需要光线,pH 6～7.5。

(2)子实体阶段:覆土出菇,培养料的含水量为 60%左右,空气相对湿度 80%～90%,需要充足的氧气,子实体分化需要 50～100 lx 的光照,生长发育阶段也需要一定量的散射光,pH 6～7.5。

三、鸡腿菇栽培技术

(一)季节的选择

结合鸡腿菇生物学特性与气候特征来决定最适的栽培时期。鸡腿菇子实体生长发育的温度为 12～24℃,且接种后 40 d 左右即可进入子实体发育阶段,温度不适宜或不覆土的情况下不出菇,应选择合适的气温脱袋后覆土出菇。北方通常安排在春季 3～6 月或秋季 8～10 月出菇,南方春季 2～4 月或秋季 9～11 月出菇。

(二)菇房的设置

鸡腿菇菇房的设置与双孢蘑菇相似。

(三)制种及生产常用配方

鸡腿菇母种、原种及栽培种的培养基制作、接菌及培养方式参考第三章第四、五、六节。

1.母种常用配方

(1)马铃薯 200 g,葡萄糖(或蔗糖)20 g,琼脂 15～20 g,水 1 L。

(2)马铃薯 200 g,葡萄糖(或蔗糖)20 g,琼脂 15～20 g,磷酸二氢钾 3 g,硫酸镁 0.5 g,维生素 B_1 10 mg,水 1 L。

(3)小麦粒 250 g,马铃薯 150 g,葡萄糖(或蔗糖)20 g,琼脂 15～20 g,蛋白胨 2 g,磷酸二氢钾 1 g,硫酸镁 0.5 g,维生素 B_1 10 mg,水 1 L。

注意:马铃薯去皮,小麦浸泡 10 h,各煮 25～30 min,取汁液。

2.原种常用配方

(1)小麦粒 99%、石灰粉 1%。

(2)小麦粒 98%、石膏粉 1%、碳酸钙 1%。

(3)小麦粒 78%、麸皮 10%、石膏粉 1%、玉米粉 6%、复合肥 5%。

3. 栽培种常用配方

(1)切断干稻草(麦秸)70%、干牛粪 20%、石膏粉 3%、石灰粉 3%、过磷酸钙 3%、硫酸铵 1%。

(2)阔叶木屑 78%、麦麸或米糠 20%、石膏粉 1%、白砂糖 1%。

(3)干稻草(麦秸)57.5%、干牛粪 28%、干鸡粪 8.5%、石膏粉 1.5%、石灰粉 1.5%、豆饼粉 1%、硫酸铵 1%、过磷酸钙 1%。

(4)玉米芯 60%、切断干豆秸 11%、花生秧 11%、麸皮 10%、石灰粉 5%、过磷酸钙 1.5%、玉米面 1%、白砂糖 0.5%。

(5)切断干麦秸 35%、玉米芯 35%、禽畜粪 20%、麸皮 5%、氮磷钾复合肥 2%、白砂糖 1%、石膏粉 1%、石灰粉 1%。

4. 生产常用配方

(1)切断干稻草 30%、棉籽壳 20%、麸皮 18%、阔叶木屑 15%、干牛粪 15%、石灰粉 2%。

(2)棉籽壳 90%、麦麸 4.5%、玉米粉 4.5%、石膏粉 1%。

(3)阔叶木屑 87%、麦麸或米糠 10%、石灰粉 2%、石膏粉 1%。

(4)玉米芯 78%、米糠 20%、石灰粉 1%、过磷酸钙 1%。

(5)切断干麦秸 80%、麸皮 14%、石灰粉 3%、氮磷钾复合肥 2%、石膏粉 1%。

注意：上述培养基灭菌后 pH 以 6～7.5 为宜,栽培料发酵前 pH 7～8.5,发酵后 pH 以 6～7.5 为宜,理论上含水量为 60%～65%,但根据情况可适当增减。

(四)培养料发酵及播种

鸡腿菇培养料的发酵和播种与双孢蘑菇相似,但前发酵完将培养料的含水量调为 60%～65%,pH 6～7.5 后及时进菇房进行二次发酵,待料温降至 25℃时采用混播法播种。

(五)发菌管理

播种结束,控制料温至 25～26℃,空气相对湿度 70%～80%,黑暗培养,适当通风,及时检查污染和菌丝生长情况。菌丝定植后,若遇到连续高温时应加强通风和增湿来促进菌丝生长,待菌丝发透料床后及时喷水保湿。

(六)覆土及出菇管理

待菌丝蔓延至菌床厚度的 2/3 时,采用草炭土或沙壤土覆土,土壤的预处理、消毒和双孢蘑菇栽培类似,覆土厚度为 3～5 cm,当达到 5 cm 左右时,可获得肥大、柄粗短、开伞迟、产量高、质量好的优质子实体。覆土后,控制料温在 25℃ 左右,坚持喷水少而勤的原则,维持土壤含水量 22% 左右。约 20 d 后,土面出现白色原基时,控制料温 14～18℃,切忌超过 20℃,否则子实体开伞快、菌柄易伸长、品质差;同时,通过喷雾状水保持空气相对湿度 85%～90%,给予 500～1 000 lx 的光照,加强通风换气即可(图 5-41)。

图 5-41　鸡腿菇的出菇管理

(七)采收及管理

鸡腿菇的子实体成熟快,从原基形成转化成菇蕾后一般只要十几个小时即可成熟。当钟形菌盖上出现反卷毛状鳞片、菌环尚未松动时应立即采收(图 5-42),若在菌环松动或脱落后采收,子实体加工时会氧化褐变,菌盖变黑甚至发生自溶而失去商品价值。每天采收 2～3 次,采收时切忌伤及菇体,采收后,一方面,将菇筐(篮)置于 3～4℃下让其"收水"几小时后取出,然后用刀刮去表皮,继续预冷 10 h以上,待温度下降,采用保温箱包装后在 10 h 之内运输到目的地,若温度超过12℃,只能保持 24 h,或直接将子实体切成薄片后晒干或烘干、抽真空包装、制作盐渍品等。另一方面,立即整理床面且补土补水,准备第二茬出菇管理。

图 5-42　鸡腿菇子实体

四、病虫害防治

(一)病虫害种类

鸡腿菇栽培过程中,因发酵料、播种工具、土壤等消毒不彻底,容易导致病虫害发生。引起鸡腿菇病害的病原菌主要有绿色木霉、鬼伞菌、总状炭角菌等;虫害主要有害菇蝇、菇蚊、螨虫等。

(二)防治措施

1.预防措施

选择无病害的菌种,菇房的消毒、接种人员及工具的操作等措施与金针菇相同。

2.治疗措施

发现病害,应立即清除残菇并进行防治。绿色木霉、螨虫的防治与黑木耳相同;菇蚊的防治与糙皮侧耳相同;鬼伞菌的防治与双孢蘑菇相同;菇蝇、褐斑病的防治与金针菇相同,或用多菌灵、特克多、施保功、克霉灵、波尔多液、甲基硫菌灵等杀菌剂及40%甲醛溶液防治褐斑病和腐烂病,并用75%酒精、漂白粉、生石灰、优氯净、消霉净、高锰酸钾、过氧乙酸、新洁尔灭等消毒剂抑制这两种病菌的生长。在培养料发酵时,添加5%的石灰粉,调节pH为8.15或喷洒500倍液多菌灵、5%石炭酸抑制总状炭角菌生长。

第八节　草菇栽培技术

一、概述

(一)分类地位及分布

草菇[*Volvariella volvacea*(Bull. ex Fr.)Singer],又名贡菇、秆菇、麻菇、稻草菇、中国菇、兰花菇、南华菇、美味草菇、浏阳麻菇、美味苞脚菇等(图5-43),英文名Paddy straw mushroom、Chinese mushroom,属于真菌界(Eumycetes)担子菌门(Basidiomycota)层菌纲(Hymenomycetes)伞菌目(Agaricales)光柄菇科(Pluteaceae)小包脚菇属(*Volvariella*)。在河北、广东、福建、台湾、湖南、广西、四川、云南、西藏等地均有野生分布。

图 5-43 草菇野生子实体

(引自卯晓岚. 中国大型真菌,2000)

(二)经济价值

草菇作为热带和亚热带高温多雨地区广泛栽培的一种食用菌,子实体肉质肥嫩、味美脆滑,含有丰富的粗蛋白质、氨基酸、维生素等,其中 8 种人体必需氨基酸齐全,比牛肉、猪肉、大豆、牛奶中氨基酸含量都高,维生素 C 的含量成为蔬菜食品之冠。长期食用草菇,能够起到抗癌、消食、去热、降血脂的功能,促进产妇乳汁分泌,增强机体的免疫能力。

(三)栽培史

草菇的人工栽培起源于我国广东韶关南华寺,已有近 200 年的种植历史。自 1822 年在阮元等的《广东通志》上有人工栽培记载开始,该菇的发展经历了高温菌株到低温菌株、南方栽培到北方栽培、传统的草堆室外栽培到发酵料室内床架栽培等的快速发展。目前,除我国以外,韩国、菲律宾、新加坡、泰国、印度、日本、印度尼西亚、马来西亚等国均有人工栽培。

二、生物学特性及制种

(一)形态及生活史

1. 孢子

草菇的性遗传模式为初级同宗结合,其光滑、椭圆形担孢子只含有一个减数分裂产生的核,在适宜的条件下萌发成同核的单核菌丝,该菌丝继续伸长与分枝,同核菌丝经互相融合进行双核化后形成双核菌丝。

2. 菌丝体

草菇菌丝体分枝、透明、有横隔、没有锁状联合结构,其菌落菌丝灰白色或银灰色(老化后呈浅黄褐色)、细长、半透明、有光泽,气生菌丝旺盛,爬壁力强,生长速度极快,在33℃下4~5 d可长满试管斜面,部分品种因培养后期产生红褐色厚垣孢子而在培养基表面出现紫红色的斑点。

3.子实体

子实体(图5-44)群生,菌盖钟形,干燥,灰黑色至鼠灰色、灰褐色,中央色深且稍突起,有褐色的辐射状条纹,直径5~19 cm;菌肉白色、松软、中央稍厚;菌柄白色、中生,近圆柱形且易与菌盖分离,长度5~18 cm,直径0.5~2 cm;菌托白色至灰黑色,环状,粗厚;菌褶白色至粉红色,离生,成熟时其上产生无数担孢子,孢子印粉红。

图5-44　草菇子实体

(二)生长发育

1.营养条件

草菇属于草腐型菌类,大多数富含纤维素和半纤维素的材料均可作为该菌培养料,但利用稻草、麦秸、玉米秆等秸秆作碳源时,最好先铡短、石灰水浸泡、微生物发酵等处理。草菇利用有机氮的能力强于无机氮,菌丝生长阶段和子实体发育阶段培养基中的含氮量分别为1.6%~6.4%和1.6%~3.2%,麸皮、豆饼、米糠、蚕蛹、棉籽饼、酵母液、玉米浆、牛粪等有机氮源在培养料中单独或搭配使用效果很好。在培养基中补加0.5%的酵母提取物会使菌丝生长量明显增加。培养料的pH较高时可促进对果胶的利用。在营养生长阶段和生殖生长阶段,C/N以(20~30)∶1和(40~50)∶1为宜。

2.环境条件

草菇属高温型恒温结实菌类,孢子萌发、菌丝生长、子实体发育的适宜温度分别是35~40℃、33~35℃、30~32℃。菌丝体在温度低于5℃或高于45℃的情况下死亡;温度低于 20℃或高于 35℃时子实体难以形成。

（1）菌丝体阶段:培养料的含水量为 65%～70%,空气相对湿度 60%～70%,需要氧气,不需要光线,pH 以 8～9 为宜。

（2）子实体阶段:培养料的含水量为 65%左右,空气相对湿度 85%～95%,需要充足的氧气,无光不能形成子实体(500～1 000 lx);pH 以 7.5～8.0 为宜。

（三）制种及生产常用配方

草菇母种、原种及栽培种培养基的制作、接菌及培养方式参考第三章第四、五、六节。

1.母种常用配方

（1）马铃薯 200 g,葡萄糖（或蔗糖）20 g,琼脂 15～20 g,水 1 L。

（2）干稻草 200 g,蔗糖 20 g,琼脂 15～20 g,硫酸铵 3 g,水 1 L。

2.原种常用配方

（1）小麦粒 98%、石膏粉 1%、石灰粉 1%。

（2）小麦粒 94%、米糠（麸皮）5%、石膏粉 1%。

3.栽培种常用配方

（1）干稻草 89%、麸皮（米糠）8.8%、石膏粉 1.3%、钙镁磷肥 0.9%。

（2）干稻草 79%、麸皮（米糠）20%、碳酸钙 1%。

（3）甘蔗渣 87%、麸皮（米糠）10%、石灰粉 3%。

（4）棉籽壳 71%、干稻草 11%、干牛粪 9%、麦麸 7%、磷肥 1%、石灰粉 1%。

（5）玉米芯（玉米秆或高粱秆）98%、尿素 1%、过磷酸钙 1%。

4.生产常用配方

（1）干稻草（麦草）83%、麸皮（米糠）5%、干牛粪 5%、石灰粉 5%、石膏粉 2%。

（2）棉籽壳 60%、干稻草 35%、麸皮 5%。

（3）平菇菌糠 80%、干稻草 20%。

（4）麦草 36%、棉籽壳 30%、玉米芯 30%、石灰粉 3%、过磷酸钙 1%。

（5）玉米秆 50%、玉米芯 39%、麸皮 10%、过磷酸钙 1%。

注意:上述培养基灭菌或发酵后 pH 以 8～9 为宜,理论上含水量 65%～70%,但根据情况可适当增减。

三、室外栽培技术

（一）栽培季节的选择

结合草菇生物学特性与气候特征来决定最适栽培时期,三级种通常 18～22 d 可长满菌瓶(袋)。温度稳定在 22℃以上时开始栽培,不同的地方播种时间各异,如河北(或北京)、广西(或广东)、长江中下游地区分别在 6 月下旬至 8 月上旬、4～9 月、5 月下旬至 8 月播种。

(二)菇场选择与准备

菇场要选择在坐北朝南、空气流通、氧气充足、交通方便、近水源、排水便利的场所,并具有"三分阳七分阴"的光照强度或人工搭建的遮阳棚。栽培前,要针对菇场的土壤暴晒 2～3 d,然后挖成宽 0.7～1.2 m、高 0.2 m、长 3～4 m 或不限的龟背形畦及宽 0.5 m 的畦沟,将畦面土打碎、中央压实。播种前,用自来水先淋湿淋透畦面后撒一层薄石灰粉即可。

(三)秸秆预处理

以生产常用配方中稻草培养基为例说明。选择干燥、无霉变稻草秸秆,用 1%～2%的石灰水至少浸泡 12 h,捞起沥干水或采用类似双孢蘑菇的微生物发酵处理,备用。

(四)踩堆、播种

用浸泡过的稻草挽成一端光滑,另一端毛糙的松软草把(重约 0.75 kg)或将稻草扭成"8"字形草把(重约 2 kg),建堆时将光滑的一端或弯头朝向畦外,一把紧挨一把地紧密排列在菇床上,中间填入乱草并踩实,使堆心稍高。第一层草把铺好后,应在草把表面的四周距离草边 7～10 cm 的地方撒播一层菌种,其内撒一圈已调节好水分的辅料(如米糠),并用少量稻草将菌种覆盖,如此循环至 4～6 层,做到上层比下层窄 2～3 cm,整堆成梯形,待最上层播种后可适当盖 1～2 cm 厚稻草或腐殖土保湿。建好堆,当一个成年人站在草堆上踩时底层有少量水流出,表明含水量适宜;若没有水流出则表明水少;若许多水流出则水过多,应继续调节,最后用薄膜盖严。

(五)发菌管理

保温保湿是发菌期管理的重点,料温应在 35℃以上。3 d 后,每天要揭膜通风 2～3 次,每次 15 min,同时要检查堆面是否湿润,通过喷雾保持空气相对湿度 60%～70%。经 6～7 d,待草堆四周边缘及料面出现米粒大小白色的原基时,增加通气,促使原基增多。

(六)出菇管理

待草堆表面大面积出现原基,应覆盖小拱棚育菇,但四周无须盖严,及时在堆的上方和四周喷雾保湿,尽量保持拱棚内气温 30～32℃、空气相对湿度 85%～95%及适宜的散射光。伴随着原基的发育长大,增加每天揭膜次数或采取盖头不盖脚的方法来加强通风,促使原基快速发育成子实体(图 5-45)。

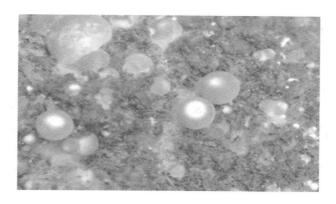

图 5-45　草菇的室外栽培

(七)采收及管理

正常条件下,4～5 d 后子实体即可长大,待子实体饱满光滑,包膜未破裂,菌盖、菌柄没有伸出,颜色由深变浅,形状由基部较宽、顶部稍尖的宝塔形变为卵形时采收。采菇时,一只手按住周围培养料,另一只手握住菇蕾左右旋转轻轻拧下即可;草菇生长速度很快,卵形阶段后 10 h 左右即可开伞,应多次采收,至少每天早、晚各 1 次。第一茬采摘结束后通风 1 d,清理床面,及时全面补水并再喷一次 pH 8～9 的石灰水,结合通风重新盖上薄膜采用同样的方法进行下一茬的养菌管理。整个生产周期为 15 d 左右,通常采 1～2 茬(图 5-46)。

图 5-46　草菇人工栽培子实体

四、室内栽培技术

(一)栽培季节的选择与菇房设置

室内栽培草菇的季节选择与室外栽培相同,菇房的设置与双孢蘑菇相同。

(二)培养料发酵及播种

草菇培养料的发酵及播种与双孢蘑菇相似,但前发酵完要调节含水量为65%～70%,pH 8～9时再进菇房进行二次发酵。料温降至38℃时采用混播法播种,或以穴距为10 cm,深2～3 cm的方式进行穴播,菌种要求放满穴并稍露料面即可。无论采用混播或穴播,接种后均要稍压实,最后用塑料薄膜覆盖。

(三)发菌、出菇管理及采收

接种后,遮光培养,保持室内气温28～30℃;当料温超过40℃时,可采取向地面洒水和早晚短时间通风来降温;气温较低时,料温升的慢,可采取覆盖草帘、加热、中午通风等措施保温。空气相对湿度应控制在60%～70%,并给予适当的通风换气。2 d后,每天揭开料堆薄膜通风换气1～2次,每次10 min左右。3～4 d后,通过向地面和菇房空气中喷水保持空气相对湿度在80%左右。7～10 d后,待料面出现原基,将薄膜支高,保持菇房温度27～30℃,空气相对湿度90%～95%,逐渐延长通风时间,给予散射光。一般12～15 d可采收草菇子实体,采收的方式与室外栽培相同。

五、病虫害防治

(一)病虫害种类

草菇栽培过程中,因菌种老化、堆料消毒不彻底、发酵料不合格等导致病虫害的发生。病害主要有疣孢霉病、菌核病、病毒病、褐腐病、细菌病等,病原菌主要有木霉、青霉、毛霉、链孢霉、黄曲霉、黑曲霉、鬼伞;虫害主要有蚯蚓、蝼蛄、田鼠、蜗牛、蛞蝓、菇蝇、菇蚊、跳虫、果蝇、线虫、螨类等。

(二)防治措施

1.预防措施

选择无病害的菌种,菇房的消毒、接种人员及工具的操作等措施与金针菇相同。

2.治疗措施

发病初期,立即清除病菇。木霉、青霉、毛霉、链孢霉、黄曲霉、黑曲霉、蛞蝓、螨类的防治与黑木耳相同;褐腐病、细菌性斑点病、线虫、菇蝇的防治与金针菇相同;跳虫的防治与香菇相同;菇蚊的防治与糙皮侧耳相同;鬼伞的防治与双孢蘑菇相同。喷雾30%氧氯化铜600倍液、0.3 mg/kg农用链霉素、0.1%高锰酸钾加1%

食盐溶液等防治细菌性褐条病。喷洒四环素、青霉素、链霉素等药物抑制病情蔓延,用低剂量的 600 mg/L 溴甲烷熏蒸剂或甲醛熏蒸切断病毒来源。培养料堆发酵时,堆温控制在 60～70℃维持 1～2 d 再翻堆或在患处涂刷 800 倍液的百菌清控制疣孢霉病蔓延。喷洒 5％石灰水或撒少量石灰粉于发生病菌感染部位,控制菌核病病害蔓延。采用毒饵、毒谷杀死田鼠,但切忌在耳房(棚)内施用。果蝇的防治除与菇蚊基本相同外,还可用糖醋液(酒∶糖∶醋∶水=1∶2∶3∶4)中加几滴敌敌畏诱杀成虫。栽培前犁翻土地且引水浸田,将蚯蚓淹死或在早上、傍晚当其在表土活动时,用 1％茶籽饼水或 1∶1.5(氨水∶水)氨水洒入土壤驱杀。清除栽培场周围杂草或用 90％敌百虫拌麦麸制成毒饵诱杀蝼蛄。用 5％食盐水或 700 倍氨水或石灰水喷施在蜗牛栖息的地方或草床周围杀灭蜗牛。

第九节　滑菇栽培技术

一、概述

(一)分类地位及分布

滑菇[*Pholiota nameko*(T. Ito),S. Ito et Imai]因其菌盖表面黏滑而得名,又名滑子蘑、珍珠菇、珍珠蘑、光帽鳞伞、光帽黄伞、光滑环锈伞等(图 5-47),英文名 Nameko、Slime Pholiota、Viscid mushroom,隶属于真菌界(Eumycetes)担子菌门(Basidiomycota)层菌纲(Hymenomycetes)伞菌目(Agaricales)球盖菇科(Strophariaceae)鳞伞属(*Pholiota*)。野生子实体多生长于阔叶树的倒木或树桩,针叶树的枯木及未完全死亡的阔叶树杆上也能生长,在我国主要分布于云南、四川、辽宁、河北、山东、台湾、西藏、广西、山西、吉林、黑龙江等地。

图 5-47　滑菇子实体
(引自卯晓岚. 中国大型真菌,2000)

（二）经济价值

滑菇是一种低热量、低脂肪的食药兼用菌，子实体口感嫩滑、肉质细腻、味道鲜美、营养丰富，据测定，每 100 g 该菇的干品含水溶性物质 60 g、可溶性无氮浸出物 39 g、粗蛋白质 35 g、纯蛋白质 15.1 g、灰分 13.7 g、粗纤维 10.3 g、粗脂肪 4 g，除此之外也富含维生素、氨基酸、多糖等。长期食用该菇具有抑制肿瘤，提高机体免疫力，增进人体脑力和体质（菌盖表面的黏性物质——核酸），预防葡萄球菌、大肠杆菌、肺炎杆菌及结核杆菌的感染等功效。

（三）栽培史

滑菇的人工栽培始于日本，自浇淋孢子液进行段木试种该菇开始，历经分离驯化栽培（1921 年）、获取纯菌种（1932 年）、规模化段木栽培（1950 年）、木屑袋料箱式栽培（1961 年）以及当今大规模的袋料栽培几个代表性阶段。我国台湾最早引进滑菇，从试种（1970 年）至大规模栽培（1978 年）约 8 年，其主产区分布于台湾、辽宁、吉林、北京、河南、河北、山东、四川、黑龙江等地。

二、生物学特性

（一）形态及生活史

1.孢子

滑菇的性遗传模式为二极异宗结合，担孢子褐色、光滑、两层壁、椭圆形至卵圆形，在适宜的条件下，单个担孢子萌发形成单核菌丝，两种不同交配型的单核菌丝结合形成双核菌丝。

2.菌丝体

具有结实能力的双核菌丝在显微镜下有明显的锁状联合结构，在 PDA 培养基上，若温度稍高易产生分生孢子并单核化而形成单核菌丝。肉眼观察，菌落白色至后期乳黄色，绒毛状，具有很强的"爬壁"现象；24℃下菌丝 8～10 d 可长满试管斜面，15℃下生理成熟的菌丝试管斜面培养基色泽转为深黄色且有时出现子实体扭结现象。此结实性菌丝经生理成熟扭结成三生菌丝后，在适宜的条件下逐渐形成近球形的原基，待其直径为 1 mm 时可分化出菌盖、菌幕、菌褶及菌柄，3 mm 大小时菌褶上的担子开始进行减数分裂并产生担孢子，随后子实体快速生长并发育成成熟的滑菇子实体。

3.子实体

子实体（图 5-48）丛生，小型；菌盖金黄色、半球形至平展、表面光滑且有黏液，直径 1～8 cm（开伞前 1～3 cm，开伞后 3～8 cm）；菌肉呈淡黄色至黄色，近表皮略带红褐色，厚 0.2～1.4 cm；菌柄圆柱形、纤维质、中生、稍中空，长度 2～8 cm，直径 0.3～1.8 cm，其上附着黄褐色鳞片且上部有薄膜质菌环，菌环以上白色至浅黄色，以下与菌盖颜色相同,近光滑,稍黏;菌褶乳黄色至浅褐色,直生,密集,其上形成担子,担子上逐渐发育成4个担孢子,成熟后弹射形成锈褐色孢子印,孢子在适宜的条件下又开始新一轮的生活史。

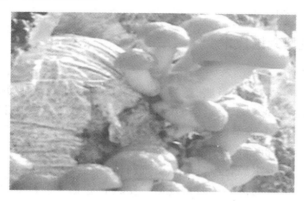

图 5-48　滑菇人工子实体

(二)生长发育

1.营养条件

滑菇属于木腐性菌类,整个生长发育阶段要从基质中不断摄取碳源、氮源、无机盐、维生素等营养物质。实际生产中,多以阔叶木屑为主料,但考虑到生态问题,已逐步被棉籽壳、玉米芯、豆秸等代替;同时,栽培种大多混入一部分黑松、赤松、落叶松等针叶木屑,若其含量低于20%对子实体产量没有太大影响,超过30%因降低产量而无法应用;新、旧木屑只要不腐烂几乎没有什么差别。为促进菌丝利用纤维素类大分子物质,常在培养基中添加少量容易利用的碳源(如米糠、葡萄糖、果糖等)。蛋白质、蛋白胨、氨基酸等有机态氮和硝酸盐、铵盐、酰胺态氮等无机态氮均可作为该菌的氮源。米糠或麸皮越新鲜菌丝生长越好,使用量一般是木屑的10%～20%,混入杂物(如垃圾、碎米)较多的米糠则易产生杂菌,应避免使用。该菌营养生长阶段的碳氮比(C/N)为20∶1,生殖生长阶段为(35～40)∶1。

2.环境条件

滑菇是一种低温型变温结实菌类,一般情况下,孢子萌发、菌丝生长、子实体生长适宜温度分别是25～28℃、20～25℃、10～18℃(早熟、中熟和晚熟菌株分别以18℃、15℃、12℃最佳)。其中菌丝体在温度低于10℃时生长缓慢,高于33℃时停止生长,超过40℃时死亡;10℃以上的温差有利于滑菇原基的分化,子实体在温度低于5℃时基本不长,高于20℃时分化少且商品性差。

(1)菌丝体阶段:培养料的含水量为60%～65%,空气相对湿度60%～70%,

需要氧气,不需要光线,以 pH 5～6 为宜。

(2)子实体阶段:除培养料 pH 与菌丝体阶段一致外,培养料的含水量 60％左右,空气相对湿度 80％～90％,对氧气的要求增加,需要一定散射光且无光不能形成子实体,适宜的光照强度为 300～800 lx。

三、滑菇袋料栽培技术

(一)栽培季节

结合滑菇生物学特性与当地的气候特征来决定最适栽培时期,坚持低温季节接种,高温季节发菌,低温季节出菇的栽培原则,一般选择 2～4 月为最佳播种期,若人为控制条件则不受季节的限制。

(二)菇场选择与准备

选择交通方便、近水源、排水方便、空气新鲜等地段,利用空闲住房、防空洞、山洞、日光温室等均可作为滑菇的栽培场所。塑料大棚是该菌最常用的栽培设施,既可养菌又可出菇,棚内可根据情况设置床架或覆土出菇,但后者有明显的增产作用,一般在棚内做宽 1 m,深 10 cm 的畦,经暴晒后备用。

(三)培养基的制备

1.母种常用配方

(1)马铃薯 200 g,葡萄糖(或蔗糖)20 g,琼脂 15～20 g,水 1 L。

(2)马铃薯 200 g,葡萄糖(或蔗糖)20 g,琼脂 15～20 g,磷酸二氢钾 2 g,硫酸镁 0.5 g,维生素 B$_1$ 5～10 mg,蚕蛹粉 5 g,水 1 L。

2.原种常用配方

(1)小麦粒 97.5％、碳酸钙 1.5％、石膏粉 1％。

(2)阔叶木屑 78％、麦麸 20％、蔗糖 1％、石膏粉 1％。

3.栽培种常用配方

(1)阔叶木屑 87％、米糠 10％、玉米粉 2％、石膏粉 1％。

(2)玉米芯 40％、豆秸粉 20％、棉籽壳 20％、麸皮 18％、石灰粉 1％、石膏粉 1％。

(3)棉籽壳 78％、麸皮 20％、蔗糖 1％、石膏粉 1％。

(4)豆秸 54％、玉米芯 36％、麸皮 9％、石膏粉 1％。

(5)阔叶木屑 80％、麸皮 15％、玉米粉 2.5％、黄豆粉 1.5％、石膏粉 1％。

4.生产常用配方

(1)阔叶木屑 90％、麸皮 8％、玉米粉 2％。

(2)玉米芯 80％、米糠 19％、石膏粉 1％。

(3)棉籽壳 95％、麸皮 4％、石膏粉 1％。

（4）豆秸 45％、阔叶木屑 45％、麸皮 10％。

（5）阔叶木屑 73％、棉籽壳 15％、麸皮 10％、碳酸钙 1％、石膏粉 1％。

5. 制作过程

上述培养基的制作过程采用常规生产方式，灭菌后 pH 以 5～6 为宜，理论上含水量为以 60％～65％适宜，但根据情况可适当增减。

（四）接种及发菌管理

选择适于本地区栽培的优质滑菇菌种趁热接种（约 28℃），采用食用菌常规接种或参照香菇打穴接种方法。

接种后，将菌袋直接置于接种室或移入消毒处理的菇棚或养菌室，按"井"字形或"△"形叠放 8～10 层，每层 3～4 袋，保持室温 22～25℃，空气相对湿度 60％～70％，适当通风、静置并遮光培养。待菌丝长至 1 cm，调节室温至 18～22℃且不能高于 25℃。10 d 后或温度过高需要及时倒垛降温，弃除污染菌袋后适量加大通风。发菌 20 d 左右，菌穴的菌落直径 8～10 cm 时去胶布通气，防止袋内因氧气减少而导致菌丝停止生长。待菌丝长满菌袋，表面产生锈色菌膜，气温稳定在 20℃以下时进行覆土出菇管理。

（五）出菇管理

覆土出菇前，先在已建好的畦内撒上一层石灰粉，取上述已达到生理成熟的菌袋，脱去塑料袋（即为菌棒），将其直接平摆于畦内或从中间切断，以断面着地为标准立于畦内，再覆土至菌棒露出土面 2～3 cm 为宜（预防出菇时菇体沾土），最后在畦内灌透水，每天喷小水保持畦面潮湿。菌蕾形成后，根据滑菇品种类型，在出菇适宜温度 10～18℃范围内保持其最佳出菇温度，控制空气相对湿度 80％～90％，喷水后再适当通风，给予适宜的散射光。整个管理期间要用喷雾器喷水，幼菇切忌直喷并防止菇体粘上泥土，影响其商品价值（图 5-49）。

图 5-49　滑菇的覆土栽培出菇管理

（六）采收及管理

滑菇从菇蕾出现至采收需 15 d 左右,采收前要停止喷水 12 h 左右。以菌盖橙红色、呈半球形、表面油润光滑并还未开伞,菌膜即将开裂,菇柄粗而坚实且长达 2～3 cm 时为最佳采收期(图 5-50)。采收时用拇指、食指及中指轻轻捏住菌柄基部拧起即可,切忌因带起基部培养料而影响下潮菇的发生和产量。采菇后,及时清理料面,稍微提高菇场温度,停水 5～7 d 后再进行下一茬出菇管理。

图 5-50　滑菇人工子实体

四、病虫害防治

（一）病虫害种类

滑菇从制种至出菇管理整个过程中,不同环节若操作不当将伴随病虫害的发生。引起病害的主要有绿色木霉、黄曲霉、脉孢霉、青霉、根霉、毛霉、交链孢霉、酵母、细菌、黏菌等;虫害主要有菇蝇、鼠害、眼菌蚊、瘿蚊类、蚤蝇类、螨类、线虫等。

（二）防治措施

1. 预防措施

选择无病害的菌种,菇房的消毒、接种人员及工具的操作等措施与金针菇相同。

2. 治疗措施

发病初期,立即清除病菇。绿色木霉、黄曲霉、青霉、根霉、毛霉、交链孢霉、螨类的防治与黑木耳相同;脉孢霉、菇蝇、线虫的防治与金针菇相同;细菌性斑点病的防治与金针菇相同;细菌性褐条病、鼠害的防治与草菇相同。注射土霉素或多菌灵抑制酵母菌发生。用多菌灵或 70% 甲基托布津 1 000 倍液、硫酸铜 500 倍液、10% 漂白粉连续喷洒 3～4 次抑制黏菌生长。眼菌蚊、瘿蚊类、蚤蝇类的防治方法较多,如在水中加 0.1% 敌敌畏,利用黑光灯或节能灯或将 40% 聚丙烯黏胶涂于木板上诱杀,用2～3片/m³磷化铝药剂熏杀,出菇前或采菇后用2.5%溴氰菊酯1 500～2 000倍液雾喷药杀成、幼虫。

第十节　茶树菇栽培技术

一、概述

(一)分类地位及分布

茶树菇[*Agrocybe aegerita*(Brig.)Sing.]又名茶菇、茶薪菇、油茶菇等(图5-51),英文名 Southers poplar mushroom,Columnar agrocybe,隶属于真菌界(Eumycetes)担子菌门(Basidiomycota)层菌纲(Hymenomycetes)伞菌目(Agari-cales)粪绣伞科(Bolbitiaceae)田头菇属(*Agrocybe*)。野生子实体发生于北温带与亚热带地区的枯死油茶树兜上,热带地区罕见,常见于我国福建、云南、贵州、江西、浙江、西藏、台湾等地,日本、南欧各国、北美洲东南等也有分布。

图 5-51　茶树菇子实体

(二)经济价值

茶树菇是一种高蛋白质、低脂肪的食药兼用菌,子实体清脆爽口、味道鲜美,具有丰富的蛋白质、碳水化合物、纤维素等营养成分,其中18种氨基酸中赖氨酸的含量占75%,比金针菇更高,8种人体必需氨基酸齐全。长期食用该菇具有利尿、祛湿、防癌、明目、清热、平肝、健脾胃、抗衰老、降血压、增进人体免疫力等功效。此外,该菌的人工栽培加速了木质素、纤维素、半纤维素等大分子有机物质的转化,在促进生态和谐和经济发展中发挥较大的作用。

(三)栽培史

茶树菇作为一种珍稀食用菌,人工栽培成功约 10 年的历史,最初采用自然孢子或菇体捣碎接种于段木的覆土出菇法,至今已发展到以熟料、生料、发酵料或发酵熟料为主的袋料栽培法,福建古田、江西黎川、河北遵化、山东济南、浙江磐安、云南昆明、四川成都等地是其主产区。

二、生物学特性

(一)形态及生活史

1.孢子

茶树菇的性遗传模式为四极异宗结合,担孢子光滑、淡黄褐色、卵形至椭圆形,单个孢子在适宜下条件下先萌发成单核菌丝,再经原生质体融合形成双核菌丝。

2.菌丝体

具有结实能力的双核菌丝在显微镜下分枝角度大,粗壮,有明显的锁状联合结构。肉眼观察,菌落白色,茸毛状,生活力旺盛,有很强的"爬壁"现象,一般在 $23\sim25℃$ 下 12 d 可长满试管斜面。菌丝生理成熟后培养基转为淡褐黄色,此菌丝扭结成三生菌丝在适宜的条件下逐渐形成原基,最终发育成茶树菇子实体。

3.子实体

子实体(图 5-52)单生、双生或丛生;菌盖暗红褐色(或茶褐色)至褐色(或淡土黄褐色),半球形至扁平,平滑,有浅皱纹,湿润时稍黏,直径 $2\sim10$ cm;菌肉较厚,白色;菌柄纤维质、中实、脆嫩,近白色或淡黄褐色,基部常浅褐色,具有纤毛状小鳞片,长 $3\sim12$ cm,直径 $0.3\sim1.5$ cm,其上部着生白色菌环,膜质且上位着生;菌褶白色至咖啡色或浅褐色,密集,多数直生,其上形成担孢子,孢子印锈褐色,能在适宜的条件下萌发开始新一轮的生活史。

图 5-52　茶树菇人工子实体

(二)生长发育

1.营养条件

茶树菇是一种喜氮木腐型菌类,生长发育的营养需求与其他食用菌相似,菌丝具有很强的蛋白质利用能力,但分解木质素的能力较弱。实际生产中,通常在培养基中添加米糠、麸皮、各种饼粉(如大豆、花生、茶籽等)等氮素含量较高的物质来提高单产,但氮素的浓度不宜过高,如酪蛋白氨基酸含量高于 0.02% 时将抑制原基分化。该菌营养生长阶段的碳氮比(C/N)为 20:1,生殖生长阶段(30~40):1。

2.环境条件

茶树菇属于中温型结实菌类,一般情况下,菌丝生长、原基分化、子实体发育适宜的温度分别是 23~27℃、10~16℃、13~26℃(菌株不同而存在差异)。若温度低于 5℃或高于 38℃时,菌丝生长受到严重抑制;该菇在没有温差刺激的情况下也能正常出菇,但适当的温差刺激更有利于促进菇蕾的形成。

(1)菌丝体阶段:培养料的含水量为 65% 左右,空气相对湿度 65%~70%,需要氧气,不需要光照,以 pH 5.5~6.5 为宜。

(2)子实体阶段:除培养料含水量、pH 与菌丝体阶段一致外,原基分化期空气相对湿度 90% 左右,生长发育期 85%~90%,对氧气的要求稍微增加,要求有稍高的二氧化碳浓度(类似于金针菇栽培),无光不能形成子实体且具有明显的趋光性,原基形成期需要 500~1 000 lx 的光照,子实体生长期以 150~500 lx 的散射光为宜。

三、茶树菇袋料栽培技术

(一)栽培季节

结合茶树菇生物学特性与当地的气候特征来决定最适栽培时期,通常采用春栽或秋栽,以春栽居多,一般在春季气温高于 15℃或秋季气温低于 25℃为出菇期。如西南地区,春季接种与出菇时间分别是 3 月下旬至 4 月中旬、5 月下旬至 6 月底;秋季分别是 8 月初至 9 月上旬、10 月中旬至 12 月。若人为控制条件则不受季节的限制。

(二)菇场选择与准备

选择通风良好,地势平坦,水、电、交通便利,周围 5 000 m 无各种污染源的仓库、山洞、空闲住房等均可作为茶树菇的栽培场所。其中水质应符合生活饮用水的标准,环境大气要符合国标 GB 3095—1996 大气环境质量标准,种植过程中要针对场地垃圾、废弃菌棒、污染菌棒等进行及时的环保处理。目前,常见在大田建设坐北朝南、背风向阳的专用菇棚或菇房栽培茶树菇,北方以日光温室大棚为主,南方以菇房或塑料大棚为主,菇棚要求内部面积不小于 100 m²,菇房应根据需求设置相应的床架、走道、通气窗、防虫网等。

(三)培养基的制备

1. 母种常用配方

(1)马铃薯 200 g,葡萄糖(或蔗糖)20 g,琼脂 15～20 g,水 1 L。

(2)马铃薯 200 g,葡萄糖(或蔗糖)20 g,琼脂 15～20 g,磷酸二氢钾 2 g,硫酸镁 2 g,水 1 L。

(3)麦芽浸汁 20 g,琼脂 15～20 g,酵母浸膏 2 g,蛋白胨 l g,水 1 L。

2. 原种常用配方

(1)谷粒(小麦、大麦、小米、高粱等)98%、碳酸钙 2%。

(2)阔叶木屑 78%、麦麸 20%、蔗糖 1%、石膏粉 1%。

3. 栽培种常用配方

(1)阔叶木屑 75%、麦麸 18%、茶籽饼粉 5%、蔗糖 1%、碳酸钙 1%。

(2)棉籽壳 78%、麸皮 10%、玉米粉 5%、饼粉 4%、石膏粉 2%、白糖 0.5%、磷酸二氢钾 0.4%、硫酸镁 0.1%。

(3)阔叶木屑 38%、棉籽壳 35%、麦麸 15%、玉米粉 6%、茶籽饼粉 4%、石膏粉 1%、红糖 0.5%、磷酸二氢钾 0.4%、硫酸镁 0.1%。

(4)甘蔗渣 40%、棉籽壳 30%、麸皮 15%、玉米粉 8%、花生饼粉 4%、石膏粉 1.5%、白糖 1%、磷酸二氢钾 0.4%、硫酸镁 0.1%。

(5)茶籽壳粉 70%、麦麸 20%、茶籽饼粉 8%、白糖 1%、石膏粉 1%。

(6)玉米芯 30%、棉籽壳 45%、麦麸 15%、玉米粉 5%、蔗糖 3%、石灰粉 2%。

4. 生产常用配方

(1)阔叶木屑 78%、米糠或麦麸 20%、蔗糖 1%、碳酸钙 1%。

(2)棉籽壳 45%、阔叶木屑 30%、麸皮 18.5%、茶籽饼 5%、碳酸钙 1.5%。

(3)阔叶木屑 73%、米糠或麦麸 25%、蔗糖 1%、碳酸钙 1%。

(4)甘蔗渣 38%、棉籽壳 36%、麸皮 20%、黄豆粉 2%、石灰 0.5%、蔗糖 0.5%、碳酸钙 2.5%、复合肥 0.5%。

5. 制作过程

上述培养基的制作过程采用常规生产方式,灭菌后 pH 以 5.5～6.5 为宜,理论上含水量为 65% 左右,但根据情况可适当增减。

(四)接种及发菌管理

选择适于本地区栽培的优质茶树菇菌种趁热接种(约 28℃)。接种后,将菌袋移入消毒处理的菇棚或养菌室遮光静置培养,按"井"字形或"△"形叠放 4～6 层,每层 4～5 袋,每隔 7 d 翻堆散热及互换位置,保持空气相对湿度 65%～70%,适当通风并根据培养天数调节室温。发菌初期,控制室温 25～27℃以促进菌丝萌发与定植。经 5～7 d 培养后,调节室温至 23～25℃,13～15 d 发菌后,菌丝布满料面,将室温调至 20～22℃,避免菌袋内部菌丝因新陈代谢释放热量而导致温度过高。待菌丝长满菌袋 1/3 处或菌丝生长缓慢(从接菌开始约 30 d)时,控制温度至 18～20℃,松动袋口通风补氧,或在菌丝生长区域距离边缘内刺孔径 1.5～2 cm 的增氧孔,一般经 50 d 左右菌丝可长满菌袋。继续培养后待菌丝分泌色素、吐黄水,手捏菌袋柔软、富有弹性时表明其已达到生理成熟,及时进行出菇管理。

(五)出菇管理

将上述生理成熟的菌袋打开袋口并将其反卷一半,用消过毒的搔菌专制小铁齿耙子扒掉老化菌种块及上层老菌皮,再将菌袋直立摆放在床架(或畦床)上并盖一层无纺布或将两端接种的菌袋袋口松扎后摆成 4～6 层高的菌墙。管理期间,向空中、墙壁、地面喷雾状水,控制室内空气相对湿度 90%～95%,温度 18～26℃,增大昼夜温差 8℃左右,结合喷水通风换气,增加 500～1 000 lx 的散射光,经 10～15 d 的管理将产生大量的小菇蕾。出菇后,模仿金针菇栽培,在袋口套一个稍大的塑料袋或纸筒,通过保湿和增加局部二氧化碳浓度,促进菌柄生长并抑制菌盖生长,若直接出菇,二氧化碳浓度过低会形成粗柄菇(图 5-53)。

图 5-53 茶树菇的粗柄菇

子实体生长期要保持室温 20～26℃,空气相对湿度 85%～90%,适当通风,光照强度 150～500 lx。待子实体高度为 1～3 cm 时停止喷水 1～2 d,控制空气相对湿度 85%左右,随着菌柄的伸长逐渐拉直袋口,根据需求酌情疏菇。

(六)采收及管理

一般从菇蕾到采收需要5～7 d,待子实体长到八成熟,大小一致,菌膜未破,菌盖呈半球形,颜色逐渐变淡至暗红褐色且直径为2～3 cm,菌肉肥厚,菌柄近白色,粗壮且长短整齐时为最适采收期(图5-54);若采收过迟,菌体开伞,组织变老,菌褶弹射大量的褐色孢子,失去其商品价值(图5-55)。采收时,用手轻握菌柄后旋转菌袋,整丛采下即可。采收后,及时清理料面和残菇,搔菌结束捏拢袋口,控制室温24～27℃,停止喷水5～7 d。待料面出现气生菌丝时按0.15～0.25 kg/袋的量补水,浸6～8 h后倒掉多余积水,结合补水适量添加食用菌专用液肥、0.02%的糖水、2%的尿素水溶液等营养,最后进行同样的出菇管理,如此反复可采3～5茬。

图5-54　茶树菇成熟子实体

图5-55　茶树菇过度成熟子实体

四、病虫害防治

(一)病虫害种类

茶树菇在种植过程中其病害主要由细菌、青霉、黄曲霉、根霉、木霉、链孢霉等引起;虫害主要有菇蝇、菇蚊、螨类等。

(二)防治措施

1.预防措施

选择无病害的菌种,菇房的消毒、接种人员及工具的操作等措施与金针菇相同。

2.治疗措施

发病初期,立即清除病菇。青霉、黄曲霉、根霉、木霉、链孢霉、螨类的防治与黑木耳相同;菇蝇的防治与金针菇相同;细菌性斑点病的防治与金针菇相同;细菌性褐条病的防治与草菇相同;菇蚊的防治与糙皮侧耳相同。

第六章

珍稀菇类栽培

第一节　金耳栽培技术

一、概述

(一)分类地位及分布

金耳[*Tremella aurantialba* Bandoni et Zang. sp. nor.]，又名脑耳、黄耳、黄木耳、金黄银耳等(图6-1)，英文名 Golden Tremella 或 Witch's Butter，隶属于真菌界(Eumycetes)真菌门(Eumycophyta)担子菌亚门(Basidiomycotina)层菌纲(Hymenomycetes)异隔担子菌亚纲(Heterobasidiomycetes)银耳目(Tremellales)银耳科(Tremellaceae)银耳属(*Tremella*)，主要分布于亚洲、欧洲、北美洲、南美洲及大洋洲，在我国云南、西藏、四川等地分布较多。

图6-1　金耳野生子实体

(引自卯晓岚. 中国大型真菌,2000)

(二)经济价值

金耳是一种珍贵的食药用菌,子实体气味清香,食味鲜美,便于加工和保藏,含有丰富的碳水化合物、蛋白质、粗纤维、18 种氨基酸等营养成分,人体必需的氨基酸齐全,滋补的营养价值优于银耳与黑木耳。此外,金耳还具有化痰、止咳、抗炎、调气提神、定喘镇静、保护肝脏、降低血糖、治疗心脑血管疾病、提高造血功能和人体免疫力等药理作用。

(三)栽培史

1815—1822 年,菌物学家爱丽斯·佛雷斯首先研究了金耳的特异性。1961—1982 年,银耳专家巴多尼教授、菌物学家小林义雄等针对金耳做了驯化培养,但均未获得子实体。1983 年刘正南等首次驯化栽培成功金耳并实现产业化生产。目前,其主要栽培方式是段木栽培、瓶栽和袋料栽培。

二、概述

(一)形态及生活史

1. 孢子

金耳的性遗传模式为四极异宗结合,担孢子平滑、无色透明或淡橙黄色、含无数小颗粒体、球形、近球形或椭圆形,担孢子不能直接萌发形成菌丝,常以芽殖方式先产生次生担孢子或芽孢子,在适宜的条件下再萌发形成菌丝。

2. 菌丝体

双核菌丝在显微镜下细而长,有横隔、分枝及半圆形的锁状联合结构。单一或纯金耳菌丝体洁白,在培养基上生长十分细弱和缓慢,只有借助于具亲和性的伴生菌菌丝体的友好帮助才能正常生长。结实性菌丝体经一段时间发育达到生理成熟后逐渐形成原基,最终形成金耳子实体。

金耳子实体外层由三生菌丝组织化形成的胶质结构组成,在营养生长阶段除最外表皮层属于革菌型的菌丝组织外,其余均属于金耳型菌丝组织,生殖生长阶段近成熟至成熟期的子实体,最外表皮层至内层能观察到二型菌丝组织的穿插共生现象。只有当金耳型菌丝体占优势而革菌型菌丝体占劣势时,二型菌丝体的自然合理搭配才能形成品质优良的子实体。

目前,金耳的伴生菌有血痕韧革菌(*Stereum sanguinolentum*)(图 6-2)、毛韧革菌(*S. hirsutum*)、细绒韧革菌(*S. pubescens*)等,如血痕韧革菌与头状金耳伴生。

图 6-2　血痕韧革菌子实体

3.子实体

子实体(图 6-3)中型、脑状,高 10～17 cm,宽 8～11 cm,新鲜的耳片半透明、胶质、柔软、有弹性,外层呈金黄色或橙黄色,基部为褐黄色,内部肉质、近白色;金耳干片坚硬,浸水后复原成韧胶质。子实体成熟时,在耳瓣表面,尤其是耳瓣扭曲凹凸不平的沟穴部或裂缝处常见一层类似白霜状物,即耳片形成的大量担孢子。

图 6-3　金耳子实体

(引自卯晓岚. 中国大型真菌,2000)

(二)生长发育

1.营养条件

金耳属于弱木腐性食用菌,生长过程中必须从基质中吸取碳源、氮素、无机盐、微量元素等营养物质,因该菌单一型纯菌丝体对粗纤维的分解能力很弱,只有伴生菌将难分解的营养物质分解转化后金耳才能吸收利用。金耳生长是以自身菌丝体为主、伴生菌为辅助的混杂模式,若条件不适宜,伴生菌菌丝体生长过旺,金耳本身不能形成子实体,而产生大量伴生菌子实体。因此,金耳的生产(包括制种和栽培)中,培养料的选择要有利于金耳型和伴生菌(如毛韧革菌型)的双重菌丝体和谐生长,才能实现金耳的有效人工栽培。

2.环境条件

金耳属于一种中低温型食用菌,孢子萌发、菌丝生长和子实体发育的适宜温度分别是 20~25℃、22~25℃、12~20℃。温度高于 25℃时,毛韧革菌旺盛生长而不利于金耳型菌丝正常生长。温度低于 10℃时,子实体生长发育缓慢但抗逆性强,高于 25℃时,子实体容易自溶感染杂菌。

(1)菌丝体阶段。瓶栽或袋栽时培养料的含水量为 60%~63%,段木含水量为 45%~65%,空气相对湿度 65%~70%,对氧气不敏感,不需要光线,以 pH 6 为宜。

(2)子实体阶段。除 pH、培养料及段木含水量与菌丝体阶段一致外,充足的氧气有利于原基形成和子实体膨大,空气相对湿度 70%~75%,转色阶段空气相对湿度 85%~90%,需要足够的散射光,光照不足时子实体不是金黄色而是橘黄色、橙红色或淡黄色。

三、金耳的袋料栽培技术

(一)菌种的分离与选择

金耳栽培最为关键的是菌种,有效的金耳菌种包含金耳本身和伴生菌。菌种分离时应随机选择野生或段木栽培、呈团块状、尚未开瓣的优良金耳子实体,取内部白色组织 1~3 块接种于 PDA 另加 3% 麦粒煎汁培养基试管斜面。在适宜的温度下培养一段时间,如果在组织块周围形成白色的菌丝体且有新的子实体形成,则获得有效菌种;若在耳块周围形成淡黄至黄褐或棕黄褐色菌丝,说明毛韧革菌菌丝体占优势,是无效菌种。购买的母种接种于新的培养基上培养,用同样的方法判断菌种的有效性。

(二)培养基的制备

1.母种常用配方

(1)马铃薯 200 g,葡萄糖(或蔗糖)20 g,琼脂 15～20 g,水 1 L。

(2)马铃薯 200 g,麦粒 30～80 g,葡萄糖(或蔗糖)20 g,琼脂 15～20 g,水 1 L。

(3)马铃薯 200 g,葡萄糖(或蔗糖)20 g,琼脂 15～20 g,黄豆粉(玉米粉或麸皮)10～20 g,水 1 L。

注意:去皮马铃薯、麦粒、黄豆粉(玉米粉或麸皮)均煮 30 min,取汁液。

2.原种或栽培种常用配方

(1)麻栎(黄毛青冈或黄刺栋)木屑 78%、麸皮 20%、白糖 0.5%、尿素 0.5%、石膏粉 0.5%、磷酸二氢钾 0.3%、硫酸镁 0.2%。

(2)水冬瓜木屑 78.49%、麸皮 20%、白糖 1%、碳酸钙 0.5%、医用硫胺素 0.01%。

(3)杂木屑 50.3%、棉籽壳 28%、麸皮 20%、白糖 1%、磷酸二氢钾 0.5%、硫酸镁 0.2%。

3.生产常用配方

(1)阔叶木屑 78.5%、米糠 20%、白糖 1%、石膏粉 0.5%。

(2)棉籽壳 78.5%、阔叶木屑 10%、米糠 10%、白糖 1%、石膏粉 0.5%。

(3)棉籽壳 50%、农副产品下脚料 25%、麸皮 20%、磷肥 2%、石膏粉 1.5%、黄豆粉 1.5%。

4.制作过程

上述培养基的制作过程采用常规生产方式,灭菌后 pH 以 6 为宜,理论上含水量为以 60%～63%,但根据情况可适当增减。

(三)接种及发菌管理

选择有效的金耳栽培种(表面有子实体,培养基内菌丝稀疏),将子实体捣碎与下部的菌种混均,保证每一个接种袋或孔都有子实体。

发菌期间,空气相对湿度 65%～70%,温度 18～20℃,温度过低,不利于出耳;温度过高(25℃以上)毛韧革菌菌丝体生长迅速,伴生平衡关系容易被打破,已经形成的金耳原基也会长出绒毛状的毛韧革菌菌丝,金耳子实体发育受阻。发菌过程中应经常通风换气,保持黑暗,及时检查菌丝生长情况。正常生长的金耳菌袋是金耳菌丝生长旺盛,子实体慢慢形成,而毛韧革菌菌丝虽布满全袋但很纤细,若栽培料中菌丝体浓密、呈橙红色或橙黄色并分泌黄色液体,说明金耳菌丝体生长异常,处于劣势,金耳子实体不易或不会形成,易形成浅盘状革菌子实体。

(四)出耳管理

将发菌合格的菌袋移入已消毒的出菇室,揭开包扎物或套环,保持温度12～20℃,每天5～10℃的温差,空气相对湿度70%～75%,加强通风换气,保持100～800 lx的散射光。7～10 d后菌袋培养基上方将出现胶质金耳原基,此时在其他条件不变的前提下,保持空气相对湿度85%～90%,经子实层发育、表面转色,可发育成较大的金黄色或橙黄色的脑状子实体。

(五)采收

当耳片为橙黄色或金黄色、呈脑状、充分展开、触动富有弹性时进行采收(图6-4),采收不及时的子实体晒干后表面脑状皱纹不明显,颜色咖啡色或黑褐色。采收时,轻轻拔起整个子实体,用小刀削去金耳子实体基部残留的培养料即可。采收后,晒干或烤干,金耳可保持原有形状和色泽。

图6-4　金耳的子实体

(引自刘正南,郑淑芳. 金耳人工栽培技术,2002)

四、金耳的段木栽培技术

(一)制备菌种

段木栽培菌种的制备与袋料栽培相同。

(二)选择种植季节

根据金耳菌丝体生长与子实体发育对温度的要求,选择接种和出菇时间。

(三)设置菇场

金耳段木栽培菇场以交通便利、地势平坦、空气清新、避风向阳、进水排水方便为宜,海拔 2 200～2 600 m,地处缓坡或沟谷的混交林林地。菇场要求树林郁闭度和疏密度 0.3～0.6,温度 17～26℃,空气相对湿度 68%～96%,光照强度 860～2 466 lx。菇场设置结束,及时清除杂草、枯枝烂叶及腐朽物,并针对菇场进行消毒与杀虫处理。

(四)准备段木

1.耳树种类的选择

根据本地树种资源情况,选择生长于土层肥沃、树龄在 16～30 年、直径为 8～16 cm 的向阳阔叶树,适合金耳段木栽培的树种有青冈、麻栎、板栗、高山栲、黄毛青冈、多穗石栎等。

2.耳树的砍伐、预处理及架晒

金耳耳树的砍伐、预处理及架晒与黑木耳相同。

(五)接种

当地平均气温稳定在 10～13℃ 时接种,可有效减少杂菌污染;若温度超过20℃,接种后杂菌的污染概率增加,尤其林中野生的腐生菌大量出菇时金耳的污染更大。接种方法与黑木耳段木栽培相似,但接种密度大,以行距 3～4 cm,穴距 7～8 cm,穴深 1.5 cm 为宜。

(六)管理

1.发菌管理

接种后的段木堆成"井"字形(垛高 1.5 m 左右),垛间留适当的空隙,用宽塑料薄膜覆盖,然后加盖遮阳网或用草席、麦秸、稻草等覆盖物遮阳。发菌前期不浇水或少浇水,15 d 后揭开薄膜检查接菌与发菌情况,若截头两端有微细的干裂纹,立即翻堆并浇水 1 次;结合翻堆来检查污染,随机挑开数个接种穴,若盖子与洞穴的接口处以及穴内四周有金耳混杂型的白色菌丝蔓延,则定植成活且生长正常;相反,则应及时补种。以后每隔 10～15 d 进行 1 次翻堆,根据段木的干湿情况决定是否需要浇水。翻堆 2～3 次后,可揭膜通风晾棒 10 d 左右,促进金耳菌丝体健壮生长,抑制杂菌的滋生繁殖。翻堆 6～8 次后,段木上可见橙黄色金耳的出现,有2%左右段木出耳时即可进行排场出耳管理。

2.排场及出耳管理

排场与黑木耳相同。出菇管理前期,喷水量应伴随出耳量的增多逐渐适当加大,保持空气相对湿度 75%～90%,形成稍干稍湿、干干湿湿的小气候环境。出耳期若遇高温、气候干燥,应在早、中、晚各喷 1 次重水,保持段木和金耳子实体湿润。

随着子实体的长大,应逐渐加大喷水量,但采收前 1 d 停止喷水;采耳后,为保证耳基部伤口愈合再出新耳,停止喷水 2 d。

(七)采收

段木栽培金耳子实体的采收与袋料栽培相同。

五、病虫害防治

(一)病虫害种类

在金耳单一型菌丝体占劣势而伴生菌占优势的情况下,段木上会长出大量伴生菌子实体,同时会伴有毛霉、根霉、木霉、曲霉、青霉、交链孢霉、各类细菌、酵母菌等病原菌,危害金耳的主要虫害有跳虫、线虫、螨类、蝇类、蛞蝓等。

(二)防治措施

1. 预防措施

金耳病虫害的预防措施与黑木耳相同。

2. 治疗措施

一旦发现病害,立即清除残菇并进行综合防治。毛霉、根霉、木霉、曲霉、青霉、链孢霉、螨类、蛞蝓的防治与黑木耳相同;线虫、蝇类的防治与金针菇相同;跳虫的防治与香菇相同;酵母菌的防治与银耳相同;细菌性斑点病的防治与金针菇相同;细菌性褐条病的防治与草菇相同。

第二节　　杏鲍菇栽培技术

一、概述

(一)分类地位及分布

杏鲍菇[*Pleurotus eryngii*(DC. ex Fr.)Quél.],又名刺芹侧耳、杏鲍茸、雪茸等(图 6-5),英文名 Boletus of the steppes,隶属于真菌界(Eumycetes)担子菌门(Basidiomycota)担子菌纲(Basidio-mycetes)无隔担子菌亚纲(Homobasidiomyce-tes)伞菌目(Agaricales)侧耳科(Pleurotaceae)侧耳属(*Pleurotus*),其野生子实体主要分布于南欧、北非、中亚,以及我国的新疆、四川西北部、青海等地。

图 6-5　杏鲍菇子实体

(二)经济价值

杏鲍菇是侧耳属可栽培珍稀种,素有"平菇王"之称。子实体色泽乳白、肉质肥厚、组织致密、质地脆嫩、味道纯美、具杏仁香味,含有丰富的蛋白质、粗纤维、多糖、灰分、人体必需氨基酸(赖氨酸、精氨酸的含量特别高)等,其中寡糖含量是真姬菇的 2 倍,金针菇的 3.5 倍,灰树花的 15 倍。杏鲍菇除具有很高的营养价值外,还具有美容、抗癌、清理肠胃、降血压血脂、提高人体免疫性能等功效。

(三)栽培史

杏鲍菇栽培历史较短,但发展迅速。自 Kalmar 1958 年首次栽培成功以来,许多国家已实现了工厂化生产,如中国、韩国、泰国、美国、日本等。我国是工厂化产量最大的国家,国内专门生产杏鲍菇的工厂已超过百家,已成为继金针菇工厂化栽培之后发展最快的菇类。杏鲍菇具有生产工艺稳定、子实体耐储藏、栽培过程简单等优点,越来越受到广大商家和菇农的重视。

二、概述

(一)形态及生活史

1.孢子

杏鲍菇的性遗传模式为四极异宗结合,担孢子平滑、椭圆形至近纺锤形。

2.菌丝体

结实性的双核菌丝粗壮,具有明显的锁状联合结构。肉眼观察,菌丝白色、浓密、整齐、生长快、爬壁性强,24℃下7~10 d可长满试管斜面。

3.子实体

子实体(图6-6)单生或群生,菌盖呈淡灰黑色至黄白色或浅棕色,表面有丝样光泽,球形至平展,中央浅凹,不黏,直径2~12 cm;菌肉白色,具有杏仁味;菌褶白色,密集,延生且不等长;菌柄近白色至浅黄白色,呈棒状至保龄球状,中生或偏生,肉质、光滑、中实,长度2~8 cm,直径0.5~3 cm;孢子印白色。

图6-6　杏鲍菇人工栽培子实体

(二)生长发育

1.营养条件

杏鲍菇是具有一定寄生能力的木腐型菌类,分解木质素和纤维素的能力较强。能利用蔗糖、葡萄糖、甘蔗渣、玉米芯、豆秸、木屑、麦秆等多种碳源以及酵母膏、蛋白胨、麦麸、米糠、黄豆粉、玉米粉、菜籽饼等多种无机有机氮源。基质含氮量越高(添加氮源量不超过30%),菌丝越浓密,产量及品质越好,但出菇有所延迟。培养料适宜的碳氮比(C/N)为30:1。

2.环境条件

杏鲍菇属于一种中低温型变温结实菌类,菌丝生长、原基分化、子实体发育适宜的温度分别是23~26℃、12~16℃、10~17℃。温度低于4℃或高于36℃时,菌丝体停止生长;温度低于8℃或高于19℃时子实体发育不良。

(1)菌丝体阶段。培养料的含水量64%~66%,空气相对湿度70%,需要氧气,栽培瓶(或袋)中积累的二氧化碳浓度高于22%时对菌丝生长有抑制作用,不需要光线,以 pH 5.6 为宜。

(2)子实体阶段。除培养料的含水量与菌丝体阶段一致外,pH 5.5~6.5,氧气充足,空气相对湿度 85%~90%,需要一定量的散射光(500~1 000 lx),子实体具有明显的趋光性。

三、袋料栽培技术

(一)栽培季节的选择

根据杏鲍菇生物学特性,通常以秋季和冬季栽培出菇较好,高海拔山区可不受季节限制周年栽培。秋季出菇,一般在 8~9 月制袋接种,10 月中下旬出菇;冬季栽培,只要有简单加温设备,可延长至 3 月初采收结束,接种时间向前推 30~40 d 即可。

(二)培养基的制备

1. 母种常用配方

(1)马铃薯 200 g,葡萄糖(或蔗糖)20 g,琼脂 15~20 g,水 1 L。

(2)马铃薯 250 g,葡萄糖(或蔗糖)20 g,琼脂 15~20 g,酵母膏 2 g,蛋白胨 1 g,水 1 L。

(3)葡萄糖 20 g,琼脂粉 15~20 g,蛋白胨 2 g,酵母粉 2 g,水 1 L。

2. 原种常用配方

(1)小麦粒 98%、石膏粉 2%。

(2)小麦粒 94%、阔叶木屑 5%、石膏粉 1%。

3. 栽培种常用配方

(1)阔叶木屑 56%、棉籽壳 30%、麸皮 12%、蔗糖 1%、碳酸钙 1%。

(2)玉米芯 80%、麸皮 18%、蔗糖 1%、石膏粉 1%。

(3)阔叶木屑 73%、麦麸 20%、玉米粉 5%、石膏粉 1%、蔗糖 1%。

(4)甘蔗渣 40%、棉籽壳 38%、麦麸 10%、玉米粉 8%、石灰粉 2%、白糖 1%、石膏粉 1%。

(5)玉米芯 70%、阔叶木屑 20%、麸皮(米糠)8%、石膏粉 1%、白糖 1%。

4. 生产常用配方

(1)阔叶木屑 30%、棉籽壳 25%、玉米芯 18%、麸皮 15%、玉米粉 5%、豆秆粉 5%、过磷酸钙 1%、石膏粉 1%。

(2)玉米芯 50%、棉籽壳 30%、麸皮 15%、玉米粉 3%、石膏粉 1%、石灰粉 1%。

(3)棉籽壳 78%、麸皮 15%、玉米粉 5%、石膏粉 1%、石灰粉 1%。

(4)甘蔗渣 45%、棉籽壳 18%、杂木屑 15%、米糠 10%、玉米粉 10%、白糖 1%、碳酸钙 1%。

(5)豆秸粉 30%、棉籽壳 22%、阔叶木屑 22%、麸皮(米糠)19%、玉米粉 5%、白糖 1%、碳酸钙 1%。

5.制作过程

上述培养基的制作过程采用常规生产方式,灭菌后 pH 以 5.6 为宜,理论上含水量为以 64%～66%适宜,但根据情况可适当增减。

(三)接种及发菌管理

杏鲍菇的发菌管理方式与糙皮侧耳基本类似,温度要控制在 23～26℃、空气相对湿度 70%,二氧化碳浓度低于 22%时,对菌丝生长有刺激作用,因此尽量少换气。培养 10 d 左右菌丝定植,20～25 d 发菌菌丝可长满袋,但长满后要进行 10～12 d 的后熟期培养。

(四)出菇管理

菌袋经后熟期培养后即达生理成熟,移入出菇房,不做任何处理,保持温度 12～16℃,二氧化碳浓度低于 0.3%。适应 2 d 后,去掉套环或棉塞,温度不变的情况下,通过喷雾的方式将空气相对湿度提高至 90%～95%。7～10 d 后,在袋面上将出现淡象牙黄色或白色水珠涌出。2～3 d 后,形成半圆形的小突起即原基(图 6-7)。

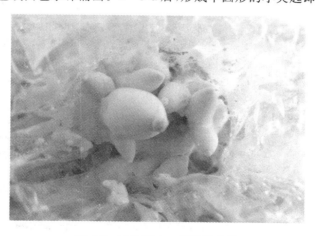

图 6-7　杏鲍菇人工栽培子实体

原基形成后,其他条件不变,保持二氧化碳浓度 0.4% 左右,并进行疏蕾工作,每袋仅留下 3 个以下健壮菇蕾。菇蕾的长度为 5 cm 左右时,温湿度不变,适当减少通风,使二氧化碳浓度维持在 0.5%。菌柄长度达 12 cm 左右、上下粗细比较一致,菌褶清楚可见时,其他条件不变,降低二氧化碳浓度至 0.2% 左右(图 6-8)。

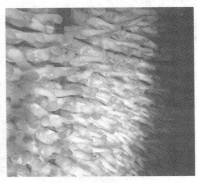

图 6-8　杏鲍菇人工栽培子实体

(五)采收及后期管理

菇蕾出现约 20 d,菌盖尚平整时采收,但出口菇要求菌盖的直径与菌柄的粗度相近,柄长达到 12~15 cm。采收时戴一次性手套,轻拿轻放。采收后要及时针对菇房进行清扫与消毒,通风 3~5 d 后再进行下一茬管理。工厂化栽培杏鲍菇和金针菇基本相似,多数情况只采收一茬菇,头茬菇产量占总产量的 60%~80%(图 6-9)。

图 6-9　杏鲍菇人工栽培子实体

四、病虫害防治

(一)病虫害种类

杏鲍菇栽培过程中,由于水分管理、温度调节、培养料消毒等不科学会导致病虫害的发生。主要的病害有细菌性褐条病、黄腐病、枯萎病、红菇病等;虫害有菌蝇、小菌蚊、真菌瘿蚊、蕈蚊等。

(二)防治措施

1.预防措施

以选择无病害的菌种为前提,菇房的建造、场地的消毒、防虫网的设置等预防措施与金针菇相同。

2.治疗措施

细菌性褐条病的防治与草菇相同,枯萎病的防治与糙皮侧耳相同;蕈蚊、小菌蚊的防治与金针菇相同;菌蝇的防治与银耳相同;真菌瘿蚊的防治与滑菇相同。喷洒 0.1%的 50%多菌灵、0.1%克霉灵消除红菇病病原菌。喷施 1:600 次氯酸钙、万消灵片溶液防治黄腐病。

第三节　鲍鱼菇栽培技术

一、概述

(一)分类地位及分布

鲍鱼菇[*Pleurotus abalonus* Han，K. M Chen et S. Cheng],又名黑鲍耳、台湾平菇、鲍鱼侧耳、高温平菇等(图 6-10),英文名 Abalone mushroom,隶属于真菌界(Eumycetes)担子菌亚门(Basidiomycotina)层菌纲(Hymenomycetes)伞菌目(Agaricales)侧耳科(Pleurotaceae)侧耳属(*Pleurotus*),野生子实体主要分布于热带和亚热带地区,我国台湾、浙江、福建、云南等地该种质资源较丰富。

(二)经济价值

鲍鱼菇作为一种珍稀侧耳,子实体色泽诱人、肉质肥厚、脆嫩可口、菌柄粗壮、耐运输与贮存等,含有丰富的氨基酸(占干菇 21.87%),必需氨基酸(占干菇 8.65%)均高于其他侧耳,略高于金针菇;粗蛋白质(占干菇 19.20%)含量高于大多数蔬菜;低脂肪、低糖适合于糖尿病人食用;同时,鲍鱼菇还具有抗疲劳、延缓衰老、提高机体免疫力的作用,对脚气病、肥胖症、坏血病等患者有一定的功效。鲍鱼菇适宜于夏季栽培,栽培原料广泛,栽培技术与糙皮侧耳类似,可弥补夏季食用菌市场的空缺。

图 6-10　鲍鱼菇野生子实体

(三)栽培史

鲍鱼菇的栽培历史较短,从 1970 年开始,我国进行了驯化栽培研究,并不断摸索其栽培技术,现已在部分地方推广,而台湾省则率先投入商业化生产,产品销往东南亚和香港市场。

二、生物学特性

(一)形态及生活史

1. 孢子

鲍鱼菇的性遗传模式为四极异宗结合,担孢子透明、无色、光滑、近纺锤形或圆柱形。

2. 菌丝体

具有结实能力的双核菌丝有明显的锁状联合结构,菌落白色、气生菌丝旺盛,在培养基或成熟子实体的菌褶和菌柄上会形成黑色的分生孢子梗束,能驱避菇蝇的干扰和减少虫害的发生。

3. 子实体

子实体(图 6-11)单生或丛生,菌盖扇形或半圆形,暗灰色至污褐色,表面干燥,中央稍凹,直径 5～20 cm;菌肉白色、较厚(1～2 cm);菌柄白色、短小内实、偏生或侧生、质地致密,长度 5～8 cm,直径 1～3 cm;菌褶白色,间距稍宽,褶缘有时呈灰黑色,褶片下延与菌柄交接处形成黑色圈;孢子印白色。

图 6-11　鲍鱼菇野生与人工栽培子实体

(二)生长发育

1.营养条件

鲍鱼菇是木腐型菌类,但其分解木质素的能力较弱。生长发育阶段与其他食用菌一样,要从基质中不断摄取碳源(棉籽壳、废棉、稻草等)、氮源(米糠、麸皮、玉米粉等)、无机盐(钙、磷、镁等)等营养物质。鲍鱼菇菌丝体在 PDA 培养基上 15～20 d 可长满试管,在添加 0.2% 的蛋白胨 PDA 培养基上只需 10～12 d 长满试管。培养料中添加 5%～10% 的黄豆粉(或玉米粉)氮源可以大幅度缩短生育期和提高产量;若用棉籽壳代替部分木屑,增加 5% 的麸皮可增产 30% 左右;尿素添加量不宜超过 0.5%(过高对菌丝生长有害,甚至使其萎缩死亡)。出菇中后期补充适量的无机盐、维生素 B_1 及维生素 B_2,能提前返潮期和增加产量。培养料适宜的碳氮比(C/N)为 40∶1 左右。

2.环境条件

鲍鱼菇属于中高温型结实菌类,菌丝生长、子实体发生的适宜温度分别是 25～28℃、27～28℃。温度低于 18℃ 或高于 35℃ 菇蕾不发生,温度低于 25℃ 或高于 30℃ 子实体发生少。

(1)菌丝体阶段。培养料的含水量 60%～65%,夏季栽培因水分散失快,可适当调高至 70%,空气相对湿度 65%,需要氧气,不需要光线,以 pH 6～7.5 为宜。

(2)子实体阶段。除培养料的氧气、含水量、pH 与菌丝体阶段一致外,空气相对湿度 90% 左右,需要一定量的散射光(40～100 1x),黑暗条件下子实体具有明显的趋光性。

三、袋料栽培技术

(一)季节的选择

结合鲍鱼菇生物学特性与当地的气候选择栽培时期。一般安排在当地气温为 25～30℃的季节出菇,根据该菌母种、原种及栽培种菌丝生长分别需要 10 d、25～30 d、30～35 d 的时间安排具体的接菌时间。南方地区春、夏、秋 3 季均可栽培,春季栽培,接原种、制作栽培袋、出菇的时间分别为 2 月、3 月中旬、4 月下旬至 5 月;夏季栽培,接原种、制作栽培袋、出菇的时间分别为 3 月中旬、5 月、6 月下旬;秋季出菇,接原种、制作栽培袋、出菇的时间分别为 5 月中旬、7 月、8 月下旬至 9 月。

(二)培养基的制备

1. 母种常用配方

(1)马铃薯 200 g,葡萄糖(或蔗糖)20 g,琼脂 15～20 g,水 1 L。

(2)马铃薯 200 g,葡萄糖(或蔗糖)20 g,琼脂 15～20 g,蛋白胨 2 g,水 1 L。

(3)葡萄糖 20 g,琼脂粉 15～20 g,蛋白胨 2 g,酵母粉 2 g,水 1 L。

2. 原种常用配方

(1)小麦粒 98%、石膏粉 2%。

(2)小麦粒 94%、阔叶木屑 5%、石膏粉 1%。

(3)木屑 74%、麸皮 24%、蔗糖 1%、碳酸钙 1%。

3. 栽培种常用配方

(1)稻草粉 38%、阔叶木屑 35%、麸皮 18%、玉米粉 4.6%、石灰粉 2%、蔗糖 1%、碳酸钙 1%、磷酸二氢钾 0.2%、硫酸镁 0.2%。

(2)棉籽壳 40%、阔叶木屑(甘蔗渣)40%、麸皮 18%、蔗糖 1%、碳酸钙 1%。

(3)阔叶木屑 73%、麦麸 20%、玉米粉 5%、碳酸钙 1%、蔗糖 1%。

(4)甘蔗渣 76%、麦麸 19.6%、生石灰 2%、白糖 1%、碳酸钙 1%、磷酸二氢钾 0.2%、硫酸镁 0.2%。

(5)玉米芯粉 62%、棉籽壳 26%、麦麸 9%、生石灰 1.7%、石膏粉 1%、磷酸二氢钾 0.3%。

4. 生产常用配方

(1)稻草粉 37%、阔叶木屑 37%、麸皮 20%、玉米粉 4%、蔗糖 1%、碳酸钙 1%。

(2)棉籽壳 80%、麸皮 9%、玉米粉 9%、蔗糖 1%、碳酸钙 1%。

(3)阔叶木屑 70%、麦麸 20%、玉米粉 10%。

(4)花生壳 50%、阔叶木屑 26%、麦麸 20%、玉米粉 3%、碳酸钙 1%。

(5)玉米芯 45%、棉籽壳 40%、麦麸 10%、玉米粉 5%。

5.制作过程

上述培养基的制作过程采用常规生产方式,灭菌后 pH 以 6～7.5 为宜,理论上含水量为以 60%～65% 适宜,但根据情况可适当增减。

(三)接种及发菌管理

选择适于本地区栽培的菌丝体均匀整齐、粗壮、生活力强、无或有少量黑色液滴,培养基不萎缩、不干涸的鲍鱼菇优质菌种趁热接种(约 28℃),在该菌的最适菌丝生长条件下培养。

采取菌袋两头接种法,接种后移入发菌室,保持室温 25～28℃,空气相对湿度 65% 左右,适当通风换气,避光培养。为避免因袋内缺氧而导致菌丝纤细且生活力下降,当菌丝生长至菌袋 1/2 时需刺孔增氧,适当翻堆并检查菌袋情况。若菌袋内出现许多黑色孢子梗束时,则表明菌丝已达到生理成熟。

(四)出菇管理

鲍鱼菇不宜在菌袋四周开洞出菇或脱袋露地出菇,开洞处不一定长出子实体,常出现柱头状分生孢子束而不能发育成子实体,但可以脱袋覆土出菇。

经发菌管理,菌袋生理成熟后将其移入出菇房。采用两端棉绳扎口的菌袋应先解开两头扎口,套上套环,并覆盖灭好菌的报纸或牛皮纸,用橡皮筋拴紧报纸封口。采用墙式排袋,袋间距 2～3 cm,保持室温 25～30℃,通风降温(若温度偏低,可通过减小袋间距来保温),适当增加光线(40～100 1x),每天喷水 2～3 次,控制空气相对湿度达到 90% 左右。当料面有小菇蕾形成时,解开袋口使料面暴露,一般从现菇蕾起至成熟需 6～8 d。

脱袋覆土出菇法,一般待生理成熟后,菌袋脱袋,以棒间距 3～5 cm 的方式立体式装入消过毒的塑料筐内,表面覆土(生土与腐殖土各一半混匀)1～2 cm 并覆盖阔叶树叶保湿(图 6-12),室内环境条件与上述相同。

图 6-12　鲍鱼菇脱袋覆土栽培子实体

(五)采收及后期管理

当子实体长到7～8成熟,菌盖近平展,边缘变薄且稍有内卷,直径3～5 cm,菌柄长1～2 cm,孢子还未成熟时采收(图6-13)。采收时,用手压住袋口培养料,握住菌柄轻轻转动即可。采收结束,清除袋口残留菇根,停止喷水2～3 d,用同样的方法进行下一茬的出菇管理,一般采收3茬。

图6-13　鲍鱼菇人工栽培子实体

四、病虫害防治

(一)病虫害种类

鲍鱼菇栽培过程中,温度调控、空气相对湿度管理、土壤消毒处理等不当会导致病虫害的发生。其主要的病原菌有青霉、木霉、根霉等;虫害有线虫、跳虫、蛞蝓等。

(二)防治措施

1.预防措施

选择无病害的菌种,菇房的消毒、接种人员及工具的操作等措施与金针菇相同。

2.治疗措施

一旦发现病害,发生初期,立即清除残菇并进行防治。青霉、木霉、根霉、蛞蝓的防治与黑木耳相同;褐腐病、线虫的防治与金针菇相同;跳虫的防治与香菇相同。

第四节　白灵菇栽培技术

一、概述

(一)分类地位及分布

白灵菇［*Pleurotus nebrodensis*(Inzengae)Quél.］，又名百灵菇、阿魏菇、阿魏蘑、翅鲍菇、灵芝菇、百灵侧耳、天山神菇、雪山灵芝、西天白灵芝等(图 6-14)，英文名 White King oyster mushroom，隶属于真菌界(Eumycetes)担子菌亚门(Basidio-mycotina)层菌纲(Hymenomycetes)伞菌目(Agaricales)侧耳科(Pleurotaceae)侧耳属(*Pleurotus*)，主要分布于西班牙、法国、中非、土耳其、意大利、摩洛哥、哈萨克斯坦、克什米尔地区、乌兹别克斯坦、吉尔吉斯斯坦等，在我国常见于新疆的木垒、塔城、青河、托里、阿勒泰等气候恶劣的沙漠戈壁。

图 6-14　白灵菇野生子实体

(引自卯晓岚. 中国大型真菌,2000)

(二)经济价值

白灵菇是一种子实体洁白、盖厚肉肥、口感脆滑、香味浓郁的珍稀菇类。据文献报道,白灵菇含有丰富的碳水化合物、粗纤维、蛋白质、菌类多糖、矿质元素、维生素等,在 18 种氨基酸中,8 种人体必需氨基酸占其总量的 35%,尤其是精氨酸和赖氨酸的含量比金针菇还高。除具有较高的营养价值外,该菇还具有杀虫,镇咳,消炎,抗病毒,增强人体免疫力,降低血压,防止动脉硬化,治疗软骨病、妇科肿瘤、儿童佝偻病、老年心血管病、中老年骨质疏松症等药效。

(三)栽培史

1983 年,我国新疆初步驯化栽培成功白灵菇;1996—1997 年,该菇在北京引种成功并实现规模化栽培。目前,白灵菇栽培方式有袋栽和瓶栽两种,商品化栽培技术已趋成熟,人工栽培遍及南北各地。

二、生物学特性

(一)形态及生活史

1. 孢子

白灵菇的性遗传模式为四极异宗结合,担孢子无色、光滑、椭圆形或长椭圆形。

2. 菌丝体

具有结实能力的双核菌丝较粗、有分支及明显的锁状联合结构。肉眼观察,菌落浅白色、舒展、均匀、稀疏、气生菌丝少,多匍匐状贴于培养基表面生长,常温度下12 d 左右可长满 PDA 试管斜面。

3. 子实体

子实体(图 6-15)单生、丛生或群生,菌盖纯白色,平滑,贝壳状至平展,中央厚而边缘薄,中部下凹或平展,干燥易形成裂纹菌盖,直径 5~15 cm;菌肉白色、厚、细嫩、受伤后不变色;菌柄白色、中实、中生或偏生、短或近无柄、基部较细,长度3~8 cm,直径 2~3 cm;菌褶白色至浅黄色、延生,褶片长短不一,孢子印白色。

图 6-15　白灵菇培子实体

(二)生长发育

1. 营养条件

白灵菇属于弱寄生性的木腐型菌类,野生子实体常见于伞形科大型草本植物(刺芹、阿魏、拉瑟草等)的根茎上。白灵菇对营养要求不太严格,整个生长发育阶段与其他食用菌一样,要从基质中不断摄取碳源(葡萄糖、甘蔗渣、稻草等)、氮源(蛋白胨、米糠、玉米粉等)、无机盐(石膏粉、碳酸钙、过磷酸钙等)等营养物质。培养料适宜的碳氮比(C/N)为(20~40)∶1左右,生殖生长阶段(60~70)∶1。

2.环境条件

白灵菇属耐低温、中低温型变温结实菌类,菌丝生长适宜的温度是24~28℃,能耐受0℃以下的低温,高于35~36℃停止生长。低温型品种,子实体原基分化、生长发育温度分别是0~13℃、15~18℃;中温型品种,子实体原基分化、生长发育温度分别是8~18℃、10~25℃。温度高于20℃时子实体生长快,但品质差,高于25℃一般很难形成子实体,在6~7℃且干燥条件下,菌盖表面常发生龟裂。

(1)菌丝体阶段:培养料的含水量60%~65%,空气相对湿度65%左右,需要氧气,不需要光线,以pH 6.5~7.5为宜。

(2)子实体阶段:除培养料的氧气、含水量、pH与菌丝体阶段一致外,空气相对湿度87%~95%,需要有一定量的弱光刺激,待原基形成后,在1 000~2 000 lx光照下有利形成菇柄短、肉质肥厚的优良商品菇。

三、袋料栽培技术

(一)栽培季节的选择

结合白灵菇生物学特性与当地的气候选择最适栽培时期。当地最低气温稳定在0~12℃,向前推60~80 d制作栽培种,在此基础上再向前推移80~90 d制作母种及原种。不同地区因气温不同,白灵菇的接种与出菇期存在差异,如黄河以北地区该菇的接种、出菇期分别为8月上旬、12月至翌年1月;华东长江流域以南省区其接种、出菇期分别为8月下旬至9月上旬、12月至翌年1月;南方高海拔山区和北方高寒地区可适当提前。

(二)培养基的制备

1.母种常用配方

(1)马铃薯200 g,葡萄糖(或蔗糖)20 g,琼脂15~20 g,水1 L。

(2)马铃薯300 g,葡萄糖(或蔗糖)20 g,琼脂15~20 g,酵母提取粉2 g,蛋白胨1 g,水1 L。

(3)马铃薯200 g,麸皮80 g,葡萄糖(或蔗糖)20 g,琼脂15~20 g,蛋白胨4 g,磷酸二氢钾3 g,硫酸镁1.5 g,维生素B_1药片20 mg,水1 L。麸皮与马铃薯煮的时间相同,取汁液。

(4)玉米粉100 g,蔗糖20 g,琼脂15~20 g,水1 L。

2.原种常用配方

(1)小麦粒98%、石膏粉2%。

(2)小麦粒94%、阔叶木屑5%、石膏粉1%。

3.栽培种常用配方

(1)棉籽壳78%、麦麸15%、玉米粉5%、蔗糖1%、碳酸钙1%。

(2)棉籽壳(木屑或甘蔗渣)78%、麸皮20%、蔗糖1%、碳酸钙1%、酵母片或过磷酸钙少量。

(3)阔叶木屑40%、棉籽壳40%、麦麸10%、玉米粉8%、蔗糖1%、石灰粉1%。

(4)棉籽壳52%、玉米芯25%、麸皮10%、阔叶木屑6%、玉米粉5%、石灰粉1.5%、过磷酸钙0.5%。

(5)玉米芯70%、阔叶木屑20%、麸皮(米糠)8%、石膏粉1%、白糖1%。

4.生产常用配方

(1)棉籽壳70%、玉米芯7%、阔叶木屑10%、麦麸5%、玉米粉5%、石灰粉2%、石膏粉1%。

(2)棉籽壳83%、麸皮15%、石膏粉1%、石灰粉1%。

(3)阔叶木屑80%、麦麸15%、玉米粉3%、过磷酸钙1%、石灰粉1%。

(4)棉籽壳60%、阔叶木屑22%、麸皮10%、玉米粉5%、石膏粉1%、石灰粉1%、过磷酸钙1%。

(5)玉米芯80%、阔叶木屑10%、麸皮(米糠)8%、石膏粉1%、白糖1%。

5.制作过程

上述培养基的制作过程采用常规生产方式,灭菌后 pH 以 6.5～7.5 为宜,理论上含水量为以 60%～65%适宜,但根据情况可适当增减。

(三)接种及发菌管理

采用食用菌常规接种方式,在白灵菇最适菌丝生长条件下培养。接种后,菌袋搬至清洁、消毒的培养室发菌,摆放与其他食用菌相似。保持室温 25～28℃,不超过 28℃,遮光培养。菌丝定植后,每天要通风 1～2 次,每次 30～60 min。接种后 10 d 左右及时检查菌丝生长情况,清除污染菌袋。待菌丝长满菌袋 1/3 时,其他条件不变,保持室温 23～26℃。白灵菇菌丝长满整个菌袋后,一般需要 60 d 以上的自然后熟阶段方可出菇,或将温度调至 30℃左右使菌丝充分发育后,再将菌袋移入 0～10℃下低温培养 15 d 左右可加速其后熟过程。当菌袋色泽比放入低温前更加洁白、敲击时有空心木声响、手感硬度较高、富有较强弹性时,标志着菌袋完成生理成熟。

(四)出菇管理

将上述已生理成熟的菌袋移入出菇房,墙式堆放。控制菇房空气相对湿度85%～95%,白天温度 18℃左右并给予 1 000～2 000 lx 的散射光,晚上 10℃以下且全黑暗环境;接种块处会逐渐出现"吐"微黄白色水珠的现象,10～15 d的变温变光刺激后将出现原基(图6-16)。待原基长到1～2 cm时解开袋口,以每袋保留1～2个健壮的菇蕾为标准进行疏蕾。此时,调节散射光强度至1 000～2 000 lx,保持温度13～18℃,超过18℃要及时疏通菌袋降温,若温度低于8℃时要增加光照并减少通风量;通过向四周、地面喷水来保持空气相对湿度90％～95％,切忌子实体积水,若湿度低于80％时,菌盖龟裂;喷水后要结合通风换气,每天3～4次,每次0.5～1 h。从现蕾到采收需一般10～15 d。

图6-16　白灵菇袋料栽培原基

(五)采收及后期管理

当子实体菌盖仍内卷、边缘圆整且未散射孢子时采收。采收过程与鲍鱼菇相同,通常每朵150 g左右的子实体最受市场欢迎。第一茬菇采完后,温度控制在12～18℃,空气相对湿度60％左右,1个月后,通过露地或覆土的方法进行第二茬催蕾和出菇管理(图6-17),但白灵菇一般只采收一茬。

图6-17　白灵菇覆土出菇子实体

四、病虫害防治

(一)病虫害种类

白灵菇栽培过程中,由于培养基消毒、接菌、出菇管理等不当会导致病虫害的发生。主要病原菌有青霉、木霉、曲霉、病毒等,常见细菌性斑点病、黄腐病、枯萎病等;虫害主要有蕈蚊、菇螨、跳虫、白蚁。

(二)防治措施

1.预防措施

选择无病害的菌种,菇房的消毒、接种人员及工具的操作等措施与金针菇相同。

2.治疗措施

青霉、木霉、曲霉、菇螨的防治与黑木耳相同;跳虫、白蚁的防治与香菇相同;细菌性斑点病、蕈蚊的防治与金针菇相同;枯萎病的防治与糙皮侧耳相同;黄腐病的防治与杏鲍菇相同,病毒病的防治与草菇相同。

第五节　　金顶侧耳栽培技术

一、概述

(一)分类地位及分布

金顶侧耳[*Pleurotus citrinopileatus* Sing.],又名榆黄蘑、玉皇蘑、金顶蘑、玉皇蘑、黄金菇等(图 6-18),英文名 Citrine pleurotus,隶属于真菌界(Eumycetes)担子菌亚门(Basidiomycotina)层菌纲(Hymenomycetes)伞菌目(Agaricales)侧耳科(Pleurotaceae)侧耳属(*Pleurotus*),野生子实体着生于桦、榆、栎等阔叶树的枯树桩上,主要分布于云南、河北、青海、黑龙江、吉林、辽宁、山西、广东、四川、香港和西藏等地。

(二)经济价值

金顶侧耳作为一种高营养、低热量的食药兼用菌,子实体金黄艳丽、体态优美、质地脆嫩、气味醇香、口感细腻,富含蛋白质、维生素、矿物质等多种营养成分,其中蛋白质含量高达 42.12%,是鸡蛋或甲鱼的 2 倍左右,赖氨酸、苏氨酸、苯丙氨酸等8 种人体必需氨基酸含量高。长期食用,具有降血压、降胆固醇、抗肿瘤等作用,对改善肾虚、阳痿、心血管疾病、肥胖症等症状有益。

图 6-18 金顶侧耳子实体

(三)栽培史

1974 年,山西大学从吉林省长白山自然保护区分离获得金顶侧耳纯菌种,并针对其进行了驯化栽培试验。1980 年以后,该菇的人工栽培获得成功,目前全国多数地区都有栽培,主要有袋料、段木、畦床等栽培方法。

二、生物学特性

(一)形态及生活史

1. 孢子

金顶侧耳的性遗传模式为四极异宗结合,担孢子无色、光滑、有内含物、近圆柱形。

2. 菌丝体

具有结实能力的双核菌丝较粗、有分支及明显的锁状联合结构。肉眼观察,菌落浓密洁白、菌苔厚、气生菌丝旺盛、生长速度比糙皮侧耳慢。

3. 子实体

子实体(图 6-19)丛生或簇生,菌盖草黄色至金黄色,扁半球形至漏斗形或扁扇形,表面光滑,盖缘初内卷且有细条纹,直径 2~12 cm;菌肉白色、薄而脆、易破损、有清香味;菌柄白色至微黄色、偏生、内实,长 2~12 cm,直径 0.5~2 cm;菌褶白色或略带黄色、片状、密集、延生及不等长,孢子印白色或淡烟灰色至淡紫色。

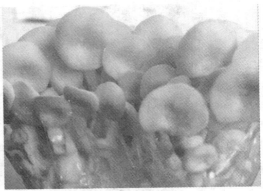

图 6-19　金顶侧耳子实体

(二)生长发育

1. 营养条件

金顶侧耳属于木腐型菌类,整个生长发育阶段需要从基质中不断摄取碳源(蔗糖、半纤维素、木质素等)、氮源(蛋白胨、氨基酸、尿素等)、无机盐(磷酸二氢钾、硫酸镁、硫酸钙等)、维生素(维生素 B_1、叶酸、烟酸等)等营养物质。金顶侧耳菌丝体生长阶段需求较高的碳素,实际生产中,培养基中应加入少量的葡萄糖或蔗糖,保证菌丝发育初期对碳素需求。同时,氮素的多少对该菌菌丝的生长影响很大,基质中氮素营养含量是 0.016%～0.064%,培养料适宜的碳氮比(C/N)为 20∶1。

2. 环境条件

金顶侧耳属于一种耐低温中高温型恒温结实菌类,菌丝生长、子实体分化、子实体发育适宜的温度分别是 23～28℃、17～25℃、17～23℃。温度低于 12℃时,菌丝体生长缓慢,高于 30℃时既生长缓慢又生活力衰弱,在 45℃下连续 2 h 致死。

(1)菌丝体阶段:培养料的含水量 60%～65%,空气相对湿度 65%～75%,需要氧气,不需要光线,以 pH 5.5～6 为宜。

(2)子实体阶段:除培养料的含水量、pH 与菌丝体阶段一致外,空气相对湿度 80%～90%,原基分化阶段需要的氧气略小于菌丝生长阶段,但后期对氧气剧增,需要有一定量的弱光刺激促进原基形成,子实体发育适宜的光照强度为 500～1 200 lx。

三、袋料栽培技术

(一)栽培季节的选择

结合金顶侧耳生物学特性与当地的气候选择栽培时期。应在当地气温稳定在

16～26℃时安排出菇,并由此向前推移 25～35 d 为栽培种接种期,这一时期的气温也应稳定在30℃以下。顺季节栽培多安排在每年 3～4 月中旬接种,4～5 月份出菇或者 7～8 月底接种,9～10 月出菇;反季节栽培操作难度大、费用高,但产品价格比顺季节的产品高 1 倍左右,多安排在 10 月以前接种,12 月至翌年 2 月加温出菇或在 4 月底接种,6～7 月降温出菇。

(二)培养基的制备

1.母种常用配方

(1)马铃薯 200 g,葡萄糖(或蔗糖)20 g,琼脂 15～20 g,水 1 L。

(2)马铃薯 200 g,葡萄糖(或蔗糖)15 g,琼脂 15～20 g,麸皮 10 g,蔗糖 5 g,水 1 L。

(3)马铃薯 200 g,麸皮 100 g,葡萄糖(或蔗糖)20 g,琼脂 15～20 g,水 1 L。

(4)麦芽膏 20 g,琼脂 15～20 g,酵母膏 2 g,蛋白胨 10 g,水 1 L。

(5)马铃薯 200 g,葡萄糖(或蔗糖)20 g,琼脂 15～20 g,磷酸二氢钾 2 g,硫酸镁 2 g,水 1 L。

(6)棉籽壳 250 g,麸皮 100 g,葡萄糖 20 g,琼脂 15～20 g,蛋白胨 5 g,磷酸二氢钾 3 g,硫酸镁 1.5 g,水 1 L。

注意:麸皮、棉籽壳与马铃薯煮的时间相同,取汁液。

2.原种常用配方

(1)小麦粒 98%、石膏粉 2%。

(2)小麦粒 84%、阔叶木屑(或棉籽壳)10%、石膏粉 3%、磷酸二氢钾 2%、硫酸镁 1%。

3.栽培种常用配方

(1)棉籽壳 85%、麦麸 12%、蔗糖 2%、石膏粉 1%。

(2)棉籽壳 85%、麦麸 10%、过磷酸钙 2%、蔗糖 1%、石膏粉 1%、石灰粉 1%。

(3)玉米芯 78%、麸皮 10%、玉米面 10%、石灰粉 1%、石膏粉 1%。

(4)阔叶木屑 80%、麸皮 18%、石膏粉 1%、蔗糖 1%。

(5)粉碎豆秸秆 97%、蔗糖 1%、碳酸钙 1%、石灰粉 1%。

4.生产常用配方

(1)棉籽壳 50%、稻草 40%、玉米粉 8%、石灰粉 2%。

(2)棉籽壳 45%、玉米芯 40%、麸皮 15%。

(3)玉米芯 40%、麦草 40%、麸皮 15%、过磷酸钙 2%、石膏粉 2%、石灰粉 1%。

(4)阔叶木屑 49.9%、豆秸 35%、麸皮 10%、玉米粉 3%、石灰粉 1%、石膏粉

1%、多菌灵 0.1%。

(5)粉碎豆秸秆 80%、麸皮 10%、玉米粉 9%、石膏粉 1%。

5.制作过程

上述培养基的制作过程采用常规生产方式,灭菌后 pH 以 5.5～6 为宜,理论上含水量为以 60%～65% 适宜,但根据情况可适当增减。

(三)接种及发菌管理

选择优质金顶侧耳菌种,采用食用菌常规生产方法接种,并根据该菌最适菌丝生长条件进行培养。接种后,将菌袋搬至消毒的培养室发菌,菌袋摆放与其他食用菌相似,不要随意翻动菌袋,保持室温 28～30℃,遮光,空气相对湿度 60%～70%,每天通风 2 次,每次 20～30 min。培养 7 d 后,检查菌丝生长情况并及时清除污染菌袋,保持室温 26～28℃,空气相对湿度 65%～70%,每天通风 3 次,每次 20～30 min。继续培养 7 d 后,菌袋全面翻堆并继续检查菌丝长势、污染、异常等情况,逐渐减少堆码层数和密度防止烧菌,每次检查结束向培养室内喷洒 50% 多菌灵 500～800 倍液进行消毒处理。继续培养 6～26 d(两头接种 6 d 左右,一头接种需 26 d 左右)后,菌丝长满菌袋(此时,菌丝生长稀疏,菌袋松软),保持室温 20℃ 左右,增加散射光培养,调节空气相对湿度至 80% 左右,每天通风 4 次,每次 40～60 min。经 5～7 d 培养,菌丝洁白浓密、菌袋坚实,即袋内菌丝达到生理成熟,准备出菇。

(四)出菇管理

将培养至生理成熟的菌袋移入出菇房,墙式堆放。解开菌袋口,调节室温至 15～25℃,空气相对湿度 90%～95%(向地面和四周墙壁喷水),加大菇房通风量,给予 500～1 000 lx 散射光刺激。3～5 d 后,培养料表面出现白色米粒大小的原基。继续管理 2～5 d,原基长至火柴头大小,此时,保持室温 18～25℃,空气相对湿度 90% 左右(向地面和墙壁喷水,每日喷 2～4 次),喷水后适量通风换气,给予适量散射光。3～5 d 后,原基渐渐伸长并分化出参差不齐的菌柄,控制室温至 15～22℃,空气相对湿度 90% 左右(喷水做到细、少、勤,即喷雾要细,水量要少,喷的次数要多),喷水后增加通风换气 30 min 以上,给予适量散射光。2～3 d 后,菌柄不断增粗伸长,在顶端出现浅黄色或乳黄色的扁球状菌盖,保持室温 15～20℃,空气相对湿度 90% 左右(喷水继续做到少而勤,每天喷水 3～4 次),喷水后加大通风换气,给予适量散射光。当菌盖中部凹陷呈漏斗状且边缘仍向下翻卷,控制室温 18～25℃,空气相对湿度 85% 左右,需要加强通风并给予适量的散射光(图 6-20)。

(五)采收及后期管理

当子实体展开,略有卷边,直径 2～4 cm 时采收(图 6-21)。采摘时,用手捏住

图 6-20　金顶侧耳袋料栽培出菇管理

菌柄下部,将其轻轻拧下,去除菌柄基部即可,同一根系的子实体无论菌盖大小都要摘取。采完后,清洁培养料面,停止喷水 3～4 d,喷水时可加入 1‰ 的白糖和尿素补营养,保持同样出菇管理措施。采完第二茬,需把菌袋放入清水中浸泡 2 h,捞出后沥去多余的水分,继续培养并准备下次出菇。

采摘过迟　　　　　　　　　　　　　　　适宜采摘

图 6-21　金顶侧耳人工栽培子实体

四、病虫害防治

(一)病虫害种类

金顶侧耳栽培过程中,由于培养基消毒、接菌、发菌等不当会导致病虫害的发生。引起金顶侧耳病害的病原主要有毛霉、木霉、曲霉、根霉、青霉、链孢霉、酵母菌、细菌、病毒等;虫害主要有菇蚊、螨类、蚤蝇、瘿蚊、果蝇、线虫、蛞蝓、跳虫等。

(二)防治措施

1.预防措施

选择无病害的菌种,菇房的消毒、接种人员及工具的操作等措施与金针菇相同。

2.治疗措施

毛霉、木霉、曲霉、根霉、青霉、菇螨、链孢霉、蛞蝓的防治与黑木耳相同;跳虫的防治与香菇相同;酵母菌、瘿蚊、蚤蝇的防治与滑菇相同;菇蚊的防治与糙皮侧耳相同;细菌性斑点病、线虫的防治与金针菇相同;细菌性褐条病、病毒病、果蝇的防治与草菇相同。

第六节　竹荪栽培技术

一、概述

(一)分类地位、价值及栽培史

竹荪[*Dictyophora indusiata*(Vent.)Desv.]又名称竹参、竹笙、竹菇娘、面纱菌、仙人笠、网纱菇等,英文名 Net Stinkhorn,隶属于真菌界(Eumycetes)担子菌亚门(Basidiomycotina)腹菌纲(Gasteromycetes)鬼笔目(Phallales)鬼笔科(Phallaceae)竹荪属(*Dictyophora*)。

竹荪子实体香甜味浓、酥脆适口,富含蛋白质、碳水化合物、氨基酸等营养物质,尤其是谷氨酸含量较高,具有补益、抗过敏、治疗痢疾、降低高血压、降低胆固醇含量和腹壁脂肪积累等功效,被荣为"林中君主"、"真菌皇后"、"真菌之花"等称号。

竹荪的人工驯化栽培始于 20 世纪 70 年代,其栽培方法多样化,按培养料的处理方式有发酵料栽培、熟料栽培、生料栽培;按场所又分为室内栽培和室外栽培;按栽培容器有箱栽、盆栽、畦栽、床栽等。

(二)栽培竹荪的种类

竹荪属资源丰富,全世界已被描述有 22 种之多,我国至少有 12 个种或变种,如长裙竹荪(*D. indusiata*)、红托竹荪(*D. rubrovolvata*)、棘托竹荪(*D. echinovolvata*)、短裙竹荪(*D. duplicata*)、朱红竹荪(*D. cinnabarina*)、纯黄竹荪(*D. indusiata* var. *letea*)、橙黄竹荪(*D. indusiata*)、西伯利亚竹荪(*D. sibirica*)、黄裙竹荪(*D. multicolor*)、皱盖竹荪(*D. merulina*)、南昌竹荪(*D. nanchangensis*)等,其中前 4 种在我国已进行商品化栽培。本书针对长裙竹荪与红托竹荪的栽培重点介绍。

二、长裙竹荪与红托竹荪的生物学特性

(一)形态及生活史

1. 孢子

长裙竹荪与红托竹荪的性遗传模式均未见报道,担孢子均无色透明,但前者呈椭圆形,后者呈孢子卵形至长卵形。

2. 菌丝体

竹荪的双核菌丝体粗壮、有分隔及锁状联合结构。菌落初期白色,经长时间培养后,因菌丝老化、光刺激、高温等变为粉红色、淡蓝紫色或黄褐色,也有个别种例外。结实性菌丝体生理成熟后进一步发育成组织化的线状和索状菌丝束即三生菌丝,条件适宜时菌索逐渐膨大成白色小球即原基或竹荪球,待其长到鸡蛋至鸭蛋大小,中心为白色的竹荪球露出基质,见光后产生粉红色、污白色、红色等不同颜色色素,最终发育成被暗绿色的子实层所包围的子实体。

3. 子实体

(1)长裙竹荪。子实体(图6-22)散生或群生,高10～26 cm,菌盖钟形,略带土黄色,顶端平,有穿孔,有明显网格,有微臭而暗绿色的孢子液,高和宽均为3～5 cm;菌肉组织白色;菌托灰白色,直径3～3.5 cm;菌柄壁海绵质、白色、中空,基部直径2～3 cm且向上渐细;菌裙白色,由管状组织组成,长度从菌盖下垂达10～15 cm,具多角形网眼,直径为0.5～1 cm。

(2)红托竹荪。子实体(图6-23)散生或群生,高20～33 cm,菌盖钟形或钝圆锥形,顶端平,有穿孔,有显著网格,具微臭的暗褐色至青褐色的孢子液,高5～6 cm,宽3.5～5 cm;菌肉组织白色;菌托红色、球形、膜质;菌柄壁海绵质、白色、中空、圆柱形,长度11～22 cm,直径3～5 cm;菌裙白色、钟形、质脆,长度从菌盖下垂达7 cm,网眼多角形或棱角圆形,直径1～1.5 cm。

图6-22　长裙竹荪的子实体

上述两种竹荪的子实层均着生于菌盖表面,裸露于空气后迅速吸湿液化为黏稠物并产生担孢子,当其发出浓烈的气味,招引昆虫舔食将担孢子带走。

图 6-23　红托竹荪的子实体

(二)生态习性

1.长裙竹荪

长裙竹荪常见于夏季 4～6 月或秋季 9～11 月高湿热地区的平竹、楠竹、苦竹等各种竹林的落叶层,在腐木、橡胶林、青冈栎混交林地或热带地区的茅屋顶上也能生存,我国湖南、湖北、浙江、广东、广西、贵州、福建、云南等地有其分布。

2.红托竹荪

红托竹荪发生于秋季 9～12 月的慈竹、刚竹、金竹、阔叶树等林地,在活竹根及树根周围也会出现,其主要分布于云南、广西、浙江、贵州等地。

(三)生长发育

1.营养条件

竹荪作为一种腐生型菌类,生长发育过程中所需营养来自树木或植株残片(阔叶树桩、根、茎、叶等)腐烂后形成的有机物质。同时,也能利用甘蔗渣、稻草、麦秆等富含纤维素的物质。生产实践中,以竹类、硬质阔叶树木为栽培基质能获得优质、高产、体大的子实体。培养料的含氮量以 0.5%～1% 为宜,可用蛋白胨或尿素补充。喷施 0.15% 亚油酸或 0.5% 葡萄糖可使菌蕾数增加及现蕾时间提早。适量添加磷酸二氢钾、硫酸镁、碳酸钙、维生素 B_1、维生素 B_6、烟酸、肌醇、植物激素等可促进菌丝生长。最适 C/N 为 30∶1。

2.环境条件

竹荪对温度的要求因品种不同而存在较大差异,长裙竹荪菌丝生长、子实体发育的适宜温度分别是 22～24℃和 22～25℃;红托竹荪菌丝生长、子实体发育适宜的温度分别是 21～23℃和 20～22℃。

（1）菌丝体阶段：培养料的含水量55％～60％，空气相对湿度70％～80％，需要氧气，不需要光线，强光下培养易导致菌丝体产生色素、老化、降低其生活力，以pH 5～6为宜，其中长裙竹荪与红托竹荪最适pH分别为5.2和5～5.2。

（2）子实体阶段：培养料的含水量55％左右，空气相对湿度的干湿处理，可加快竹荪原基形成，竹荪球分化和发育期为80％，破球和出柄期为85％，撒裙期为94％以上，需要充足的氧气，适当的散射光，100～300 lx可促进子实体形成，pH以5～6为宜。

三、长裙竹荪栽培技术

（一）栽培季节的选择

结合长裙竹荪生物学特性与气候特征来决定最适栽培时期，一般情况下，平均气温在12℃以上时进行播种，通常在4～5月中旬或9～11月中旬。

（二）菇场选择与准备

菇场应通风、氧气充足、阴凉湿润、交通方便、白蚁少、近水源、排水便利、土壤疏松、腐殖质含量高。若林下种植郁闭度应在80％以上，以林间空地顺坡开厢作床，长度不限，床宽1 m，在厢头和两边开好排水沟，用1.5 m的篱笆将四周围好，床面要做成龟背形，已枯死的树桩、竹桩可留在床面，下料播种前在床面上先铺一层5～7 cm厚的竹枝以增大菌床的通透性。平地大棚高1.8～2 m的遮阳棚，棚内开厢作床，床面准备与林地菌床相同，棚顶用茅草覆盖，四周用杉木皮或茅棚围起，建造沟宽0.5 m，深0.25～0.35 m的防洪排水沟。

（三）制种及生产常用配方

长裙竹荪母种、原种及栽培种培养基的制作、接菌及培养方式参考第三章第四、五、六节。

1.母种常用配方

（1）马铃薯200 g，葡萄糖（或蔗糖）20 g，琼脂15～20 g，水1 L。

（2）马铃薯200 g，琼脂15～20 g，葡萄糖（或蔗糖）10 g，蛋白胨10 g，水1 L。

（3）竹屑200 g，蔗糖20 g，琼脂15 g，水1 L。

（4）麸皮200 g，琼脂20 g，蔗糖5 g，磷酸二氢钾1 g，硫酸镁1 g，水1 L。

（5）马铃薯200 g，葡萄糖（或蔗糖）20 g，琼脂15～20 g，磷酸二氢钾3 g，硫酸镁1.5 g，维生素B$_1$ 10 mg，水1 L。

2.原种常用配方

（1）甘蔗渣80％、碎竹叶18％、白糖1％、石膏粉1％。

（2）小麦粒99％、石膏粉1％。

（3）碎竹叶 30％、阔叶木屑 30％、麦麸 20％、粉碎黄豆秆 14％、黄豆粉 3％、白糖 1％、过磷酸钙 1％、石膏粉 1％。

（4）竹屑 77％、阔叶木屑 21％、白糖 1％、石膏粉 1％。

3. 栽培种常用配方

（1）（2～3）cm×1 cm 的干小竹块 70％、阔叶木屑 15％、麸皮 13％、蔗糖 1％、石膏粉 1％。

（2）农作物秸秆 68％、木屑（刨花）29％、钙镁磷肥 1％、石膏粉 1％、蔗糖 1％。

（3）体积小于 1 cm³ 的干木块 55％、米糠 23％、木屑 20％、蔗糖 1％、石膏粉 1％。

4. 生产常用配方

（1）阔叶木屑 50％、竹屑 28％、麸皮 20％、蔗糖 1％、石膏粉 1％。

（2）竹屑 60％、阔叶木屑 20％、麦麸 18％、蔗糖 1％、石膏粉 1％。

（3）阔叶木屑 70％、麦麸 20％、竹屑 8％、蔗糖 1％、石膏粉 1％。

注意：培养料中小竹块先用清水浸透，再用 1％蔗糖水煮 30 min；干木块最好选用枫香或光皮桦树的柱形木块，处理方式如同小竹块。上述培养基灭菌后 pH 以 5.2 为宜，理论上含水量 55％～60％，但根据情况可适当增减。

（四）培养料预处理

树枝或树根，先切成长 13～17 cm 后砍成大小不等的碎块，晒干，下料前先用 1∶1 000 倍瑞枯霉药水浸泡 8～10 h，沥干备用。废菇木先劈成小木条再砍成大小不等的碎块、晒干，其与制种废品作培养料时，下料前均用 1∶800 倍瑞枯霉或 3‰的多菌灵喷洒后，拌匀，用薄膜覆盖 7～10 d 后待用。农作物秸秆压破后铡成 23～27 cm 长的小段，晒干，按照上述栽培种配方，添加辅料后混合并加水拌匀（含水量 60％～65％），堆积发酵 3 次，每次待料温升至 55～56℃时翻堆，备用。竹根、竹枝、竹块、竹叶、竹篾碎料先切成 33 cm 左右长，晒干，用 5％石灰水浸透，捞起放入清水中洗掉石灰水，最后用泥土封住垒部原料，就地堆埋腐熟备用。

（五）播种、发菌及覆土

长裙竹荪的播种时间确定后，在床面上先撒施 15 kg/亩的细黄土与 100～150 g/亩的 3％呋喃丹或 1～1.5 kg/亩的甲敌粉拌匀后的混合物（防治白蚁），再覆盖一层竹枝后，铺上已处理的培养料，接着撒一层菌种，如此一层料一层菌种循环，共铺料和菌种 3 层（厚 16～20 cm），然后在料面上盖一层竹叶或木屑，最后覆盖一层茅草（遮光、保温及保湿），若气温低于 12℃时，需要加盖薄膜来保温。发菌期调节料温至 18～25℃，空气相对湿度 60％～70％，若料温高于 25℃，空气相对湿度低于 60％以下时要揭膜喷水，结合通风降温保湿。菌丝长满料面后揭去茅草和薄膜,覆盖一层厚 5 cm 左右的细腐殖质土,喷细水使土壤含水量保持在 20％～25％,继续覆盖茅草保湿遮光(若秋播还要盖上薄膜保温)。此后每天中午揭膜通风 1 h 左右,提高料温,切忌播种与覆土后人畜践踏料面。

(六)出菇管理

一般情况下,夏播 2 个月或秋播 5 个月后开始出菇。待小菌蕾露出土面,在该菌适宜的环境条件基础上,保持土壤含水量 20％～25％;若菌床温湿度不稳定或荫棚漏太阳直射光,应及时加盖腐殖质土、竹叶或木屑物,保持荫棚漏 100～300 lx 的散射光。

(七)采收及管理

子实体破蕾开裙一般在早晨 5～6 时开始至 10 时结束,待其开裙撒到菌柄 1/2 长且孢子液还没有自流时及时采收。采收时,先将暗绿色子实层用小刀轻轻切去 2～3 mm,剥离掉菌盖污绿色组织,再从菌托底部切断菌索,轻轻从菌床上取出菇体放进干净竹篮,整个采摘过程要保持菌体完整,切忌污染菌盖、菌柄及菌裙。第一茬菇采完,一方面,及时将新鲜子实体晒干(图 6-24)或烘干;另一方面,减少菇床喷水量,使土壤含水量在 20％左右。经 7～10 d 后,第二茬菇的菌蕾长出,管理方法与第一茬相同。

图 6-24　竹荪的晒干子实体

四、红托竹荪栽培技术

(一)栽培季节的选择

结合红托竹荪生物学特性与气候特征来决定最适栽培时期,一般情况下,栽培季节以 2～5 月或 9～11 月为宜,适宜的出菇温度在 20～22℃。

(二)菇场选择及准备

菇场的选择及准备与长裙竹荪相似,但红托竹荪栽培地以海拔 500～1 000 m 的地区为宜,栽培场所搭盖近全荫蔽或全荫蔽高 2 m 的遮阳棚。室内栽培常采用地下或搭架两种方式,栽培架以 2～3 层,层高 0.6 m,宽 1.3 m 为宜。室外栽培选背阴、土壤肥沃、半沙质酸性或无沙质的田园地,覆土材料以腐殖土与沙质土壤混合物为宜。

(三)制种及生产常用配方

制种方式与长裙竹荪相同,要结合红托竹荪菌丝生长特性进行培养。

1. 母种常用配方

(1)果糖 25 g,竹叶 20 g,葡萄糖 5 g,蛋白胨 2.5 g,硫酸铵 2.5 g,维生素 B_6 0.16 g,吲哚乙酸 1.6 mg,水 1 L。

(2)竹荪栽培种 200 g,葡萄糖 20 g,琼脂 15～20 g,碳酸钙 3 g,磷酸二氢钾 2 g,硫酸镁 0.5 g,水 1 L。

(3)马铃薯 200 g,琼脂 15～20 g,葡萄糖(或蔗糖)10 g,蛋白胨 10 g,水 1 L。

(4)马铃薯 250 g,鲜松针 36 g,葡萄糖(或蔗糖)25 g,琼脂 15～20 g,蛋白胨 5 g,磷酸二氢钾 3 g,水 1 L。

注意:竹叶、竹荪栽培种、鲜松针与马铃薯的处理相同,水煮 30 min 后取汁液。

2. 原种常用配方

小麦粒 95.2%、碳酸钙 2.4%、葡萄糖 2.4%。

3. 栽培种常用配方

制作 1～2 cm³ 的竹块若干,用 2%白糖水溶液浸泡 24 h,捞出预湿竹块并装入玻璃容器至距离瓶口 2 cm 处,再加入 2%的白糖水溶液至容器体积的 1/5 处或各 1/5 体积的松针和腐殖土或 1/3 体积的木屑与麦麸混合料。注意:加 2%的白糖水溶液的原种不做水分的调节,其他培养料要调节含水量为 65%左右,再用报纸或牛皮纸封口。

4. 生产常用配方

(1)阔叶木屑(或棉籽壳)76%、麸皮 20%、石灰粉 2%、白糖 1%、尿素 0.3%、磷酸二氢钾 0.3%、过磷酸钙 0.3%、硫酸镁 0.1%。

(2)阔叶木屑 50%、竹屑 20%、麸皮 18%、白糖 1%、石膏粉 1%。

(3)阔叶木屑 52.75%、麸皮 30%、竹屑 15%、白糖 1%、石膏粉 1%、磷酸二氢钾 0.2%、硫酸镁 0.05%。

注意:上述培养基灭菌后 pH 以 5～5.2 为宜;理论上含水量 55%～60%,但根据情况可适当增减。

(四)培养料预处理

培养料预处理需要坚持粗细合理搭配原则。竹类材料宜选择经过半年左右自然发酵的竹鞭、竹根、竹枝、腐竹等做原料(竹丝和竹屑因保水性差不宜使用),比例应占整个培养料的30%以上,碱化处理前采用铁锤打裂,切成10～30 cm小段,其中小口径竹切成5 cm以下小段。木材类最好采用切片机加工成长10～12 cm的规格。各类农作物秸秆、野草、谷壳等晒干后切成5 cm左右的碎料,填充粗料间的孔隙。上述培养料加工完成后,晒干,播种前先用5%石灰澄清水碱化处理浸泡6～7 d(利于发菌和有机物的分解、吸收及利用),再经清水浸泡2 d后将其清洗至pH降为6～6.5后捞起备用。也可用发酵法,处理过程如同长裙竹荪。

(五)播种、覆土及发菌

培养料预处理结束,播种前,提前10 d以上针对栽培场地与设施喷1 000倍甲胺磷农药水溶液加30%甲醛进行灭虫灭菌,同时,提前2～3 d在菇场建造高0.5 m,宽1.3 m的畦床。与长裙竹荪相似,确定播种时间后,针对床面消毒,铺上一层竹枝,再铺上厚4～6 cm的培养料,接着撒一层菌种,再铺厚8～10 cm培养料,撒一层播种量为3～4 kg/m²的菌种(菌种要求播种过程中不碎并严格避光),继续铺厚2～4 cm培养料,在铺厚4～6 cm经灭虫灭菌处理的腐殖土,保持土质含水量20%左右即不干不湿,然后盖上厚2 cm的微湿竹叶(茅草或松针叶),再盖膜保温保湿发菌。播种结束,调节培养料含水量55%～60%,空气相对湿度70%～80%,保持料温不要低于2℃或高于30℃。发菌7 d后,每3 d揭膜通风30 min。发菌15 d后开始喷水,继续保持空气相对湿度70%～80%。播种后大约50 d,菌丝长出土面后要加大湿度,保持畦面遮盖物湿润。当菌丝长满整个畦面,立即拉大湿度差,降低畦面湿度(使菌丝缺水倒伏)。发菌70～80 d后,菌丝布满整个料面,喷重水(以水不漏入培养料为准),保持表土湿润,晚上揭膜白天盖膜拉大温差10℃以上。

(六)出菇管理

出现原基后,管理方式与长裙竹荪相同,每天通风1～2 h,切忌温度不超过34℃。待菌蛋横端桃尖形凸起时要多喷水(水量以不漏料为准),保持空气相对湿度90%～95%(图6-25)。

(七)采收及管理

子实体破蕾开裙一般在夜间9时开始至清晨3～4时结束,也有少量在白天开裙。采摘方法与长裙竹荪相同。第一茬菇采完后,及时补足培养料和土壤的水分,继续按照上述管理出菇。水分管理坚持多菇、高温干燥时多喷,少菇、低温及湿度大时少喷,雨天可不喷或少喷。

图 6-25　红托竹荪的菌蛋

五、病虫害防治

(一)病虫害种类

竹荪栽培过程中,因堆料消毒不彻底、堆料透气性差、水分管理不科学等导致病虫害的发生。引起长裙竹荪病害的主要有青霉、绿霉、毛霉、曲霉、鬼伞菌等;虫害主要有白蚁、蛞蝓、跳虫、螨类虫、红蜘蛛、蚂蚁等。引起红托竹荪病害的主要有黏菌、烟灰菌、曲霉、毛霉、根霉等病原菌;虫害主要有蛞蝓、螨类、白蚁等。

(二)防治措施

1. 预防措施

选择无病害的菌种,菇房的消毒、接种人员及工具的操作等措施与金针菇相同。

2. 治疗措施

发病初期,立即清除病菇。青霉、绿霉、毛霉、曲霉、根霉、蛞蝓、螨类的防治与黑木耳相同;鬼伞菌的防治与双孢蘑菇相同;白蚁、跳虫的防治与香菇相同;黏菌的防治与滑菇相同。烟灰菌在发病早期,在病症处喷洒 3% 石炭酸或 2% 甲醛;若出现黑色孢子则用福尔马林 20 倍 + 70% 甲基托布津可湿性粉剂 700 倍稀释液喷施;发病严重时在发病处周围挖断培养料并在患处及周围撒新鲜石灰,再用塑料膜将病患处盖住控制其扩散。红蜘蛛在堆料时喷 1∶100 倍的石硫合剂驱赶。蚂蚁可用灭蚁灵毒杀。

第七节　大球盖菇栽培技术

一、概述

（一）分类地位及分布

大球盖菇（*Stropharia rugosoannulata* Farlow ex Murrill.），拉丁异名 *Strorharia imaina* Bendix，*Stropharia ferii* Bresadola，*Naematoloma ferii* (Bres.)Singer，*Naematoloma rugosoannulata* Farlow(In Murrill)S. Ito，中文异名皱球盖菇、斐氏球盖菇、斐氏假熏伞、皱环球盖菇、酒红色球盖菇（图 6-26），英文名 Braunkappe、Wine strophria、King strorharla，属于真菌界（Eumycetes）担子菌门（Basidiomycota）层菌纲（Hymenomycetes）伞菌目（Agaricales）球盖菇科（Strophariaceae）球盖菇属（*Stropharia*）。野生子实体发生于林缘、草丛、园地等含有丰富腐殖质的土壤，常分布于欧洲、南北美洲以及我国云南、四川、西藏、吉林等地。

图 6-26　大球盖菇子实体

（二）经济价值

大球盖菇作为一种食药兼用菌，是联合国粮农组织向发展中国家推荐栽培的国际菇类交易市场畅销的十大菇种之一。子实体色泽艳、菇朵大、肉质嫩、柄脆，含有较高的蛋白质、碳水化合物、矿物质等营养成分，具有助消化、降低胆固醇、预防冠心病、缓解精神疲劳、防治神经系统及消化系统疾病等功效，对小白鼠 S180 肉瘤及艾氏腹水癌均具有 70% 的抑制率。除此之外，该菌还具有适应性广、抗杂菌感染能力强、栽培原料广泛、技术简便、生产成本低、栽培周期短等优势，其商业潜力大。

(三)栽培史

据文献报道,1922 年,美国首次发现大球盖菇并进行描述。1969 年,德国人 Joachim Puxchel 率先针对该菌进行驯化栽培研究。1970 年以后其栽培逐渐发展到波兰、美国、荷兰、匈牙利、独联体等国家。我国栽培该菌较迟,自 1990 年引种栽培以来,在我国福建、云南、四川、内蒙古等地具有不同规模的种植。目前,该菌的栽培按场地分为室内栽培和室外栽培两类;按培养料分为发酵料、生料及熟料栽培,其中畦床栽培是国内常用栽培的方式。

二、生物学特性

(一)形态及生活史

1.孢子

大球盖菇的性遗传模式为四极异宗结合,担孢子光滑、棕褐色、椭圆形,单个担孢子与其他相同交配型的食用菌类似,在适宜下条件下萌发形成单核菌丝后经原生质体融合形成双核菌丝。

2.菌丝体

具有结实能力的双核菌丝在显微镜下有较多明显的锁状联合结构。肉眼观察,菌落白色、浓密、平坦、圆形、丝状、呈放射状蔓延,气生菌丝少,10~15 d 可长满试管斜面。此菌丝生理成熟后扭结成三生菌丝后,在适宜的条件下逐渐形成原基,最终发育成大球盖菇子实体。

3.子实体

子实体(图 6-27)单生、群生或丛生,中等至大型,菌盖白色至红褐色或暗褐色,近半球形至扁平,表面光滑,有纤维状鳞片,湿时稍有黏性,边缘内卷且常附有菌幕残片,直径 5~40 cm;菌肉白色、肥厚;菌柄白色、粗壮、光滑、近圆柱形,基部稍膨大,初期中实有髓,成熟后中空,长度 5~20 cm,直径 0.5~7 cm,其中上部着生白色或近白色的菌环,膜质,易脱落,较厚或双层,有深沟纹;菌褶污白色至暗紫灰色、直生、稍宽、密集、刀片状,其上形成担孢子,孢子印紫黑色,在适宜的条件下又开始新一轮的生活史。

(二)生长发育

1.营养条件

大球盖菇属于草腐型菌类,具有较强的木质纤维分解能力,生长发育针对营养需求与其他食用菌相似。实际生产中,该菌对营养要求不高,稻草、木屑、亚麻、玉米芯、玉米秸、小麦秸等均可作为其培养料,过高的氮素对其生长不利,辅料中麦麸或米糠的含量一般不超过 10%,不覆土很难形成子实体。

图 6-27　大球盖菇人工子实体

2.环境条件

大球盖菇是一种中温型结实菌类,一般情况下其孢子萌发、菌丝生长、原基形成、子实体分化和生长适宜的温度分别是 24℃、22～28℃、12～25℃、15～25℃。温度低于 10℃或高于 32℃时,菌丝生长缓慢,超过 35℃时菌丝停止生长,易老化死亡;温度低于 4℃或高于 30℃时子实体难以形成和发育。

(1)菌丝体阶段:培养料的含水量 65%～70%,空气相对湿度 65%～75%,需要氧气,二氧化碳的浓度不宜超过 2%,不需要光照,以 pH 5～6.5 为宜。

(2)子实体阶段:除培养料含水量、pH 与菌丝体阶段一致外,空气相对湿度 85%～95%,对氧气的要求增加,二氧化碳的浓度应低于 0.15%,每日通风 2～3 h,需要一定的散射光,200～500 lx 的光照能促进原基的分化和子实体的形成,覆盖的土壤要求具有团粒结构、质地松软、保水透气性好、含有腐殖质。

三、室外畦式栽培技术

(一)栽培季节

结合大球盖菇生物学特性与当地的气候特征来决定最适栽培时期。该菇一个生产周期为 3～4 个月,出菇温度比较广泛,每年可安排两次生产,以当地平均气温在 8～30℃均可栽培出菇,若有栽培设施也可周年安排生产。北方地区一般在 8～12 月和 12 月至翌年 5 月进行,南方地区在 9 月至翌年 4 月栽培。

(二)菇场选择与准备

选择地势较高、通风排水良好、土质肥沃、避风向阳、近水源、交通方便的菜园、果园、林地等为最理想的室外栽培场所,利用天然遮阳与人为的浇水施肥形成优势互补的立体种植模式,若天然遮阳不理想的菇场要搭建遮阳网。以畦床栽培为例,一般在菇场内挖深 25 cm,宽 20 cm,长 30 m 的畦,畦与畦之间留 20～30 cm 的人行道。畦床建造结束,经太阳暴晒后喷施 500 倍的敌百虫杀灭虫害,备用。

(三)制种及生产常用配方

参考第三章第四、五、六节制备大球盖菇的母种、原种及栽培种。

1.母种常用配方

(1)马铃薯 200 g,葡萄糖(或蔗糖)25 g,琼脂 15～20 g,酵母膏 3 g,蛋白胨 1.5 g,水 1 L。

(2)马铃薯 200 g,葡萄糖(或蔗糖)20 g,琼脂 15～20 g,玉米粉 10 g,蛋白胨 3 g,磷酸二氢钾 3 g,酵母膏 2 g,硫酸镁 2 g,水 1 L。

(3)马铃薯 200 g,葡萄糖(或蔗糖)20 g,琼脂 15～20 g,稻草 15 g,玉米粉 10 g,蛋白胨 2 g,酵母膏 1 g,维生素 B_1 片,水 1 L。注意:稻草粉碎后与马铃薯操作相同。

(4)麦芽糖 20 g,琼脂 15～20 g,酵母膏 3 g,蛋白胨 1.5 g,水 1 L。

(5)燕麦粉 80 g,麦芽糖 10 g,琼脂 15～20 g,酵母膏 2 g,蛋白胨 1.5 g,水 1 L。

2.原种常用配方

(1)小麦粒 97%、碳酸钙 3%。

(2)小麦(或大麦)粒 88%、米糠(麸皮)10%、石膏粉(或碳酸钙)1%、石灰粉 1%。

(3)小麦粒 60%、阔叶木屑 36%、白砂糖 2%、石膏粉 2%。

3.栽培种常用配方

(1)干麦草(或稻草)98%、碳酸钙或石膏粉 2%。

(2)阔叶木屑 56%、棉籽壳 28%、麸皮 14%、蔗糖 1%、石膏粉 1%。

(3)干麦草(或稻草)77%、草木灰 8%、米糠(或麸皮)5%、玉米粉 5%、石膏粉 2%、石灰粉 2%、过磷酸钙 1%。

(4)玉米芯 65%、干麦秸 15%、麦麸 10%、过磷酸钙 5%、草木灰 3%、石膏粉 2%。

4.生产常用配方

(1)阔叶木屑 70%、亚麻 20%、麸皮 10%。

(2)干稻草 80%、阔叶木屑 20%。

(3)甘蔗渣 60%、干稻草 40%。

(4)玉米秸 49%、大豆秸 49%、石膏粉 2%。

注意:母种、原种及发酵料培养基制作时将 pH 稍调高,灭菌或发酵后 pH 5～

6.5 以为宜,理论上含水量为 65%～70%,但根据情况可适当增减。

(四)秸秆预湿

选择适宜的栽培配方,称取干燥、无霉变的麦草、稻草、亚麻、麦秸、大豆秸等秸秆直接放入水池中浸泡预湿 24～48 h,捞出沥去多余水分或自然渗水后,抽取一小把料用手紧拧时以 3～5 滴水滴下为宜(水量达 70%～75%),备用。

(五)栽培料制作

秸秆预湿后,待本地平均气温稳定在 20℃ 以下,将秸秆与其他辅料以及杀虫杀菌剂拌匀后直接铺床播种。气温超过 23℃ 时,为防止铺床播种后培养料因发酵而温度过高或其他病虫害滋生影响产量,必须针对培养料进行一次发酵。发酵时,选择地势平坦、通风的地面,将上述预湿秸秆与辅料拌匀,调节培养料含水量达到 70% 左右,建成宽 1.5～2 m、高 1～1.5 m、长度不限的料堆。待料温升至 60℃ 左右,采用第 7、6、5、4、3 天翻堆模式发酵 5 次即可。发酵期间,辅料的添加参考双孢蘑菇栽培,其中第一次建堆水分必须浇透,最后一次发酵完调节水分至 65%～70%、pH 6～7,散热至室温后备用。

(六)铺床、播种

铺床和播种前,针对各种工具、菌种容器、菇场周围环境等进行清理与消毒。铺床时,选择适于本地区栽培的菌丝洁白、健壮、无色素的优良菌种,在畦底先铺一层 1 cm 厚的菌种,其上覆盖一层 20 cm 厚的培养料,压实、整平后,扒开培养料边缘沿畦床四周垂直撒上菌种并在培养料正上方平铺一层 3 cm 厚的菌种,然后先后覆盖一层 2～3 cm 厚的培养料和 2 cm 左右的土壤。覆土结束,每隔 30～40 cm 用直径为 2～3 cm 的木棍在畦面以木棍与畦面形成 45° 角倾斜打孔(增加氧气),在土面继续铺一层塑料薄膜,再覆盖一层稻草,以不漏光为宜,最后浇足水并搭建遮阳网。或者在畦床内按一层料一层菌种操作,共 3 层料和 2 层菌种,料的厚度依次为 6～8 cm、9～11 cm、4～5 cm,菌种用量为 2～4 瓶/m²。播种结束,覆盖薄膜和稻草保湿发菌,待菌丝长至料层 2/3 时,揭掉稻草,覆土,最后再将其盖上(图 6-28)。

(七)发菌管理

发菌期间,需要保持料面土壤湿润,防止菌床淋雨与积水,应控制料温 22～28℃、培养料含水量 65%～70% 为宜。初期,结合通风喷水,保持空气相对湿度达 70%～75%,20 d 之内不宜直接喷水于菇床。播种后 4～5 d,菌丝开始萌发,7 d 后去掉塑料薄膜,若后期气温低于 10℃ 的雨天应继续覆盖薄膜。发菌 13 d 后,菌丝渗透培养料的 1/2 左右,适当增加空气相对湿度至 80%～85%,坚持轻喷、勤喷的原则,冬季中午喷水,夏季早晚喷水,喷水时以水不漏入料面为度,在菌床四周侧面多喷而中间部位少喷或不喷。30～35 d 后,菌丝长满土面,加大通风量(翻动覆

图 6-28　大球盖菇的铺床、播种

盖稻草一次,并用消过毒、直径 5 cm 的木棒每隔 20 cm 在菌床表面打洞),降低棚温至 12～20℃,给予 1 000 lx 左右的光照刺激 3 h 左右,促使爬出土面的气生菌丝倒伏转入生殖生长形成原基。

(八)出菇管理

一般情况下,从播种到产生菇蕾需要 45～60 d,待原基逐渐形成绿豆大小的菇蕾以及其长大并顶出土层时,分别结合通风换气喷重水 1 次。子实体发育期,控制气温 15～25℃,每日通风换气 2～3 h,给予 100～500 lx 的散射光,土壤含水量 22%～30%,空气相对湿度 90%～95%,喷水时注意要点与上述相同,切忌向子实体直接喷水(图 6-29)。

图 6-29　大球盖菇的出菇管理

（九）采收及管理

一般从菇蕾到成熟需要 5～10 d,待子实体菌褶尚未破裂,菌盖呈钟形、内卷、不开伞,直径 6～8 cm 时为最佳采收期(图 6-30),若采收过迟,将失去商品价值(图 6-31)。

图 6-30　大球盖菇的商品菇

图 6-31　大球盖菇过度成熟子实体

采收时,用拇指、食指和中指抓住菌柄轻轻扭转一下,松动后再向上拔起即可,切忌松动周围的小菇蕾,温度低时每天早上采1次,高温时早晚各采1次。采收完,及时清理料面,弃除残菇后将料面填平、补土、稍压实、补足水分、覆膜及稻草或草帘养菌。10~12 d后,可重复出菇管理,大球盖菇采收3~4茬菇,每茬相隔15~25 d。

四、病虫害防治

(一)病虫害种类

大球盖菇在种植过程中的病害主要由木霉、鬼伞、毛霉、脉孢霉等病原菌引起;虫害主要有蛞蝓、跳虫、蚂蚁、白蚁、菌蚊、螨类、蛾类、老鼠等。

(二)防治措施

1.预防措施

选择无病害的菌种,菇房的消毒、接种人员及工具的操作等措施与金针菇相同。

2.治疗措施

发病初期,立即清除病菇。木霉、毛霉、脉孢霉、蛞蝓、螨类、蛾类的防治与黑木耳相同;鬼伞的防治与双孢蘑菇相同;菌蚊的防治与金针菇相同;跳虫、白蚁的防治与香菇相同;鼠害的防治与草菇相同;蚂蚁的防治与竹荪相同。

第八节　姬松茸栽培技术

一、概述

(一)分类地位及分布

姬松茸(*Agaricus blazei* Murrill)又名松茸菇、小松菇、巴西蘑菇、柏氏蘑菇、巴氏蘑菇、阳光蘑菇、抗癌松茸、佛罗里达蘑菇等(图6-32),英文名 Himenmatsutake,Royal sun agaricus,Kawaariharatake,隶属于真菌界(Eumycetes)担子菌门(Basidiomycota)层菌纲(Hymenomycetes)伞菌目(Agaricales)蘑菇科(Agaricaceae)蘑菇属(*Agaricus*)。野生子实体多发生于含有畜粪的草地上,主要分布于巴西东南部、秘鲁、美国加利福尼亚州南部和佛罗里达州海边,我国云南、吉林、四川、黑龙江、西藏、广西等地也有分布。

(二)经济价值

姬松茸是一种珍贵的食药兼用菌,子实体脆嫩、有浓郁杏仁香味,富含蛋白质、

图 6-32　姬松茸野生子实体

多糖、粗纤维、矿质元素、维生素、麦角甾醇等营养物质,其中所含的 18 种氨基酸中人体必需氨基酸齐全且占氨基酸总量的 50.2% 左右。该菌除具有较高的营养价值外,还具有安神、抗血栓、抑制肿瘤、增强精力、改善动脉硬化、降血脂及胆固醇,可预防和治疗便秘、痔疮、糖尿病、高血压、心血管病等多种疾病。同时,姬松茸适合城郊高效农业的发展模式,具有较高的生态效益和社会效益。

(三)栽培史

1945 年,自美国真菌学家 Murrill A 首次发现姬松茸。1965 年,日裔巴西人古本隆寿在巴西采集该野生种并获得菌种,日本人岩出亥之教授将该菌种初步驯化栽培成功。1967 年,比利时分类专家海涅曼博士鉴定该菌种为新种并进行了命名。1991—1992 年,四川农业科学院、福建省农业科学院科研人员对姬松茸进行了引种与栽培试验。1994 年,福建宁德、建阳、福州等县开始该菇的小规模栽培,并由福建省逐渐向浙江、山东、湖北、台湾、河南、江苏、上海等地推广并大规模生产。目前,除我国以外,姬松茸已在巴西、美国、日本等国也大面积栽培,栽培方式主要有畦式栽培、床式栽培、袋式栽培与箱式栽培。

二、生物学特性

(一)形态及生活史

1.孢子

姬松茸的性遗传模式未见报道,担孢子光滑、暗褐色、宽椭圆形或卵形至球形,在适宜的条件下,单个担孢子先萌发成单核菌丝,后经原生质体融合形成双核菌丝。

2.菌丝体

具有结实能力的双核菌丝在显微镜下管状、粗壮、线状、有横隔及分枝,但不具锁状联合结构。肉眼观察,菌落白色或灰白色,绒毛状或匍匐状(因培养基不同存在差异),气生菌丝旺盛、爬壁力强。此菌丝扭结成三生菌丝后,在适宜的条件下逐渐形成原基,最终发育成姬松茸子实体。

3.子实体

子实体(图6-33)多群生,少数单生或丛生,菌盖浅褐色至棕褐色,扁圆形或半球形至平展,中央平坦,表皮有淡褐色至栗褐色纤维状鳞片,边缘有菌幕碎片,直径3~15 cm,厚0.65~1.3 cm;菌肉厚、白色,受伤变为微橙黄色;菌柄近白色、中生、近圆柱形、中实至空心、上下等粗或基部稍膨大,长度4~14 cm,直径1~3 cm,其上位着生白色的膜质菌环,易脱落;菌褶白色至暗褐色、离生、极密集,宽8~10 mm,其上形成担孢子,孢子印黑褐色,在适宜的条件下担孢子又开始新一轮的生活史。

图6-33　姬松茸子实体

(二)生长发育

1.营养条件

姬松茸属于草腐型菌类,生长发育的营养需求与其他食用菌相同。生产实践中,其菌丝体对可溶性淀粉与蛋白胨的利用较差或不能利用,培养料要求氮素营养丰富,在营养生长与子实体发育阶段氮量分别以1.27%~2.42%、1.48%~1.64%为宜,以稻草、麦草、棉籽壳等有机物质为主要培养料且经过堆制发酵后才能被该菌很好的利用。姬松茸营养生长阶段的碳氮比(C/N)为(31~33):1,生殖生长阶段为29:1。

2.环境条件

姬松茸属于中温型菌类,一般情况下,菌丝生长、子实体发育适宜的温度分别是20~26℃、18~25℃。若温度低于10℃或高于36℃时,菌丝生长缓慢,45℃以上时菌丝死亡;温度低于 15℃时不出菇,当超过 25℃时易产生盖薄、柄小、易开伞等商品性差的子实体。

(1)菌丝体阶段:培养料的含水量为 60%～70%,空气相对湿度 65%～75%,需要氧气,二氧化碳浓度应低于 0.3%,不需要光照,pH 6.5～7.5。

(2)子实体阶段:除培养料含水量、pH 与菌丝体阶段一致外,空气相对湿度为80%～95%,覆土层含水量 68%～70%,对氧气的需求增加,二氧化碳浓度应低于0.1%,需要"七阴三阳"的散射光,覆土 pH 以 7.5～8 为宜。

三、室内床式栽培技术

(一)栽培季节及栽培品种

结合姬松茸生物学特性与当地的气候特征来决定最适栽培时期。以当地平均气温在 12℃以上或 28℃以下播种,且 50 d 后气温能达到 18～25℃为宜,多采用春秋两季栽培,以秋季栽培为主。南方地区播种与采菇时间分别在 3～4 月、5～7月;北方播种与采菇时间分别在 7～8 月、9～11 月。目前,姬松茸栽培品种有华 1、华 2、华 3、姬宋、姬 1、姬 2、姬 4、姬 8、日武、福农、庆科、白系 1 号、雪白姬松茸、姬松茸 13 号、姬松茸 SR-8 等。

(二)菇场选择与准备

选择交通方便、阴凉通气、进排水方便、冬暖夏凉、坐北朝南、附近有堆料发酵场所的地方搭建菇房或者利用山洞、防空洞、闲置民用房等改造后作为姬松茸的栽培场所。

以"人"字形塑料薄膜菇房的建造为例,按长×宽×高为 15 m×7 m×3.5 m的规格,采用不锈钢材料制作框架与立柱,房顶覆盖塑料薄膜后加盖一层草帘,每隔 2 m 设排气孔 1 个,在较长两侧的上、中、下位置开设长×宽为 0.5 m×0.45 m,能形成空气对流的相对窗口;同时,选择较短的一侧留宽×高为 0.9 m×2 m 的门并设挂帘或缓冲室。菇房建成后,清除内部及周围的杂草、垃圾,平整土地,建造长10 m 床架,其中两侧床架宽 0.6 m,中间床架宽 1.2 m,共设 5 层,每层之间距离约0.6 m,床架顶层与屋顶保持 0.8 m 的距离,最底层距地面 0.3 m 以上,床架之间相距 0.7 m。

(三)制种及生产常用配方

参考第三章第四、五、六节制备姬松茸的母种、原种及栽培种。

1. 母种常用配方

(1)马铃薯 200 g,葡萄糖(或蔗糖)20 g,琼脂 15～20 g,水 1 L。

(2)马铃薯 200 g,葡萄糖(或蔗糖)20 g,琼脂 15～20 g,磷酸二氢钾 1 g,硫酸镁 0.5 g,氯化钙 0.1 g,硫酸亚铁 0.1 g,水 1 L。

(3)马铃薯 200 g,堆肥 100～150 g,葡萄糖(或蔗糖)20 g,琼脂 15～20 g,硫酸钙 1 g,水 1 L。

注意:堆肥的处理方式与马铃薯相同。

2.原种常用配方

(1)小麦粒 98%、石膏粉 2%。

(2)小麦粒 78%、阔叶木屑 20%、石膏粉 2%。

3.栽培种常用配方

(1)稻草(或麦秸)55%、牛粪 41%、石灰粉 1%、石膏粉 1%、碳酸钙 1%、尿素 0.5%、过磷酸钙 0.5%。

(2)稻草 38.4%、牛粪 21.9%、人粪尿 16.4%、麦秸 7.7%、玉米秸 5.5%、家禽粪 5.5%、石灰粉 1%、石膏粉 0.9%、过磷酸钙 0.7%、碳酸钙 0.7%、菜籽饼 0.5%、尿素 0.4%、草木灰 0.4%。

(3)牛粪 43%、甘蔗渣 25%、稻草 24%、麸皮(或花生饼)3.4%、过磷酸钙 1.5%、石膏粉 1.5%、石灰粉 1%、尿素 0.6%。

(4)棉籽壳 42%、稻草 42%、牛粪 7%、麸皮 6%、磷肥 1%、磷酸二氢钾 1%、碳酸钙 1%。

4.生产常用配方

(1)稻草 58%、牛粪 19.4%、阔叶木屑 19.4%、过磷酸钙 1%、石膏粉 1%、石灰粉 1%、尿素 0.2%。

(2)稻草 88.6%、鸡粪 3.5%、米糠 2.4%、硫酸铵 2.4%、消石灰 1.9%、过磷酸钙 1.2%。

(3)玉米秸 50%、牛粪 28%、玉米芯 15%、麦麸 4%、石灰粉 1%、石膏粉 1%、尿素 1%。

(4)甘蔗渣 54%、牛粪 36.7%、鸡粪 3.6%、石膏粉 2.9%、杂草 1.8%、尿素 1%。

注意:母种、原种、栽培种及生产培养基制作时将 pH 稍调高,灭菌或发酵后 pH 6.5～7.5 为宜,理论上含水量为 60%～70%,但根据情况可适当增减。

(四)培养料发酵、播种

根据当地气温确定建堆期。建堆前,先将稻草、麦秸、棉籽壳等干粗料用自来水浸泡 12～24 h(稻草、麦秸、玉米秸等长料预湿前先铡成长 6～10 cm 小段),捞出沥水后,培养料含水量保持在 70%左右。粪类应晒干、打碎、过筛后加入适量的水拌匀预湿 1～2 d,建堆时拌入料中。以生产常用 1 号配方建堆,举例说明如下。

选择向阳、地势高的土地或水泥地建堆。在地面用砖块将数根长 20 cm,直径 5~10 cm 的木棒垫起,制作成距地面 18~20 cm 的堆基,其上先铺一层预湿的稻草秸秆,再铺一层 6~8 cm 厚的牛粪,如此一层秸秆一层粪循环上述操作数层,最后将堆面压实,建成长度不限,上宽 1~1.2 m,下宽 1.5~1.8 m,高 1.2~1.8 m 的料堆,最后在料面上用直径 5~10 cm 的木棒每隔 60 cm 竖直插入打孔,然后在最外层撒一层石灰,用草帘或塑料薄膜罩严,四周用重物压实。待料堆中央温度升至 65~70℃ 开始翻堆,通常翻堆 6 次,分别在建堆后第 6 d、5 d、4 d、3 d、3 d、2 d 进行,每次翻堆时注意不同层面培养料要互换位置,并参考第一次建堆的方法一层秸秆一层粪堆制,最后将培养料的 pH 调至 7.5~7.8,含水量 70% 左右。第一次翻堆时拌入阔叶木屑与尿素水溶液,第二次翻堆加入石膏粉和过磷酸钙,第三次翻堆拌入石灰粉,最后一次翻堆前在堆外层喷 1 000 倍液 90% 的敌百虫防治害虫。培养料由棕色变成棕褐色、无氨味、有特殊的香味,含大量的白色放线菌,熟而不烂且手拉纤维易断,含水量 60%~65%,pH 7.5~7.8 时前发酵结束。

培养料的二次发酵及播种与双孢蘑菇栽培相同。

(五)发菌及覆土

播种结束,加盖草帘或塑料薄膜发菌,保持室温 22~26℃,切忌高于 30℃ 或低于 18℃,空气相对湿度 70%~75%。播种 5~6 d 后,每 2 d 揭草帘或塑料膜通风 1~2 次,每次 30 min。7 d 后将塑料薄膜撑起增加通风量,料面太干时,喷雾状水保湿,以水不漏料为宜。11~13 d 后,菌丝长满培养料 2/3 时,去草帘或塑料膜,覆土。

以肥田土、稻田土、田底土等富含腐殖质、通气性好的壤土或泥炭土最佳。将泥土挖出暴晒,制作成直径 2~3 mm 的粗土粒和 0.5~1 mm 的细土粒。覆土前 3 d,先将土粒用 2% 的石灰水预湿至半干半湿,调节 pH 至 7.5~8.0,要求土粒中间无白心,以用手将其捏扁后能搓成圆形且不沾手为宜,然后拌入敌敌畏和甲醛,覆盖塑料薄膜闷堆 24 h。覆土时,料面覆一层厚 3.3~3.5 cm、含水量为 60%~70% 的粗土粒,然后用塑料薄膜覆盖 2~3 d。2 d 后待菌丝长到土层厚度的一半,开始通风换气,保持土壤表面湿润。5~7 d 后,菌丝可爬满土层,若菌丝爬土不整齐要及时补土至将菌丝覆盖为宜。当菌丝全部爬满土层表面时,轻喷 0.5~0.7 kg/m² 的催菇水,在 2~3 d 内连续轻喷水 2~3 次,然后停水,增强光照,控制室温 18~25℃,早晚各通风 30 min,连续 2 d 后,轻喷水 1 次,继续停水 3~5 d,将在料面上出现米粒大小的原基。

(六)出菇管理

原基发育至直径为 1 cm 左右时,早晚各通风 30 min,坚持少量多次的喷水原则,以水不漏料为前提,2 d内早上和傍晚喷完 2～3 kg/m² 的重出菇水,每天喷水 3～4 次,每次喷重水后通风 1～2 h后再盖膜保湿。当菇蕾长至高 2～3 cm时,停止喷重水,每天轻喷水 1～2 次,以保持土壤湿润、空气相对湿度 80%～95% 为宜,加大通风换气。整个出菇期间,调节室温至 18～25℃,保持"七阴三阳"的散射光,二氧化碳浓度应低于 0.1%(图6-34)。

(七)采收及管理

从姬松茸出现原基至子实体采收一般 7～10 d。当菌盖尚未开伞、淡褐色、表皮有纤维状鳞片、直径 3～6 cm,菌褶内层菌膜尚未破裂时为最佳采收期。采收时,用手捏住菌柄转动菇体后往上轻提,预防拔菇造成周围菌丝及小菇死亡,一般每天采收 1～3 次。采收后,留下幼菇继续生长,及时用土填平料面并清除残菇、病菇,停水 3～5 d至菌丝恢复后再进行下一茬的出菇管理。从第二茬采收后开始要适当喷施 0.5%尿素、0.2%磷酸二氢钾溶液或丰产素等有利于提高下茬产量,整个生长期可采收 3～5 茬(图6-35)。

图 6-34　姬松茸的出菇管理

图 6-35　姬松茸子实体采收

四、病虫害防治

(一)病虫害种类

姬松茸在种植过程中其病害主要由胡桃肉状菌(假块菌病)、鬼伞菌、可变粉孢霉、木霉、白色石膏霉、链孢霉等引起;虫害主要有菇蝇、菇蚊、蛞蝓、螨类、跳虫、白蚁、线虫等。

(二)防治措施

1.预防措施

选择无病害的菌种,菇房的消毒、接种人员及工具的操作等措施与金针菇相同。

2.治疗措施

发病初期,立即清除病菇。木霉、链孢霉、蛞蝓、螨类的防治与黑木耳相同;线虫、菇蝇的防治与金针菇相同;跳虫、白蚁的防治与香菇相同;菇蚊的防治与糙皮侧耳相同;鬼伞菌、白色石膏霉的防治与双孢蘑菇相同;腐烂病的防治与鸡腿菇相同。

胡桃肉状菌的防治主要有两个方面:第一,要控制培养料含水量在55%～60%、pH 7.5左右,将培养料进行二次发酵后拌入干料重0.2%的多菌灵。第二,针对老菇房要用波尔多液喷洒消毒,床架应在该溶液中浸泡5～6 d,晒干后使用;进料前14 d,用甲醛的5倍稀释液对菇房进行消毒;前7 d再用甲醛20 g/m²、敌敌畏15 g/m²喷洒,然后用硫黄20 g/m²熏蒸,密闭2 d后开启所有门窗通风;新菇房应在进料前15 d用清水冲洗菇房、墙壁及床架,然后喷洒漂白粉消毒。

可变粉孢霉的防治可使用50%可湿性多菌灵800倍液拌料,出菇前向土层喷洒500倍液50%的可湿性多菌灵,土层表皮出现该病原菌菌丝后,喷洒450 mL/m²的70%托布津抑制其菌丝生长。

第九节 真姬菇栽培技术

一、概述

(一)分类地位及分布

真姬菇[*Hypsizigus marmoreus*(Peck)Bigelow]又名玉蕈、蟹味菇、斑玉蕈、假松茸、海鲜菇、鸿喜菇等(图6-36),英文名 Beech Mushroom,隶属于真菌界(Eumycetes)担子菌门(Basidiomycota)层菌纲(Hymenomycetes)伞菌目(Agaricales)白蘑科(Tricholomataceae)玉蕈属(*Hypsizigus*)。野生子实体发生于壳斗科树(如山毛榉)及其他阔叶树的枯木、倒木及树桩上,常分布于欧洲、日本、北美洲、西伯利亚等地。

(二)经济价值

真姬菇是一种高蛋白、低热量、低脂肪的食药兼用菌类,享有"闻则松茸,食之玉蕈"之荣称。子实体形态美、质地脆、口感佳、具海蟹味,富含多种营养成分,其中蛋白质的含量比普通蔬菜或水果高5倍,谷氨酸和天冬氨酸含量突出,苯丙氨酸和亮氨酸高于其他食用菌,多糖、维生素和各种人体必需无机盐含量丰富,维生素B₁、维生素B₂的含量比同重的鱼和奶酪高,脂肪含量大大低于其他食品且多是不饱和脂肪酸等。长期膳食该菇具有抗肿瘤、防止便秘、预防衰老、延长寿命、增强免

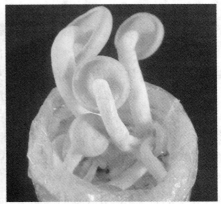

图 6-36　真姬菇子实体

疫力等功效。同时,真姬菇栽培工艺简单、培养料来源广泛、市场前景好,有利于促进生态和谐、带动地方经济、发展可持续农业等。

(三)栽培史

真姬菇是一种近年来新开发的珍稀菇种,1972—1973 年,该菌在日本驯化栽培成功并实现了规模化生产。1986—2001 年,我国科研人员从日本引进该品种,其栽培发展迅速,从季节性、小面积种植发展到周年全自动机械化商业生产。目前,真姬菇栽培品种有浅灰色和纯白色两个品系(图 6-37),栽培方式以袋栽和瓶栽为主,国内主产区主要集中于福建、上海、北京、广东、浙江等地。

浅灰色品系　　　　　　　　　　　　　　纯白色品系

图 6-37　真姬菇不同品系子实体

二、生物学特性

（一）形态及生活史

1.孢子

真姬菇的性遗传模式为四极异宗结合，担孢子无色、光滑、近卵圆形至球状，单个担孢子与其他相同交配型的食用菌类似，在适宜下条件下先萌发形成单核菌丝，再经质配形成双核菌丝。

2.菌丝体

具有结实能力的双核菌丝在显微镜下细胞狭长、有横隔及明显的锁状联合结构。肉眼观察，在 PDA 培养基上，菌落洁白、浓密、整齐、棉毛状，气生菌丝少，菌丝生长旺盛，抗杂菌能力强，不分泌色素，不产生菌皮，7～10 d 可长满母种试管斜面。此菌丝生理成熟后，在菌袋颜色转白、松软状，扭结成三生菌丝后，在适宜的条件下逐渐形成原基，最终发育成真姬菇子实体。

3.子实体

子实体（图 6-38）多丛生、少散生，菌盖灰褐色或白色，半球形至平展，中央平坦，四周色浅，中部色深，表皮有龟裂纹，直径 3～8 cm；菌肉质密、白色，受伤后变微橙黄色；菌柄洁白、内实、中生或少数偏生，圆柱状或少数基部膨大，长度 3～10 cm，直径 0.3～0.6 cm；菌褶直生或弯生、近白色、片状，排列密集且不等长，其上形成担孢子，孢子印白色，在适宜的条件下真姬菇的担孢子又开始新一轮的生活史。

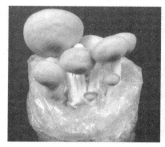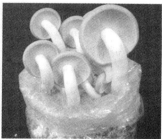

图 6-38　真姬菇人工子实体

（二）生长发育

1.营养条件

真姬菇属于木腐型菌类，具有较强的木质素、纤维素分解能力，能够利用多种培养料，生长发育对营养需求与其他食用菌相似。实际生产中，若以针叶树木屑为培养料，必须将其在室外堆积 6 个月以上，期间经 3～4 次喷水与翻堆，使多酚与树脂类物质挥发后使用,或者将阔叶树木屑和针叶树木屑按照 1∶(2～3)的比例直接混合使用;以木屑、玉米芯、棉籽壳等主料与米糠、麦麸、豆皮等辅助混合使用比单独使用有明显的增产效果。真姬菇营养生长阶段的碳氮比(C/N)为(30～34)∶1。

2. 环境条件

真姬菇是一种低温型变温结实菌类,一般情况下其菌丝生长、原基分化、子实体生长适宜的温度分别是 20～25℃、13～15℃、13～18℃。温度低于 4℃或高于 35℃时,菌丝停止生长;8～10℃的温差刺激有利于菇蕾快速分化,低于 8℃或高于 22℃时,子实体难以长出。

(1)菌丝体阶段:培养料的含水量 65%～67%,空气相对湿度 70%～75%,需要氧气,不需要光照,以 pH 6.5～7.5 为宜。

(2)子实体阶段:除培养料含水量、pH 与菌丝体阶段一致外,氧气的需求逐渐增加;原基分化期空气相对湿度 90%～95%,50～100 lx 的散射光,二氧化碳浓度 0.05%～0.1%,但原基大量发生时每天 4～8 次通风换气;子实体生长期空气相对湿度 85%～90%,300～500 lx 的散射光或生产中应每昼夜开日光灯 10～15 h,二氧化碳浓度 0.2%～0.4%,超过 0.4%时易出现畸形菇。

三、袋料栽培技术

(一)栽培季节

结合真姬菇生物学特性与当地的气候特征来决定最适栽培时期,一般情况下该菌发菌、菌丝生理成熟、菇蕾分化、子实体成熟需要的时间分别为 40～50 d、45～50 d、7～12 d、5～10 d。我国北方一般以 2～4 月和 10～11 月为出菇期,南方常安排在 1 月至翌年 3 月,工厂化生产则周年栽培。

(二)菇场选择与准备

空房、地下室、防空洞等均可作为真姬菇的出菇场,但以温度较易控制的专业菇房、普通菇棚及半地下菇棚栽培为宜,菇房适合于工厂化生产。

夏季长且气温高的地区,宜在海拔较高的地方搭建东西方向长,南北方向短,防雨通风,四周可调光,高为 2.5 m 左右的普通菇棚,长度和宽度根据需求设定。冬季长且气温低的地区,宜在背风向阳的地方建造东西走向、北高南低的半地下菇棚,其中长×宽×高为(10～20) m×3.5 m×(1.8～2.2) m,地上部高 1.2 m,距地面 15 cm 的南北墙上每隔 1.5～2 m 开设一个直径约 30 cm 的外小里大、喇叭状通风口。

(三)培养基的制备

1. 母种常用配方

(1)马铃薯 200 g,葡萄糖(或蔗糖)20 g,琼脂 15～20 g,水 1 L。

(2)马铃薯 200 g,麦麸 50 g,玉米粉 30 g,葡萄糖(或蔗糖)20 g,琼脂 15～20 g,蛋白胨 5 g,水 1 L。

(3)麦芽浸汁 20 g,琼脂 15～20 g,酵母浸膏 2 g,蛋白胨 1 g,水 1 L。

(4)马铃薯 200 g,葡萄糖(或蔗糖)20 g,琼脂 15～20 g,蛋白胨 5 g,磷酸二氢钾 3 g,硫酸镁 1 g,复合维生素 10 mg,水 1 L。

(5)马铃薯 200 g,小麦粒 100 g,玉米粉 30 g,葡萄糖(或蔗糖)20 g,琼脂 15～20 g,蛋白胨 5 g,磷酸二氢钾 3 g,硫酸镁 2 g,酵母膏 2 g,复合维生素 B 10 mg,恩肥 0.1 mL,水定容至 1 L。

注意:麦麸、玉米粉、小麦粒的处理方法与马铃薯相同,水煮 30 min,取汁液。

2. 原种常用配方

(1)小麦粒 90.7%、麸皮 7.3%、石膏粉 0.9%、碳酸钙 0.9%、硫酸镁 0.2%。

(2)玉米粒 99%,蔗糖 1%。

注意:玉米粒的处理方法与小麦粒相同,但要事先粉碎成原来的 1/4 大小。

3. 栽培种常用配方

(1)阔叶木屑 80%、米糠(或麦麸)18%、白糖 1%、石膏粉 1%。

(2)棉籽壳 86%、米糠(或麦麸)10%、钙镁磷肥 2%、白糖 1%、石膏粉 1%。

(3)甘蔗渣 65%、棉籽壳 32%、钙镁磷肥 2%、石膏粉 1%。

(4)干酒糟 50%、棉籽壳 21%、阔叶木屑 20%、玉米面 6%、钙镁磷肥 2%、石膏粉 1%。

4. 生产常用配方

(1)玉米芯 54%、黄豆皮 17%、麦麸 13%、米糠 8%、高粱粉 8%。

(2)松杉木屑 65%、米糠 17%、玉米芯 8%、麸皮 5%、黄豆皮 5%。

(3)棉籽壳 88%、麦麸 5%、玉米粉 5%、石灰粉 1%、石膏粉 1%。

(4)玉米芯 80%、麸皮 12%、玉米粉 5%、石膏粉 1.5%、石灰粉 1.5%。

5. 制作过程

上述培养基的制作过程采用常规生产方式,灭菌后 pH 以 6.5～7.5 为宜,理论上含水量 65%～67%,但根据情况可适当增减。

(四)接种及发菌管理

选择适于本地区栽培的优质真姬菇菌种趁热接种(约 28℃)。接种后,将菌袋移入养菌室黑暗培养,保持室温 20～25℃、空气相对湿度 70%～75%,每天通风换气 2～3 次,每次 20～30 min(图 6-39)。7 d 后检查菌丝生长及污染情况,14 d 后要适当降低室温 1～2℃,增加通风量。菌丝长满菌袋后,控制室温 20～22℃,空气相对湿度不变,加大通风,经 45～50 d 后,菌袋内菌丝由稀疏变为浓白,菌丝体粗壮,料面形成白色菌皮,分泌浅黄色或褐黄色色素表明其已达到生理成熟。

图 6-39　真姬菇发菌管理

(五)出菇管理

将上述已生理成熟的真姬菇菌袋移入菇棚或菇房,打开菌袋,用细铁丝耙去除料面的老菌种块以及菌皮,然后在料面注入少许干净的清水浸泡 2～3 h 后将其倒出。控制室温 13～15℃、空气相对湿度 90%～95%,给予 50～100 lx 的散射光,增加通风量促其菇蕾形成。经 7～12 d 后,料面形成针状灰褐色原基,控制温度 12～14℃,调节散射光照至 250～500 lx,增加通风换气(每天 4～8 次),结合通风向地面和空间喷雾,控制空气相对湿度达 90% 左右。当原基分化成菇蕾,顶部变黑后,保持室温 13～18℃,光照强度 200～500 lx,空气相对湿度为 85%～90%,增加通风量次数,促进子实体发育(图 6-40)。

图 6-40　真姬菇的出菇管理

（六）采收及管理

从原基到菇体成熟一般需要 5～10 d。待子实体八成熟、形态周正、具旺盛的生长态势,菌盖呈半球形、斑纹清晰、尚未开伞,直径 1～3 cm,菌柄均匀一致、粗细适中,长度 4～8 cm 时为适宜采收期,若采收过迟,开伞后将失去其商品价值(图 6-41)。采收宜在夜晚或清晨进行,一只手抓住培养料,另一只手捏住子实体基部旋转轻轻摘下即可。采完后,一方面,将新鲜子实体及时分级、包装及密封贮藏(图 6-42);另一方面,清除残留的菇根,保持料面干净并覆盖报纸,停水 3 d,覆盖湿的无纺布,加大通风量,促使料面菌丝恢复后按照上述出菇方法进行第二茬出菇管理。

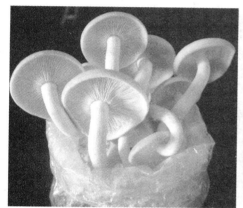

图 6-41　真姬菇开伞子实体

图 6-42　真姬菇子实体包装

四、病虫害防治

(一)病虫害种类

真姬菇在种植过程中其病害主要由绿霉、曲霉、细菌类等引起;虫害主要有蛞蝓、菇蝇、瘿蚊等。

(二)防治措施

1.预防措施

选择无病害的菌种,菇房的消毒、接种人员及工具的操作等措施与金针菇相同。

2.治疗措施

发病初期,立即清除病菇。绿霉、曲霉、蛞蝓的防治与黑木耳相同;细菌性斑点病、菇蝇的防治与金针菇相同;细菌性褐条病的防治与草菇相同;瘿蚊的防治与滑菇相同。

第十节　　毛木耳栽培技术

一、概述

(一)分类地位及分布

毛木耳[*Auricularia polytricha*(Mont.)Sacc.]又名构耳、粗木耳、厚木耳、砂木耳、牛皮木耳等,英文名 Hairy Jew's Ear,隶属于真菌界(Eumycetes)担子菌门(Basidiomycota)层菌纲(Hymenomycetes)木耳目(Auriculariales)木耳科(Auriculariaceae)木耳属(*Auricularia*),有黄背毛木耳、白背毛木耳、红大耳等不同品系。夏秋季节,毛木耳野生子实体(图 6-43)常丛生于柳树、梧桐、桑树、洋槐等的枯枝或树干上,多分布于热带和亚热带地区,在泰国、日本、菲律宾等国以及我国云南、贵州、甘肃、海南、河北、四川、山西、福建、吉林、河南、台湾等地均有分布。

(二)经济价值

毛木耳是一种营养成分与黑木耳相似的珍稀食药兼用菌类,享有"树木上的海蜇皮"之誉称,子实体质地粗韧、口感香脆、风味独特,长期食用该菇除具有活血、止血、补血、止痛、清肺、益气强身、滋阴强阳、降血脂及胆固醇等功效,尤其背面绒毛当中含有丰富的多糖和粗纤维,有助于促进人体内营养物质的消化、吸收、代谢及抗肿瘤作用。同时,该菇具有生活力强、栽培材料广泛、培养简单、管理粗放、适应性广、抗逆性强(如抗杂菌能力)、生物转化率高等优势,是地方品种引进、农业废弃

图 6-43 野生毛木耳子实体

物利用及带动农民脱贫致富的首选菇种之一。

（三）栽培史

毛木耳的栽培史与黑木耳相近，历经段木栽培逐渐向袋料栽培的发展过程，同时，该菌以黑木耳与香菇的栽培技术为基础，又发展出短袋栽培和长袋栽培两种模式。1975—1980 年，我国对该菌进行了人工栽培，以木屑为主料的袋料栽培开始替代传统的段木栽培，随后又出现以棉籽壳、甘蔗渣、玉米芯等为主料的培养料多样化栽培。1982 年，四川农科院食用菌开发研究中心针对引进于日本的黄背木耳进行了菌种分离、生物学特性、栽培技术等系统的研究与种植技术推广。1989—1990 年，自福建漳州首次引进台湾白背毛木耳的菌种和集约化栽培模式后，毛木耳在全国各地进入快速发展期，主产区分布于四川、河南、山东、江苏、安徽、福建、广西、广东、台湾等地。

目前，毛木耳的栽培以黄背木耳和白背木耳两大品系为主，本书以毛木耳中栽培较广、产量较高、质量最佳、品质较好、唯一适宜鲜销的黄背木耳为例介绍其生物学特性及栽培技术。

二、黄背木耳的生物学特性

（一）形态及生活史

1. 孢子

黄背木耳的性遗传模式为四极异宗结合，单个担孢子无色、光滑、圆筒形，与其他相同交配型的食用菌类似，适宜下条件下，担孢子萌发形成单核菌丝后经质配再次形成双核菌丝。

2. 菌丝体

具有结实能力的双核菌丝在显微镜下纤细、分枝性强、有横隔与锁状联合结构。肉眼观察,菌落洁白、粗壮、绒毛状,生命力旺盛,爬壁力较强,菌丝长满培养基后期会分泌色素。此菌丝生理成熟扭结成三生菌丝,在适宜的条件下形成白色小点即白毛团后逐渐变成米状粉红色或紫红色的原基,原基之间再连成团且不断生长凸起形成呈浅红色或棕灰色胶质化的耳基,最终发育成黄背木耳子实体即耳片。

3.子实体

子实体(图 6-44)一般较大,单生或丛生、胶质、脆嫩、较软,幼时杯状,成熟后耳状或盘状,较多耳片连在一起呈菊花状,干燥后收缩,角质、硬而脆,无柄,有明显稍皱的基部,直径 10～20 cm。有背腹两面,前者又称毛面或不孕面,凸起,呈微黄色、浅褐色、褐色等多种颜色,且密生长度×直径(400～1 100) μm×(4.5～6.5) μm 的黄色绒毛,是毛木耳与其他木耳最显著的不同之处,成熟时绒毛变稀少或脱落,颜色变浅;后者又称光面或孕面,呈紫灰色至黑色,光滑或有脉络状皱纹,表层着生一层粉红的粉状物,成熟时逐渐消失,其上着生子实层,棒状担子上形成担孢子,在适宜的条件下其又开始新一轮的生活史。

野生子实体 　　　　　　　　　　　　　　　人工子实体

图 6-44　黄背木耳子实体

(二)生长发育

1.营养条件

黄背木耳属于木腐型速生菌类,具有较强的纤维素、半纤维素及木质素分解能力,生长发育对营养需求与其他食用菌相似。实际生产中,针叶树木屑需用1%～2%的石灰水浸泡一昼夜后才能使用;培养料拌入 1%的糖有利于菌丝初期生长;该菌对氮素营养的要求较低,以有机氮利用率最佳,铵态氮和尿素其次,硝态氮最低,尿素的使用量通常在 0.2%～0.5%,硫酸铵、硝酸铵因容易与碱性物质作用释放氨气,为防止影响菌丝生长一般不用;培养料适量添加石膏粉、生石灰、磷酸二氢钾等具有增产作用,使用量分别为 1%～2%、1%～5%、0.1%～0.3%、0.1%～1%。黄背木耳培养料适宜的碳氮比(C/N)为 25∶1。

2.环境条件

黄背木耳是一种中高温型恒温结实菌类,一般情况下其孢子萌发、菌丝生长、子实体生长适宜温度分别是 22～30℃、25～30℃、22～30℃。温度低于 3℃或高于 35℃菌丝生长停止,12～28℃范围内生长速度随温度的不断增高而加快,40℃保持几小时菌丝死亡;温度低于 10℃或高于 32℃时子实体很难形成或停止生长,10～14℃时生长较慢,超过 26℃时生长快,但商品性差,28℃左右生长最快。

(1)菌丝体阶段:培养料的含水量为 60%～65%,空气相对湿度 70%左右,需要氧气,不需要光照,以 pH 7～8(配料时将其调节至 8～9)为宜。

(2)子实体阶段:除培养料含水量、pH 与菌丝体阶段一致外,空气相对湿度 85%～95%,氧气的需求增加,需要 100 lx 以上的散射光。

三、黄背木耳袋料栽培技术

(一)栽培季节及栽培品种

结合黄背木耳生物学特性与当地的气候特征来决定最适栽培时期,可选择春秋两季栽培,根据菌袋经 40～50 d 的培养可长满菌丝,再经 5～10 d 后熟出菇管理合理安排生产期。一般春栽制袋接种与出耳时间分别为 1～3 月、4～6 月,秋栽制袋接种与出耳时间分别为 8～9 月、9～11 月。目前,主要栽培品种有黄背木耳 781、L-6 杂交品种、川耳 1 号、台湾 2 号、黄耳 10 号等。

(二)菇场选择与准备

黄背毛木耳抗逆性强,对栽培场所没有特殊的要求,通风、保温、保湿、有散射光、冬暖夏凉、远离污染、坐北朝南的简易耳棚、塑料大棚、日光温室、石棉瓦房等室内或郁闭度不能太高的林下均可作为其出菇场所。室内与室外栽培均要清除场内杂物(枯枝、落叶、杂草等),地面撒石灰,场内及四周喷洒 5%漂白粉溶液或 4%甲醛溶液消毒,用 0.5%敌敌畏杀灭病害虫。菇场设置与菌袋排场参考黑木耳栽培。

(三)培养基的制备

1.母种常用配方

(1)马铃薯 200 g,葡萄糖(或蔗糖)20 g,琼脂 15～20 g,酵母浸出汁 1 g,硫酸镁 0.5 g,水 1 L。

(2)马铃薯 200 g,麦麸 50 g,葡萄糖(或蔗糖)20 g,琼脂 15～20 g,磷酸二氢钾 3 g,维生素 B_1 30 mg,水 1 L。

(3)小麦粒、黄豆粒、玉米粒各 100 g,阔叶木屑 50 g,葡萄糖 20 g,琼脂 15～20 g,

维生素 B_1 30 mg,水 1 L。

　　注意:麦麸、小麦粒、黄豆粒、阔叶木屑、玉米粒(粉碎成 1/4 大小)的处理方式与马铃薯,水煮 30 min,取汁液。

　　2.原种常用配方

　　(1)小麦粒 97.5%、麸皮 1.5%、碳酸钙 1%。

　　(2)棉籽皮 84%,麸皮 15%,石膏粉 1%。

　　(3)玉米芯 78%,麸皮 18%,石灰粉 3%,石膏粉 1%。

　　3.栽培种常用配方

　　(1)棉籽壳 84%、麸皮 15%、石膏粉 1%。

　　(2)棉籽壳 39.6%、玉米芯 30%、阔叶木屑 18%、麸皮 8%、石灰粉 3%、石膏粉 1%、尿素 0.3%、磷酸二氢钾 0.1%。

　　(3)阔叶木屑 78.6%、麸皮 10%、玉米面 7%、石灰粉 3%、石膏粉 1%、尿素 0.3%、磷酸二氢钾 0.1%。

　　(4)玉米芯 30.6%、阔叶木屑 30%、大豆秸 20%、麸皮 15%、石灰粉 3%、石膏粉 1%、尿素 0.3%、磷酸二氢钾 0.1%。

　　(5)甘蔗渣 87.94%、米糠 8.8%、碳酸钙 1.76%、石灰粉 0.88%、尿素 0.44%、磷酸二氢钾 0.18%。

　　4.生产常用配方

　　(1)棉籽壳 92%、麦麸 5%、蔗糖 1%、石灰粉 1%、石膏粉 1%。

　　(2)阔叶木屑 85%～87%、麦麸(或米糠)10%～12%、轻质碳酸钙 1%、石灰粉 1%、石膏粉 1%。

　　(3)玉米芯 47.6%、阔叶木屑 30%、麸皮 10%、玉米面 7%、石灰粉 4%、石膏粉 1%、尿素 0.3%、磷酸二氢钾 0.1%。

　　(4)稻草 42.5%、阔叶木屑 27%、米糠 25%、石灰粉 3%、石膏粉 1%、过磷酸钙 1%、尿素 0.5%。

　　(5)阔叶木屑 65%、甘蔗渣 21%、麸皮 11%、碳酸钙 1%、石灰粉 1%、石膏粉 1%。

　　5.制作过程

　　上述培养基的制作过程采用常规生产方式,灭菌后 pH 以 7～8 为宜,理论上含水量以 60%～65% 为宜,但根据情况可适当增减。

　　(四)接种及发菌管理

　　选择适于本地区栽培的优质黄背木耳菌种趁热接种(约 30℃)。将接种后的菌袋移入养菌室或菇房,不要随便翻袋,遮光培养,保持室温 29～32℃,空气相对湿度小于70％,少量通风,早晚各通风30 min即可,切记冷风直吹栽培袋,发菌期应缩小因通风造成的温差。随着后期菌丝生长代谢产生的热量增加,加大通风来增加氧气及降温。5～10 d后,菌丝已定植,降低室温至27～30℃,适量通风。连续培养10～15 d后,菌丝生长已旺盛,调节室温至25～28℃,白天至少通风2次以上,夜间闷热时也要通风降温。继续发菌20～25 d后,菌丝已长满整个菌袋,降低室温低于25℃,加强通风并疏散菌袋。从菌丝长满菌袋开始5～10 d后,菌袋内白色菌丝表面出现微黄色的水珠时表明其已达到生理成熟。

(五)出菇管理

将上述已生理成熟的菌袋移入菇棚或菇房,用0.1％的高锰酸钾溶液浸泡1 min(勿使消毒液浸入袋内)后,用消毒刀片在菌袋四周或两头选6～8个部位开面积2 cm² 左右或四周开10～12个"X"或"V"字形的出耳孔,或者划出9～10条长6 cm的出耳线,开孔或划线以开透塑料袋为准,切忌划破菌丝。

开孔后,以12～13 cm的菌袋间距排袋,保持空气清新,室温18～25℃,有7℃左右的温差,每天早晚各喷水1次,保持地面湿润,空气相对湿度85％左右(切记直接往袋口喷水),给予"三阳七阴"的散射光刺激。2～3 d后,孔口菌丝开始发白,逐渐出现白色点状物。1～2 d后,由白色点状形成米状粉红色圆球即原基。2～4 d后,原基逐渐发育成浅红色或棕灰色的耳基(光线暗时耳基呈浅红色,光线强且通风好时呈棕灰色),调节室温22～28℃。耳基发育成耳片,伸展开片至4～5 cm大小时,应逐渐加大空气相对湿度至90％左右。耳片伸展至鸡蛋大小时,加大散射光至半阴半阳,并停止喷水,促进耳片边缘收缩与增厚。1～2 d后,其他环境条件不变,再次通过远距离对着耳片喷水加大空气相对湿度至90％～95％,坚持"耳面变白补水、耳面深褐色停水"的原则,以每次喷到耳片深褐色且无水珠下滴为宜,使耳片长时间保持湿润状态。当耳片的外缘略向上翘起,腹面颜色从红棕色转变为紫红色时,逐渐减少喷水量,在采收前一周应保持空气相对湿度至75％～80％(图6-45)。

(六)采收及管理

从开孔至菇体成熟一般需要15～25 d,采收前应停止喷水1 d。待子实体耳根由大变小,耳柄收缩,耳片充分展开、直立、有弹性、边缘开始收缩,颜色由深变浅(一般由紫红色变成紫色),腹面有白色粉状孢子,背面绒毛开始脱落时为最佳采收期(图6-46)。采收时,选择晴天,用手捏住耳基将整丛子实体拔下即可。采收后,清理料面、弃除污染、增加通风,促进耳基伤口愈合。停止喷水3 d,料面菌丝恢复生长后,将耳袋浸入250～300倍液的木耳生长剂或0.1％～0.3％的磷酸二氢钾、0.5％的尿素、1～3 mL/kg的三十烷醇肥液中4～8 h,补足养分和水分后捞起,重

图 6-45　黄背木耳的出菇管理

复下一茬出菇管理,一般连续采耳 3~4 次。

图 6-46　黄背木耳成熟子实体

四、病虫害防治

(一)病虫害种类

黄背木耳在种植过程中其病害主要由绿色绿霉、红色链孢霉、根霉、青霉、黑曲霉等引起;虫害主要有菌蛆、菌蚊、螨类、眼蕈蚊、跳虫、蛞蝓等。

（二）防治措施

1. 预防措施

选择无病害的菌种，菇房的消毒、接种人员及工具的操作等措施与金针菇相同。

2. 治疗措施

发病初期，立即清除病菇。绿色绿霉、红色链孢霉、根霉、青霉、黑曲霉、螨类、蛞蝓的防治与黑木耳相同；菌蚊、眼蕈蚊的防治与金针菇相同；跳虫的防治与香菇相同。菌蛆可通过设置防虫网、培养料上或室内喷洒除虫菊酯等无残毒的农药防治。

第七章
药用食用菌栽培

第一节　猴头菇栽培技术

一、概述

(一)分类地位及分布

猴头菇[*Hericium erinaceus*(Bull. ex Fr.)Pers.]又名猬菌、猴头菌、猴菇菌、刺猬菌、熊头菌、羊毛菌、山伏菌、花菜菌、猴头蘑、对口蘑、对脸蘑等(图7-1),英文名 Bear's head hericium,隶属于真菌界(Eumycetes)担子菌门(Basidiomycota)层菌纲(Hymenomycetes)非褶菌目(Aphyllophorales)猴头菇科(Hericiaceace)猴头菇属(*Hericium*)。野生子实体数量稀少,主要分布于我国的黑龙江、云南、四川、吉林、辽宁、内蒙古、山西、甘肃、河北、河南、广西、河南、湖南、西藏以及日本、欧洲、北美洲等地。

图 7-1　猴头菇子实体

(二)经济价值

猴头菇作为一种著名的药食兼用菌,是我国除燕窝、熊掌、鱼翅之外的四大名菜之一,素有"山珍猴头、海味燕窝"的称号。子实体色美味鲜、风味独特,含有丰富的蛋白质、脂肪、碳水化合物、粗纤维、矿质元素(磷、铁、钙等)、维生素、胡萝卜素等。同时,该菌还具有促进溃疡愈合、炎症消退、助消化、抗癌、提高人体免疫等功能,尤其是对慢性胃炎、胃溃疡、十二指肠溃疡等病症有显著疗效。同时,猴头菇能有效分解各类腐木、农作物下脚料、残枝落叶等有机物质,既给予人类美味的佳肴,又具有重要的生态价值。

(三)栽培史

据文献报道,370年前,明代由徐光启编著的《农政全书》已有猴头菇相关记载。1959—1960年,我国针对该菇进行了驯化,采用木屑瓶栽法成功获得子实体,至1970年实现批量栽培,在国内实现了推广和普及。目前,我国是世界上主要栽培猴头菇的国家,主栽区主要分布于上海、浙江、福建、江苏等地,其栽培方法多样化,主要有袋料栽培和段木栽培。

二、生物学特性

(一)形态及生活史

1.孢子

猴头菇的性遗传模式为二极异宗结合,担孢子透明无色、光滑、呈球形或近似球形,单个担孢子萌发形成单核菌丝,不同性别的单核菌丝结合之后形成双核菌丝。

2.菌丝体

具有结实能力的双核菌丝在显微镜下细胞壁薄、有横隔及明显的锁状联合结构。肉眼观察,菌落白色或乳白色、稀疏至浓密、绒毛状至散射状,PDA培养基上前期菌丝生长缓慢,后期基内菌丝多、有不发达的气生菌丝并产生可溶性色素使培养基变为棕褐色。此结实性菌丝经生理成熟扭结成三生菌丝,适宜的条件下逐渐形成原基,最终发育成猴头菇子实体。

3.子实体

子实体(图7-2)单生或对生,白色至浅黄、浅褐色,肉质,扁半球形,呈块状或头状,直径3.5～30 cm,由无数肉质、端尖锐或略带变曲的软菌刺生长在狭窄或极短的菌柄部,菌刺圆锥形、细长下垂,长1～5 cm,直径1～2 mm;子实层着生于菌刺表面,其上形成担子及囊状体,担子上逐渐发育成4个担孢子,成熟后弹射出来形成白色孢子印,孢子在适宜的条件下又开始新一轮的生活史。

图 7-2　猴头菇人工风干子实体

(二)生长发育

1.营养条件

猴头菇属于木腐型菌类,整个生长发育阶段与其他食用菌一样,也要从基质中不断摄取碳源(纤维素、淀粉、蔗糖等)、氮源(蛋白质、有机态氨、铵盐等)、无机盐(硫酸镁、磷酸二氢钾、硫酸钙等)等营养物质。实际生产中,该菇因分解纤维素与木质素的能力较弱,制作母种培养基或培养料时,分别加入 1％的蔗糖、0.5％蛋白胨作辅助碳氮源以促进菌丝生长。猴头菇营养生长阶段的碳氮比(C/N)为25:1,生殖生长阶段为(35～40):1。

2.环境条件

猴头菇是一种低温型恒温结实菌类,一般情况下,菌丝生长、子实体分化、子实体发育适宜的温度分别是 21～24℃、12～18℃、16～22℃。温度低于 6℃或高于35℃时,菌丝体停止生长,低于 16℃或高于 30℃时生长缓慢。温度低于 16℃或高于 25℃时,子实体生长缓慢。

(1)菌丝体阶段:培养料的含水量 60％～70％,空气相对湿度 70％～80％,需要氧气,能忍受浓度为 0.3％～1％的二氧化碳,不需要光线,以 pH 4～5.5为宜。

(2)子实体阶段:培养料的含水量 60％左右,空气相对湿度 80％～90％,对氧气的要求增加,二氧化碳浓度超过 0.1％会形成畸形菇,无光可形成子实体,但给予一定的散射光(200～400 lx),子实体才能正常生长发育,以 pH 4～5.5为宜。

三、袋料栽培技术

(一)栽培季节的选择

结合猴头菇生物学特性与当地的气候特征来决定最适栽培时期,该菇发菌需要 25～30 d,向前推移即为播种期,一般在春、秋两季栽培。南方春、秋两季栽培分别在 3 月下旬至 5 月下旬、10 月上旬至 11 月下旬,北方分别在 5 月上旬至 6 月上旬、9 月上旬至 10 月上旬。

(二)菇场选择与准备

菇场一般有室内层架床栽和室外荫棚畦床栽培,猴头菇菌丝生长阶段在发菌室,生殖生长阶段在出菇房或人工荫棚。发菌期间,要求环境清洁、干燥及无杂菌。出菇期间,针对场地提前做好杀菌杀虫工作,设置规格为高 2.8 m,宽 90～130 cm,6～7 层且层间距 30 cm 的床架,或在交通方便、近水源、空气新鲜等的冬闲田或林地搭建光照"七分阴、三分阳"的荫棚。

(三)培养基的制备

1.母种常用配方

(1)马铃薯 200 g,葡萄糖(或蔗糖)20 g,琼脂 15～20 g,蛋白胨 5 g,酵母膏 1 g,水 1 L。

(2)黄豆芽 250 g,葡萄糖 20 g,琼脂 15～20 g,蛋白胨 4 g,酵母膏 1 g,水 1 L。

(3)马铃薯 200 g,麸皮 30 g,葡萄糖(或蔗糖)20 g,琼脂 15～20 g,蛋白胨 2 g,磷酸二氢钾 2 g,硫酸镁 1 g,酵母片 2～3 片,水 1 L。

注意:麸皮、黄豆芽的处理方式如同马铃薯。

2.原种常用配方

(1)小麦粒 97.5%、碳酸钙 1.5%、石膏粉 1%。

(2)棉籽壳 98%、蔗糖 1%、石膏粉 1%。

3.栽培种常用配方

(1)阔叶木屑 78%、米糠 10%、麦麸 10%、蔗糖 1%、石膏粉 1%。

(2)玉米芯 78%、麦麸(或米糠)20%、蔗糖 1%、石膏粉 1%。

(3)棉籽壳 78%、麸皮 20%、碳酸钙 1%、石膏粉 1%。

(4)玉米芯 50%、棉籽壳 30%、麸皮 18%、蔗糖 1%、石膏粉 1%。

(5)甘蔗渣 77%、麸皮 20%、石膏粉 2%、蔗糖 1%。

(6)阔叶木屑 70%、麸皮 25%、过磷酸钙 2%、石膏粉 2%、蔗糖 1%。

4.生产常用配方

(1)棉籽壳 80%、阔叶木屑 10%、米糠 8%、过磷酸钙 1%、石膏粉 1%。

（2）棉籽壳 54％、阔叶木屑 12％、米糠 10％、麸皮 10％、棉籽饼 6％、玉米粉 5％、过磷酸钙 1％、蔗糖 1％、石膏粉 1％。

（3）玉米芯 76％、麸皮 12％、米糠 10％、蔗糖 1％、石膏粉 1％。

（4）阔叶木屑 70％、豆秸粉 17％、麦麸 10％、大豆粉 0.7％、蔗糖 0.8％、石膏粉 0.8％、磷肥 0.5％、磷酸二氢钾 0.15％、硫酸镁 0.05％。

（5）甘蔗渣 78％、米糠 10％、麸皮 10％、蔗糖 1％、石膏粉 1％。

（6）酒糟 80％、麸皮 10％、豆饼 8％、蔗糖 1％、石膏粉 1％。

（7）稻草粉 60％、阔叶木屑 18％、米糠 18％、蔗糖 2％、石膏粉 1％、过磷酸钙 1％。

5. 制作过程

上述培养基的制作过程采用常规生产方式，灭菌后 pH 以 4～5.5 为宜，理论上含水量 65％左右，但根据情况可适当增减。

（四）接种及发菌管理

选择适于本地区栽培的优质猴头菇菌种趁热接种（约 28℃），在该菌的最适菌丝生长条件下培养。发菌期间，菌丝体遮光培养，保持室温 22～25℃，空气相对湿度 60％～70％，结合喷水每天中午通风换气 2 h。2～3 d，菌丝开始萌发，定植且颜色变白。5～6 d 后，菌丝开始向四周蔓延生长。7 d 后，及时检查栽培袋菌丝生长及杂菌污染情况；若有杂菌污染，立即做淘汰处理。10 d 后，菌丝生长逐渐加快使料温增高，加强通风降温 1～2℃。

（五）出菇管理

发菌 40 d 左右菌丝长满菌袋，将其移入出菇室，并立放于架床上。待菌袋内部菌丝现白色凸起即原基（菌株不同出现原基的时间不同，在菌丝长满前后都有可能）时（图 7-3），及时解开袋口，将颈圈下移至料面处，用橡皮筋固定住，保持室温 16～

图 7-3　猴头菇袋料栽培出菇管理

20℃，向地面和空气中喷水控制空气相对湿度为80%～95%，结合喷水加强通风(气温低时在中午通风，气温高时在早晚通风)，给予适量的散射光(200～400 lx)。

(六)采收及管理

待菌刺长0.5～1.0 cm，在孢子弹射之前即可采收。采收的方式与双孢蘑菇相同，或用锋利的弯刀割下，将袋内菌柄清理干净。采收结束，及时晒干或烘干新鲜子实体(图7-4)，补充菌棒水分和营养，采用同样的方式管理下一茬，15～20 d可出下茬菇。

烘干品

晒干品

图7-4　猴头菇子实体

四、病虫害防治

(一)病虫害种类

猴头菇栽培过程中，因菌种污染、培养料灭菌不彻底、出菇管理不当等导致病虫害的发生。其病害主要由链孢霉、木霉、青霉、毛霉、曲霉、根霉等引起；虫害主要有螨类、跳虫、菇蝇等。

(二)防治措施

1.预防措施

选择无病害的菌种，菇房的消毒、接种人员及工具的操作等措施与金针菇相同。

2.治疗措施

发病初期，立即清除病菇。链孢霉、木霉、青霉、毛霉、曲霉、根霉、螨类的防治与黑木耳相同；菇蝇的防治与金针菇相同；跳虫的防治与香菇相同。

第二节　灵芝栽培技术

一、概述

(一)分类地位及分布

灵芝[*Ganoderma Lucidum*(Leyss. ex Fr.)Karst.]又名仙草、赤芝、红芝、青芝、丹芝、瑞草、灵芝草、木灵芝、菌灵芝、万年芝、万年蕈等(图 7-5),英文名 Ling-zhi,隶属于真菌界(Eumycetes)担子菌门(Basidiomycota)层菌纲(Hymenomyce-tes)非褶菌目(Aphyllophorales)灵芝科(Ganodermataceae)灵芝属(*Ganoderma*)。野生子实体主要分布于欧洲、北美洲以及我国云南、四川、广东、广西、河南、北京、贵州、西藏、湖南、湖北、陕西、福建、甘肃、安徽、江苏、山东、浙江、江西、台湾、河北、吉林、山西、海南、香港等地。

图 7-5　灵芝野生子实体

(二)经济价值

灵芝作为一种药食兼用菌,是医药宝库中的珍品,具有强精、镇痛、消炎、抗菌、解毒、免疫、净血、利尿等多种功效。子实体中除含有丰富的矿质元素、多糖、蛋白质等营养物质外,还存在多种生理活性物质,如有机锗含量是人参的 3~6 倍,是灵芝最有效成分之一,能使人体血液循环畅通、促进新陈代谢、延缓衰老等;灵芝多糖有 200 多种,有加速血液微循环、抗肿瘤、强化人体免疫系统、提高对疾病抵抗力等功效;灵芝酸含 100 多种,能降低胆固醇、甘油酯、β-脂蛋白,有抑制血小板凝结、促进血液循环、增加新陈代谢等作用;氨基酸有 18 种,其中人体必需氨基酸相对含量比一般食用菌高 40％,是蛋白质合成的基本物质。同时,灵芝栽培简单,能广泛利用各类腐木、作物秸秆、杂草等,具有重要的生态价值。

(三)栽培史

灵芝作为名贵的中药材,曾在神话小说《山海经》、药书《神农本草经》、《本草纲目》等均有记载,其发展已有 2 000 多年的历史。伴随着其他食、药用菌的人工栽培技术的不断成熟,灵芝的人工栽培也逐渐受到广大科研工作的关注和创新;1960—1970 年,该菇的人工栽培从驯化试验发展到推广生产;自 1980 年以后,其栽培数量和生产区域得到了迅速的扩大。目前,我国作为世界上主要的灵芝栽培国家,其人工栽培方式多样化,有段木栽培、袋料栽培、菌丝深层培养等,主要分布于上海、福建、浙江等地。

二、生物学特性

(一)形态及生活史

1. 孢子

灵芝的性遗传模式为四极异宗结合,担孢子顶端平截、双层壁(外壁无色,内壁有小刺、淡褐色)、卵形或卵圆形,单个担孢子萌发成单核菌丝,不同性别的单核菌丝结合之后形成双核菌丝。

2. 菌丝体

具有结实能力的双核菌丝在显微镜下有弯曲、分隔、分枝及锁状联合结构。肉眼观察,菌落白色,在 PDA 培养基上菌丝匍匐生长于基质表面,生长旺盛时其表面分泌出一层含有草酸钙的白色结晶物,老化后易形成菌膜,分泌黄色或黄褐色的色素。此结实性菌丝经生理成熟扭结成三生菌丝后,适宜的条件下逐渐形成原基,最终发育成灵芝子实体。

3. 子实体

子实体(图 7-6)中等至较大(或更大),菌盖幼时肉质,逐渐发育成木栓质,肾形、半圆形或近圆形,表面红褐色或深褐色,具有油漆光泽、环状棱纹、辐射状皱纹,边缘薄且通常内卷,直径 4～20 cm,厚度 0.8～2 cm;菌肉白色至淡褐色;菌柄与菌盖同色或紫褐色,有光泽,侧生,极少数偏生或罕近中生,近圆柱状或稍侧扁,长3～15 cm,直径 1～3 cm;菌管淡白色、淡褐色至褐色,长度约 1 cm,菌管孔面白色至浅褐色、褐色,其上产生担孢子,成熟后弹射出来形成褐色或棕红色孢子印,孢子在适宜的条件下又开始新一轮的生活史。

野生子实体　　　　　　　　　　人工栽培子实体

图 7-6　灵芝子实体

(二)生长发育

1.营养条件

灵芝属于木腐型菌类,整个生长发育阶段与其他食用菌一样,也要从基质中不断摄取碳源、氮源、无机盐等营养物质。实际生产中,该菌能利用多种碳氮源,培养料中加入适量的碳酸钙、硫酸镁、磷酸二氢钾等矿质元素,能起到增产的作用;同时,该菇因自身不能合成 B 族维生素,其种植过程中常添加维生素 B_1 和维生素 B_2。灵芝营养生长阶段的碳氮比(C/N)为(20~25):1,生殖生长阶段为(35~40):1。

2.环境条件

灵芝是一种高温型恒温结实菌类,一般情况下,孢子萌发、菌丝生长、子实体分化、子实体发育适宜的温度分别是 24~26℃、25~30℃、24~28℃、26~28℃。温度低于 -13℃时菌丝体死亡,高于 40℃时停止生长;低于 18℃或高于 35℃时,子实体不能分化,高于 22℃才能分化出正常菌盖并形成子实层。

(1)菌丝体阶段:培养料的含水量 60%~65%(段木栽培中适宜含水量为 40%左右),空气相对湿度 60%左右,需要氧气,不需要光线,以 pH 5~6 为宜。

(2)子实体阶段:除培养料的含水量、pH 与菌丝体阶段一致外,空气相对湿度 90%左右,对氧气的要求增加,二氧化碳含量以 0.03%为宜,当超过 0.1%时菌柄呈鹿角状分枝,很难分化出菌盖,需要一定散射光(300~1 000 lx),子实体具有很强的趋光性,若光照低于 100 lx,则菌盖无法形成,若高于 5 000 lx,则呈短柄或无柄。

三、袋料栽培技术

(一)栽培种类

灵芝的栽培应因地制宜,根据当地气候特点及市场需求选用适宜的品种。近年来,该菇的主要栽培品种有云南 4 号、信州 2 号、G801、南韩灵芝、台芝 1 号、植保 6 号、慧州 1 号、圆芝 6 号、圆芝 8 号、RJ-4、晋灵 1 号、泰山赤芝、赤芝 109 号、日本 05 号、绿谷灵芝、日本 2 号等十多个品种。

(二)栽培季节的选择

结合灵芝生物学特性与当地的气候特征来决定最适栽培时期,一般在春夏秋 3 个季节分别接种、收获、完成,如北方的接种、出芝、生产结束的时间分别是 4～5 月、6～9 月、国庆节前;南方因气温回升较早,可根据当地气象资料适当提前安排。

(三)菇场选择与准备

菇场一般选择在交通方便、近水源、排水方便、空气新鲜等地段,灵芝菌丝生长阶段一般在发菌室、民房、库房、厂房或其他闲置房,生殖生长阶段在塑料大棚、塑料日光温室或智能温室大棚。

(四)制种

1. 母种常用配方

(1)马铃薯 200 g,葡萄糖(或蔗糖)20 g,琼脂 15～20 g,水 1 L。

(2)马铃薯 200 g,葡萄糖(或蔗糖)20 g,琼脂 15～20 g,酵母粉 3 g,蛋白胨 2 g,磷酸二氢钾 1 g,硫酸镁 0.6 g,水 1 L。

(3)马铃薯 200 g,麸皮 50 g,琼脂 15～20 g,磷酸二氢钾 2 g,硫酸镁 1 g,酵母片或维生素 B_1 2～3 片,水 1 L。注意麸皮的处理方式如同马铃薯。

2. 原种常用配方

(1)小麦粒 94%、阔叶木屑 5%、石膏粉 1%。

(2)小麦粒 97.5%、碳酸钙 1.5%、石膏粉 1%。

3. 栽培种常用配方

(1)阔叶木屑 79%、米糠(麦麸)20%、石膏粉 1%。

(2)棉籽壳 80%、玉米面 5%、麸皮 14%、石膏粉 1%。

(3)玉米芯 70%、阔叶木屑 20%、麸皮(米糠)8%、石膏粉 1%、白糖 1%。

(4)甘蔗渣 76%、麦麸(米糠)22%、石膏粉 1%、过磷酸钙 1%。

(5)稻草 70%、麦麸 25%、石膏粉 2%、过磷酸钙 2%、蔗糖 1%。

4. 生产常用配方

(1)阔叶木屑 79%、麦麸 20%、豆饼粉 1%。

（2）棉籽壳 89％、麸皮（或米糠）10％、石膏粉 1％。

（3）玉米芯 80％、麸皮 19％、石膏粉 1％。

（4）杨树叶 75％、麦麸（或米糠）25％。

（5）玉米芯 40％、阔叶木屑 40％、麦麸（或米糠）19％、石膏粉 1％。

5. 制作过程

上述培养基的制作过程采用常规生产方式，灭菌后 pH 以 5～6 为宜，理论上含水量 60％～65％，但根据情况可适当增减。

（五）接种及发菌管理

选择适于本地区栽培的优质灵芝菌种趁热接种（约 30℃），在该菌的最适菌丝生长条件下培养。发菌期间，菌丝体需要遮光培养，保持室温 25～30℃，空气相对湿度 60％左右，结合喷水适量通风换气。2～3 d，菌丝开始萌发，及时检查有无杂菌污染。6～10 d 后，菌丝长满袋口，颜色雪白。经 18 d 左右发菌培养后，适当松开袋口，让新鲜空气进入袋内，促进菌丝快速生长。待菌丝长满菌袋的 2/3，可增加培养室湿度至 65％左右来促进原基的形成，约 30 d 可长满菌袋。

（六）出菇管理

1. 覆土出菇

菌丝长满料袋，生理成熟后的袋内培养料表面有三生菌丝扭结成白色的原基时，立即脱袋覆土出菇。在大棚内建造深 15～20 cm，宽 80～120 cm，长度不限的畦床，畦内撒石灰粉，菌棒脱袋，去除老化菌膜，以袋与袋 5 cm 的间隙竖直摆放（去除菌膜端朝上）。选择经消毒杀虫处理的田园沙质土与山基土按体积比 1∶1 混合后的土壤覆土 1 cm 即可。覆土结束，土面上铺一层细沙或珍珠岩，立即用 1％的石灰水浇灌畦面至水分完全渗透土壤（图 7-7）。

图 7-7　灵芝的覆土栽培

　　浇水结束,在畦面搭设遮阳网,控制棚温 24～28℃,土面湿润(土壤含水量 18%～20%),空气相对湿度为 90%左右,结合喷水加强通风,给予高于 500 lx 的散射光促使原基形成。芝蕾出现后,用消毒剪刀疏蕾,每个菌棒保留 1～2 个(图 7-8),增加光照强度(300～1 000 lx),保持空气新鲜;每天控制棚温 26～28℃,昼夜温差应小于 2℃,防止因温度超过 30℃后子实体发育过快,形成柄长盖薄菇;保持土面湿润,提高空气相对湿度至 90%～95%,防治因空气相对湿度过低无法形成菌盖(图 7-9);及时套袋促进菌盖形成,切忌全封闭套袋,应在塑料透光袋顶扎小孔进行通气,禁止袋的内壁与菇体相接触(图 7-10)。

图 7-8　覆土后的芝蕾

图 7-9　温度过高、空气相对湿度太低形成的长柄无盖灵芝

　　待灵芝菌盖最后一圈黄色嫩边即将消失时,停止喷水,密闭棚膜使棚内缺氧7~10 d,促进菌盖增厚来提高产品质量(图7-11)。

图 7-10　套袋后形成的正常灵芝　　　　图 7-11　菌盖加厚灵芝

2.凸畦面荫棚出菇

　　待菌丝长满料袋并生理成熟,当地平均气温达到 22℃以上,及时解开袋口或用消毒小刀在袋上划破一小口,增强袋内通气与光照,在人工搭建的塑料荫棚内促进子实体形成,畦面消毒、水分、温度、光照等如同上述覆土出菇(图7-12)。

图 7-12　灵芝的凸畦面荫棚出菇

(七)采收及管理

1.子实体

　　当灵芝菌盖边缘颜色逐渐加深,边缘与中间颜色一致时,选择菌盖呈肾形或扇形、无虫蛀、无霉变、无破损,表面有一层孢子粉,直径 5 cm 左右,菌柄长度小于2 cm,盖面含水量低于 13%的子实体进行采收。采收时,手捏菌柄,不得触及上下面(以保持芝体的自然状态),用已消毒的利刀割留菌柄 1 cm 左右即可;若将芝体带柄直接掰下,将延迟下茬幼芝的发生。采收结束,停止喷水 3~5 d,促进新菌丝的生长发育和积累。经 1~2 d,残留菌柄伤口愈合,5~7 d 后将在伤口愈合处形成下茬幼芝,管理方式与第一茬相同,菌袋露地栽培一般可出芝 2 茬(图 7-13)。

图 7-13　灵芝覆土栽培子实体

2.孢子粉

随着子实体的菌盖不断扩大,幼芝逐渐成熟并形成菌管,担孢子开始发育。待菌盖表面有少量的孢子粉或子实体采收后收集孢子(图 7-14),采收时间以上午 10 点至下午 3 点为最佳。收集孢子方法较多,如套纸袋法、吸尘器法、塑料薄膜法等。套纸袋法应选择成熟子实体先套袋,然后提高空气相对湿度至 85%~90%,保持温度 24℃左右,适当给予散射光和通风来促进孢子弹射量。吸尘器法一般将吸尘器在菌盖上方 10~20 cm 处打开,每天早、晚两次进行收集,切忌孢子粉收集前喷

图 7-14　灵芝孢子粉

水。塑料薄膜法是直接将宽 1.2～1.5 m、长 3～5 m 的塑料薄膜沿畦床方向顺放，并将塑料薄膜四角及两边吊起，薄膜间留 1～1.5 m 的间隙方便操作或喷水，最后用干净毛刷将薄膜内孢子粉收集起来。子实体采收后，将菌盖表面的孢子直接用干净毛刷刷下来即可。孢子收集结束，将袋内、纸筒或薄膜上的孢子粉置避风向阳处晒干或低温烘干，经孔径 0.17 mm 的筛子过筛后用聚乙烯袋密封保存。

四、病虫害防治

(一)病虫害种类

灵芝栽培过程中，因菌种污染、培养料灭菌不彻底、出菇管理不当等导致病虫害的发生。其病害主要由裂褶菌、桦褶菌、树舌、炭团类、木霉、青霉、链孢霉等引起；虫害主要有谷蛾、白蚁、菌蝇等。

(二)防治措施

1. 预防措施

选择无病害的菌种，菇房的消毒、接种人员及工具的操作等措施与金针菇相同。

2. 治疗措施

发病初期，立即清除病菇。木霉、青霉、链孢霉、谷蛾的防治与黑木耳相同；白蚁的防治与香菇相同；菌蝇的防治与银耳相同。在段木栽培埋木后若发现裂褶菌、桦褶菌、树舌、炭团类污染，应用利器将污染处刮去并用火烧灭，伤口处涂上波尔多液。

第三节　猪苓栽培技术

一、概述

(一)分类地位及分布

猪苓［*Polyporus unbellatus*（Pers.）Fr.］，学名异名（*Grifola umbellata*（Pers.；Fr.）Pilat.）又名豕苓、鸡粪苓、枫树苓、猪屎苓、猪茯苓、野猪苓、粉猪苓、猪灵芝、野猪粪、地乌桃、豭猪屎等(图 7-15)，英文名 p. hoelen rumph(chuling)，隶属于真菌界(Eumycetes)担子菌门(Basidiomycota)层菌纲(Hymenomycetes)非褶菌目(Aphyllophorales)多孔菌科(Polyporaceae)多孔菌属(*Polyporus*)。野生子实体常生长于海拔 1 200～3 000 m 的次生林，在桦木、柞木、柳树、枫树、栓皮栎等衰弱的老树或半腐朽的根际周围最多，产于我国陕西、云南、青海、贵州、西藏、山西、甘肃、内蒙古、黑龙江、辽宁、吉林、四川、河北、河南、湖北等地,在欧洲、北美洲及日本也有分布。

图 7-15 猪苓菌核

(二)经济价值

猪苓是一种药食兼用菌,地上部子实体"猪苓花"通常作为美味可口的佳肴食用,地下菌核药用。该菌含有丰富的蛋白质、氨基酸、碳水化合物、维生素等营养成分,以及麦角甾醇、猪苓聚糖、生物素等多种生理活性物质,具有治疗水肿、脚气、淋浊、带下、糖尿病、小便不利、尿急尿频、尿道疼痛、受暑水泻、肝硬化腹水、急性肾炎等疾病,并在抗肿瘤、抗老防衰、保护机体等方面十分有益。

(三)栽培史

猪苓作为名贵的药材之一,入药已有 2 000 多年的发展历史。伴随着中药的普及应用与该菌野生资源的日趋枯竭,其需求量骤增,导致国内外市场供不应求。自 20 世纪 70 年代中期至今,我国科研工作者针对猪苓的栽培进行了研究,实现了其人工栽培。

二、生物学特性

(一)形态及生活史

1.孢子

猪苓的性遗传模式未见相关报道,担孢子无色、光滑、圆筒形(一端圆形,另一端歪尖)。单个担孢子萌发成单核菌丝,两条可亲和的单核菌丝结合之后形成双核菌丝。

2.菌丝体及菌核

具有结实能力的双核菌丝在显微镜下呈绒状管状物、有横隔及锁状联合结构。肉眼观察,菌落白色,菌丝间有多数为正方八面体形的草酸钙方晶,直径 3～60 μm,但不同猪苓菌株间的菌丝体特性存在很大的差异。此结实性菌丝经生理成熟扭结成菌核,适宜的条件下,最终发育成猪苓子实体。

猪苓菌核是由具有结实能力的双核菌丝菌丝扭结而成的三生菌丝组织体,长形块或不规则块状,半木质,内部菌丝致密,大小不等(黄豆粒大小至长度 30 cm×直径 10 cm),主要功能是药用,生长于地下。

3.子实体

子实体(图 7-16)肉质,从地下菌核内长出,因多分枝、多数合生、数量可达数百个,俗称"猪苓花"或"千层蘑菇",直径和高分别可达 35 cm、37 cm。菌盖白色至浅褐色,圆形,中部下凹近漏斗形,边缘内卷,有深色细鳞片,直径 1～4 cm;菌柄由短的主柄多次分枝形成一丛,上生多个菌盖;菌肉白色;菌管白色,长约 2 mm,菌管孔面白色至草黄色,孔口延生,呈圆形或不规则齿状,平均 2～4 个/mm,其上产生担孢子,成熟后弹射出来形成白色孢子印,孢子在适宜的条件下又开始新一轮的生活史。

图 7-16　猪苓子实体及菌核

(引自卯晓岚.中国大型真菌,2000)

(二)生长发育

1.营养条件

猪苓是一种耐寒凉、喜阴湿的菌类,生长发育与蜜环菌密不可分,蜜环菌寄生或腐生于树木或枯枝落叶上,从上述基质中吸取营养,发育出大量的菌索,菌索不断侵入猪苓的菌核,激活其菌丝活力的同时,菌索的代谢产物和菌丝体又成为菌核的营养,促使猪苓菌核不断生长,并在其表层形成一个个新的苓头,最终发育成合生的猪苓子实体。

2.环境条件

猪苓的菌丝生长、菌核生长、子实体分化适宜的温度分别是 22～25℃、18～23℃、18～24℃,其中菌核在 8～9℃时开始萌发,12℃新苓生长膨大,高于 28℃新苓生长受到抑制。土壤以 pH 5～6、含水量以 30%～50%（最高不超过 60%）、土质疏松、含颗粒状团体结构的腐殖土或沙壤土为宜,生长旺季空气相对湿度为65%～85%。在猪苓菌种培养和出菇管理时均要注意通气。菌核和菌丝生长阶段不需要光,子实体生长发育需要散射光。

三、蜜环菌菌材伴栽技术

猪苓的人工栽培主要有菌材伴栽、猪苓与天麻混合栽培、段木接种栽培 3 种方式,其中采用纯菌种接种的段木接种栽培依然处于试验推广的阶段,菌材伴栽最为常见。

(一)栽培季节的选择

结合猪苓生物学特性与当地的气候特征来决定最适栽培时期,一般除土壤冰冻无法下种外,其余季节均可栽培,以冬栽为佳（冬栽使蜜环菌有更充足的时间吸收营养以及与猪苓接触,最终促进菌核更好的生长）,但以地温回升到 9℃以上时最佳。

(二)菇场选择及准备

室外栽培菇场一般选择在地势高、气候凉爽、进排水良好、土层厚、腐殖质多、沙壤土或砾壤土、土壤比较干燥、春季地温回升快、海拔 1 200～3 000 m、有一定郁闭度的山坡向阳阔叶次生林。室内栽培时,将沙土与腐殖土按 3∶7 的比例混匀后使用。

(三)菌种的制备

1.蜜环菌菌源及制种培养基

(1)菌源。选择培养天麻用的蜜环菌材或采集新鲜、无病虫害、菌伞未开的蜜环菌子实体作为菌源。

(2)制种培养基。

①母种。

a.马铃薯 200 g,阔叶木屑 70 g,麸皮 50 g,葡萄糖（或蔗糖）20 g,琼脂 15～20 g,蛋白胨 2 g,磷酸二氢钾 0.3 g,硫酸镁 0.15 g,pH 自然,水 1 L。

b.马铃薯 200 g,葡萄糖(或蔗糖)20 g,琼脂 15～20 g,pH 5.4～5.8,水 1 L。

②原种。阔叶木屑 77％、麦麸 20％、蔗糖 2％、石膏粉 1％。

③栽培种。

a.取直径 1 cm 左右的阔叶树的枝条,切成 2～4 cm 的小段并用水浸湿,装入栽培瓶,在枝段间的空隙填塞上述原种培养基,清理瓶口,塞上棉塞,备用。

b.板栗苞 43％、阔叶木屑 40％、麦麸 10％、玉米粉 5％、白糖 1％、石膏粉 1％。

c.阔叶木屑 83％、麦麸 10％、玉米粉 5％、白糖 1％、石膏粉 1％。

注意:上述原种及栽培种培养基含水量均为 65％～70％,pH 自然。

2.猪苓菌源及制种培养基

(1)菌源。采集新鲜、无病虫害的猪苓子实体,或生活力旺盛、弹性好、一年生、断面白色、猪屎或马屎状、新鲜的灰苓菌核作为菌源。

(2)培养基配方。

①母种。马铃薯 200 g,葡萄糖(或蔗糖)25 g,琼脂 15～20 g,磷酸二氢钾 2 g,硫酸亚铁 0.1 g,1％硫酸锌 5 mL,用 100 g 腐殖土浸出液水定容至 1 L,pH 自然。注意:取野生猪苓采集地的腐殖土 100 g,加水 1 L,水煮 10 min,澄清,取上清液,过滤,再定容至 1 L,若浸出液不够用水补平。

②原种及栽培种。

a.阔叶木屑 75％、米糠 20％、腐殖土 2％、磷肥 1％、葡萄糖 1％、石膏粉 1％。

b.阔叶木屑 77％、米糠 20％、腐殖土 2％、石膏粉 1％。

上述培养料配制时均按料水比 1∶1.5,pH 6.5 配制。

3.制种

蜜环菌与猪苓的制种采取食用菌常规生产方式,母种、原种及栽培种培养基的制作、接种、培养参考第三章第四、五、六节。

(四)蜜环菌菌材的制作

目前,栽培猪苓的蜜环菌菌材形式多样,如菌棒、菌枝和菌床等。

1.菌棒

选择直径为 4～12 cm 的川榛、枫树、椴树等阔叶树种,在秋季树木落叶后或第二年发芽之前砍伐,取新鲜枝干,截成长 50～80 cm 的木段,并在其上每隔 3～6 cm 的间距砍一深入木质部的鱼鳞状小口,然后在小口处接入蜜环菌枝条菌种,备用。在林内或山坡,开深×宽分别为 40 cm、1 m 的浅沟,将上述已接种的段木搭成井形架排于浅沟,共 4 层;同时,在段木与段木之间凹沟处撒入木屑菌种,并用腐殖壤土填平所有的空隙,堆成扁圆形覆土层。控制堆温 18～20℃,保湿培养至新材长出蜜环菌菌索为止。

2.菌枝

取阔叶枝条(直径 1～2 cm),整枝(去细枝和树叶)后截成长 6～10 cm 的小段,放入 0.25％硝酸铵溶液中浸泡 10 min,备用。在菇场挖长度因地制宜,深×宽分别为 25～35 cm、55～65 cm 的土坑,底部整平后铺一薄层湿树叶,然后摆放两层已浸泡的树枝小段,再以盖严树枝为准覆盖一薄层腐殖土。将野生蜜环菌菌索或已培养好的菌棒或菌材摆在覆过土的树枝上,再摆两层树枝小段并覆盖薄土一层,按上述方式反复摆放六七层,最后覆盖一层 5 cm 厚的腐殖土,并撒一层树叶保湿,培育 40 d 左右至新材长出蜜环菌菌索为止。

3.菌床

菌床的制作通常在 6～8 月或 10 月至翌年 3 月实施,与上述菌棒相似,先挖深30 cm,长×宽均为 60 cm 的土坑,底部铺一层湿树叶,然后以 3 cm 的间距摆放新鲜木段 5～7 根,间隙或中间接种菌枝或菌棒 3～5 根,最后覆土 10 cm 左右,并撒一层树叶保湿,培育至新材长出蜜环菌菌索为止。

(五)接种

菇场与菌材准备结束,翻耕菇场腐殖土壤,然后耙平、挖穴(深 30～50 cm),穴内放入 3 根培养好的蜜环菌菌材,菌材间撒入一层猪苓菌种,然后覆盖腐殖土或沙土;或将猪苓菌种直接接入菌材间蜜环菌生长旺盛的地方,最后用树叶将间隙填平即可;或挖开已培育好的菌床,留下最下一层菌棒,将猪苓菌种直接铺于菌棒上,用树叶填充空隙,然后按照十字交法继续摆放菌棒并接种猪苓菌种,最后一层覆盖30 cm 厚的腐殖土。

(六)苓场管理

猪苓接种后,苓场的管理主要是调温保湿、严防水涝及人畜践踏,因该菌与蜜环菌生理特性相似,应通过覆盖树枝、杂草、树叶、秸秆、薄膜等措施保持环境凉爽,苓坑附近遮阳,坑内温度在 12～28℃,以 18～24℃ 为宜,坑温高于 12℃ 时猪苓与蜜环菌才开始萌发,达到 14℃ 时,前者开始膨胀长大,后者进入正常生长阶段;坑温高于 26℃ 时,二者的生长均受到抑制,且 30℃ 时进入高温休眠。接种约 7 d 后,菌丝适应新环境,恢复生长后方可浇第一次水且要浇透,后期要根据土质、气候、覆盖物等情况每隔 7～10 d 酌情浇 1 次水,每月至少浇透水 1 次,使土壤保持湿润,若遇水涝应及时开沟排水。同时,因猪苓菌核的膨大过程需要充足的氧气,因此,要防止人畜践踏,保持土壤通气;若室内栽培,应定期通风换气(图 7-17)。

(七)采收及后期管理

苓场管理期间,第 1～2 年内,猪苓菌核生长缓慢(菌核逐渐与蜜环菌建立共生关系),产量极低,甚至不产。第 3～4 年,菌核生长发育旺盛,产量迅速增加。第 4～

图 7-17　猪苓的苓场管理

5 年,菌核因营养缺乏,逐渐停止生长,产量达到最高,可收获成品猪苓;若超过 5 年,菌材因腐烂而影响菌核生长。菌核可全年采收,但在休眠期(每年 2～3 月或 11～12 月)采收猪苓品质最佳。采收时,应选择质地坚硬、色泽黑亮的商品猪苓菌核(图 7-18),将灰褐色或黄色、核体松软的小菌核作种核,弃除已腐烂的菌材,继续添加新树叶及蜜环菌菌材,使小菌核继续生长,管理方法与上述相同。商品猪苓要用刷子清理菌核外的砂土和杂质(切忌用水洗),晾晒烘干,分级出售。

图 7-18　猪苓菌核

四、病虫害防治

(一)病虫害种类

猪苓栽培过程中,因菌种活力低、蜜环菌生长受阻、栽培技术不科学、菌材制作污染等导致其病虫害的发生。病原菌主要有木霉、青霉、根霉等;虫害主要有蚂蚁、蛴虫、蛴螬、蝼蛄等。

(二)防治措施

1.预防措施

选择无病害的菌种,菇房的消毒、接种人员及工具的操作等措施与金针菇相同。

2.治疗措施

发病初期,立即清除病菇。木霉、青霉、根霉等的防治与黑木耳相同;蝼蛄的防治与草菇相同;蚂蚁的防治与竹荪相同。蛴虫可用 90% 敌百虫 800 倍水溶液喷雾毒杀。用 25% 对硫磷或辛硫磷胶囊剂 $0.23\sim0.3$ g/m² 拌谷子等饵料 7.5 g,或 50%对硫磷、50%辛硫磷乳油 $0.08\sim0.15$ g/m² 拌饵料 $4.5\sim6$ g 制成毒饵,撒于土壤表面诱杀蛴虫、蛴螬。

第四节　茯苓栽培技术

一、概述

(一)分类地位及分布

茯苓[*Wolfporia cocos*(Schw.)Ryv. et Gilbn.],学名异名[*Poria cocos*(Schw.)Wolf]又名云苓、松苓、茯灵、玉灵、茯兔、更生、金翁、松薯、松腴、松柏芋、松茯苓、不死面、万灵精等(图 7-19),英文名 tuckahoe,隶属于真菌界(Eumycetes)担子菌门(Basidiomycota)层菌纲(Hymenomycetes)非褶菌目(Aphyllophorales)多孔菌科(Polyporaceae)茯苓属(*Wolfporia*)。野生茯苓主产于我国南方各地,如云南、贵州、四川、安徽、福建、河南、广东等地,在朝鲜、美国、印度、日本等国也有分布。

(二)经济价值

茯苓是一种药食兼用菌,以菌核入药,被用来制成"茯苓糕""茯苓茶""茯苓粥""茯苓饼""茯苓夹饼""茯苓挂面""茯苓饼干""茯苓馅饼"等营养兼食疗食品,具有止咳、利尿、渗湿、镇定、安神、补脾、降血糖等多种功效,对胃癌、膀胱癌、乳腺癌、慢性肝炎等疾病有一定的疗效。

(三)栽培史

茯苓作为我国中医常用八大药物之一,其食用已有 2 000 多年的历史。该菇的人工栽培始于周朝,接种材料历经菌核至纯菌种,栽培方法多样,实践中多采用

图 7-19　野生茯苓菌核

段木栽培和树墩栽培。目前,我国主产区为湖南、安徽、云南、湖北、广西、福建等地。

二、生物学特性

(一)形态及生活史

1.孢子

茯苓的性遗传模式是二极异宗结合,担孢子呈椭圆形、无间隔、有时略弯曲,其形成双核菌丝的过程如同黑木耳,但也有少数研究结果认为是同宗结合类型,因此,其交配型尚无定论。

2.菌丝体及菌核

具有结实能力的双核菌丝在显微镜下分枝、多核、具明显横隔膜。肉眼观察,菌落白色、绒毛状,在平板培养基上早期常见紧贴基质表面、放射状、多个同心环纹菌落,生长后期,随着气生菌丝的增加,环纹逐渐消失。在适宜的条件下,此结实性菌丝经生理成熟扭结成菌核后最终发育成茯苓子实体。

茯苓菌核是在环境条件不良或繁殖时由具有结实能力的茯苓双核菌丝菌丝扭结而成的三生菌丝组织体,也是其休眠器官,常生于地下松树根,呈球形、椭圆形、卵圆形或不规则形,重量不等,直径 20~50 cm。干制后坚硬,外皮深褐色、灰棕色或黑褐色,薄而粗糙,瘤状皱缩,内部粉粒状,呈白色或淡粉红色。此菌核除具有重要的药用价值外,还有贮藏营养物质,具有较强的抵抗高温、低温、干燥等环境的能力。

3.子实体

子实体生于菌核或菌丝体表面,白色至淡黄白色、巨大、无柄、平伏、蜂窝状、大小不等,高 3~8 cm,厚 0.3~1 cm;菌肉组织致密、坚硬、洁白、光润、密度大;菌管长 2~3 mm,壁薄,管孔直径 0.5~2 mm,管口呈多角形或不规则形,老时成齿状,内壁表面发育成子实层,其上逐渐形成担子、担子梗及担孢子,担孢子成熟后弹射出来,形成灰白色孢子印,孢子在适宜的条件下又开始新一轮的生活史。

(二)生长发育

1.营养条件

茯苓是一种腐生、好气性菌类,但也有人认为该菌具备一定的弱寄生能力,适应能力强,其菌核常见于干燥、向阳、坡度 10°~35°、海拔 600~900 m、微酸性沙壤土、松科植物根部深为 50~80 cm 的土层,或人工栽培于上述植物的段木或树桩上,如赤松、马尾松、黄山松、云南松等。

茯苓如同其他食用菌一样也要从基质中吸收各种养分,若培养基加入适量蛋白胨、磷酸二氢钾、硫酸镁等无机盐会促进其菌丝的生长。实际生产中,木材被该菌降解后,纤维素和半纤维素的数量不断减少而木质素残留,导致木材抗张强度极度减弱,质地松软并呈褐色即褐腐。

2.环境条件

茯苓是一种好气性的腐生大型真菌,窖栽培时,覆土过厚或菌瓶密闭不能形成子实体,菌丝生长、菌核发育、子实体发育适宜的温度分别是 25~32℃、28~30℃、24~26℃。当环境温度高于 35℃时,菌丝体易衰老,低于 20℃时生长缓慢,0~4℃时几乎停止生长;温度低于 20℃时子实体生长受限;菌核耐高低温,变温有利于其形成。土壤以 pH 4~5.5、含水量 10%~20%(段木栽培含水量 35%~40%)、含砂量 70%左右(通气性好)为宜。空气相对湿度低于 70%子实体很难形成,达 70%~85%时孢子大量散发。直射光对茯苓孢子萌发和菌丝生长具有一定的抑制作用,子实体形成阶段需要适量的散射光。

三、栽培技术

(一)栽培季节的选择

结合茯苓生物学特性与当地的气候特征来决定栽培时期,通常春秋两季栽培,生长期均为 6 个月左右。春栽接菌、采收时间分别为 4 月下旬至 5 月中旬、10 月下旬至 11 月下旬;秋栽接菌、采收时间分别为 8 月末至 9 月初、翌年 4 月末至 5 月下旬。

(二)菌种的制备

1.分离材料

选择无病虫害,高产稳产,近球形、外皮较薄、淡棕色或黄棕色、有明显裂纹,苓肉白色、浆汁多、气味浓,个体较大,重 2.5 kg 以上的新鲜茯苓菌核作为母种分离材料。

2.制种培养基

(1)母种。

①马铃薯 200 g,葡萄糖(或蔗糖)20 g,琼脂 15～20 g,水 1 L。

②马铃薯 200 g,葡萄糖(或蔗糖)20 g,琼脂 15～20 g,磷酸二氢钾 1 g,硫酸镁 0.5 g,水 1 L。

(2)原种。小麦粒 90％、松木屑 10％。

制作过程:此配方小麦处理方式与前面有所不同,将其精选、去杂、洗净后,置于 40℃左右的营养液(1％蔗糖,0.5％硝酸铵或硫酸铵)中浸泡 10 h,滤干,先与 5％松木屑混匀,装瓶(500 mL)、压实至瓶肩处,再将剩余木屑用营养液润湿后覆盖于瓶内培养基料表面(厚约 0.5 cm),加入接种棒后封口。

(3)栽培种。

①松木屑 20％、松木块 56％、米糠(或麦麸)20％、白糖 3％、石膏粉 1％。先将长×宽×厚为 1.2 cm×0.2 cm×1.0 cm 的松木块置糖水中煮沸 0.5 h,使其充分吸收糖液后捞出,再将松木屑、麸皮、石膏粉混合物加入糖液中,搅拌均匀(含水量在 60 ％左右),最后拌入木块、装瓶后处理方式与上述原种相同。

②松木屑 78％、米糠(或麦麸)20％、蔗糖 1％、熟石膏粉 1％,含水量为 65％～67％。

3.制种及优质菌种

上述培养基 pH 自然或调为 6,采用食用菌常规制种方式,母种、原种及栽培种培养基的制作、接种、培养参考第三章第四、五、六节。

优质的茯苓菌种其菌龄应在 30～45 d,菌丝体布满菌袋、洁白致密、生长均匀、香味浓郁、无杂菌污染及尖端可见乳白色露滴状分泌物。

(三)备料

1.段木

选择马尾松、华山松、湿地松、黄山松、巴山松等松树,在初冬树木休眠期砍伐后,立即去除树杈,再从基部至树梢,沿树干周围每隔 3～4 cm 削去宽 3～4 cm 的树皮,原地干燥。约 15 d,将其锯成长约 80 cm 的小木段,在向阳处叠成"井"字形,当敲打时发出清脆响声,两端无松脂分泌时(含水量约 20％)备用。

2.树墩

选择上述砍伐后直径 12 cm 以上的树桩作为树墩,清除周围杂草,沿树墩周围深挖 40～50 cm,使树墩和根部暴露于土外,然后与上述段木处理方式相同,沿其周围每隔适宜的距离削去树皮,留下 4～6 条宽 3～6 cm 的树皮,充分暴晒至干透后,用草将树墩盖好备用。

(四)菇场选择及准备

菇场一般选择在海拔 600～900 m、背风向阳(切忌朝北方向)、土质偏砂(70%的含砂量)、微酸性(pH 4～6)、至少 3 年内未栽种过作物的生荒地。选址结束,苓场深翻(不浅于 50 cm)处理后,打碎场内泥沙土块,清除杂草、树根、石块等杂物,曝晒场地至干燥。顺坡向挖窖,窖间距 20～30 cm,窖深 30 cm 左右,宽 30～50 cm,长度根据木段而定,最后在场地沿山坡两侧开沟以利排水。

(五)接种

实际生产中,挖窖与下窖接种以同时操作为宜,一般在春分至清明前后进行。选择连续晴天、土壤微湿润时下窖接种。一般每 10 kg 的段木接种 400 g/袋左右的栽培菌种 1 袋;直径 20 cm 的数墩接种同样规格的栽培菌种 2～3 袋,若直径较粗、侧根较多、质地坚硬的树苑,其接种量应相对增加。

1.段木接种

挖松窖底土壤,取上述干透心的段木,按大小搭配下窖(小料用细料垫起至与大料相同的高度),每窖 2～3 段,共 2 层,两节段木留皮处紧靠,然后在段木顶端(靠茯苓栽培场高坡端)用利刀削成长×宽为 15 cm×10 cm 的孔口,用消过毒的镊子取优质茯苓菌种,按照下列方法之一接种于孔口处后加盖松木片或松针(图 7-20),最后覆沙土 10～15 cm 使整个窖面成龟背形、封窖。

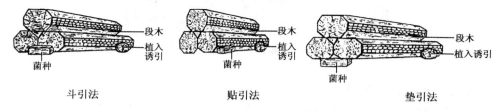

斗引法　　　　　　　贴引法　　　　　　　　垫引法

图 7-20　茯苓段木栽培接种法

(引自吕作舟.食用菌栽培学,2006)

2.树墩接种

在已处理的树墩上削 2～3 个孔口,接菌并盖上松片或松针,再覆一层高出树墩 15～18 cm 的砂土即可。

(六)苓场管理

接菌结束,结合茯苓对环境的要求进行管理,若遇连续雨天则在窖顶覆盖薄膜或树皮防涝,若遇连续干旱则培土保墒,严重时早晚灌水抗旱。经7~10 d的苓场管理,便长出白色的菌丝体,及时检查菌丝生长情况。若发现菌种不长或污染杂菌,应扒开盖土,露出段木或树墩,去除不长或污染杂菌部分再补种、覆土;若发现土壤湿度过大,应将窖内土壤扒开,晒去水分再重新接种。接种后20 d左右,茯苓菌丝体已生长接近至培养料(段木或树墩)末端,选择前季栽培同一品系的幼嫩、无病虫害、颜色淡棕、裂纹明显、外皮完整且薄、肉质白色、有较多浆汁渗出及气味浓郁的新鲜菌核作为诱引。植入时,轻轻扒开窖内培养料接种菌种另一端的一侧沙土,将诱引剥去外皮,分掰成50~100 g重的若干小块,以每窖接种诱引50~100 g的量,将其用上述贴引法紧紧接在培养料上,再用沙土填充,封实。40~50 d,茯苓菌丝从接种处沿着段木传菌线(即削皮部分与未削皮部分的交接处)生长至段木下端长满后返回继续向上端生长。70 d左右,将在覆土龟背面上逐渐出现龟裂纹(图7-21),表示窖内茯苓菌核已形成并不断生长,随着菌核不断增大或因大雨冲刷使其露出土面,应及时用细土覆盖,拔除杂草,防止人畜踏踩。

图 7-21 苓场土壤的龟裂纹

(七)采收及后期管理

茯苓接种后,历经6~10个月的苓场管理,当表土不再出现新龟裂,段木或树墩由淡黄色变为黄褐色(呈腐朽状),菌核颜色由淡棕色变为褐色、不再出现新的白色裂纹时标志着菌核已成熟,立即采收、不宜拖延。采收方法与猪苓相同,采收结束,一方面,弃除已腐烂的培养料,继续添加新培养料使小菌核继续生长,其管理方法与上述相同;另一方面,刷去新鲜茯苓菌核上的泥沙,移入室内,分层堆放,并在底层与面上各加一层稻草使其发汗,2~3 d翻动1次,待苓皮起皱时,可根据用途进行加工,如茯苓块(图 7-22)。

图 7-22　干茯苓块

四、病虫害防治

(一)病虫害种类

茯苓栽培过程中,菌种污染、接种不当、土壤湿度过大等会导致其病虫害的发生。病害主要由木霉、根霉、曲霉、毛霉、青霉、腐烂病等常见杂菌引起;虫害主要有黑翅土白蚁、黄翅大白蚁、喙扁蟠等。

(二)防治措施

1. 预防措施

选择无病害的菌种,菇房的消毒、接种人员及工具的操作等措施与金针菇相同。

2. 治疗措施

发病初期,立即清除病菇。木霉、根霉、曲霉、毛霉、青霉的防治与黑木耳相同;腐烂病的防治与鸡腿菇相同;黑翅土白蚁、黄翅大白蚁的防治与香菇相同。喙扁蟠多潜匿于栽种过茯苓的菇场,切忌使用旧菇场,同时,接种后立即用网眼面积为1.5 mm×1.5 mm 的尼龙网纱片掩罩,或采收后将废弃培养料搬离菇场作燃料焚烧。

第四节　蛹虫草栽培技术

一、概述

(一)分类地位及分布

蛹虫草[*Cordyceps militaris*(L. ex Fr.)Link]又名蛹草、北虫草、北冬虫夏草

等，隶属于真菌界（Eumycetes）子囊菌门（Ascomycota）核菌纲（Pyrenomycetes）麦角菌目（Clavicipitales）麦角菌科（Clavicipitaceae）虫草属（*Cordyceps*）。野生子实体（图7-23）在春至秋季多见于阔叶林或混交林地或树皮缝内、腐枝落叶层下的鳞翅目昆虫的蛹上，主产于我国于云南、辽宁、吉林、内蒙古、四川、河北、山西、安徽、陕西、广东、广西、湖北等地，在美国、德国、俄罗斯、加拿大、意大利等国也有分布。

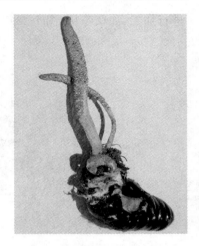

图7-23 蛹虫草野生子实体

(二)经济价值

蛹虫草是一种药食兼用菌，子实体含有蛋白质、人体必需氨基酸、维生素（维生素 B_6 含量最高，维生素 B_1 和维生素 B_{12} 较高）、矿质元素等营养成分，富含虫草酸、虫草素、核苷腺苷、虫草多糖、超氧化物歧化酶等活性成分，具有抑菌、镇静、催眠、抗炎、抗疲劳、抗氧化、抗肿瘤、抗衰老及肝纤维化、耐缺氧、降血糖、调节呼吸系统、提高机体免疫力、增加睾丸的生精与内分泌等功能，并对肺虚、咳嗽、哮喘、支气管炎等疾病有一定的疗效。同时，蛹虫草能够利用大米、小麦、玉米等物质进行人工栽培，大幅度提升了农作物的商品价值，又增加了菇农的收入。

(三)栽培史

《新华本草纲要》最早记载了关于蛹虫草的药用价值，随着人们保健意识的增强，该菌的栽培成为一种社会需求。20世纪30年代，Shanor首次采用昆虫蛹作为基质接种该菌并成功获得子实体。近年来，有关蛹虫草的人工栽培研究多样化，其人工栽培历经以昆虫蛹、蚕蛹、谷粒（大米、小麦、玉米等）为主的基质栽培，已实现了规模化生产。

二、生物学特性

(一)形态及生活史

1. 孢子

蛹虫草的性遗传模式为二极异宗结合，子囊孢子无色、透明、多隔、线形，单个子囊孢子在适宜的虫（蛹）体或人工培养基上萌发成单核菌丝，两种不同交配型的单核菌丝结合之后形成双核菌丝。

2. 菌丝体

显微镜下,蛹虫草菌丝体有隔、粗细均匀(老龄菌丝内会形成空泡),顶端可形成单生或有分枝的分生孢子梗,其上成串地着生无色、卵圆形、圆形或圆柱形的分生孢子,该孢子又可传到其他虫体形成菌丝后反复侵染。肉眼观察,在 PDA 培养基上,菌落白色至淡黄色或橘黄色,呈圆形或椭圆形,边缘整齐,表面蓬松、凸起呈棉絮状的半球形、气生菌丝发达;查氏培养基上,25℃下培养 14 d,菌落直径可达45.1～50.0 mm,正面白色至浅黄色,絮状隆起且高约 2.6 mm,背面呈金黄色,边缘色泽稍浅。

菌丝体在虫(蛹)体或人工培养基上,通过分解各种组织、器官、各类营养物质为其生长发育提供物质和能量,条件不良(营养缺乏、水分减少、代谢产物过多等)时,其顶端的分生孢子梗不再产生分生孢子,菌丝体由营养生长转为生殖生长,形成的双核菌丝在适宜的条件下逐渐扭结,逐渐分化成菌核,并从虫体的头部、胸部、近尾部等处穿出体外,或在培养基表面最终形成子实体(子座),俗称"草"的部分。

3. 子实体

子座(子实体)(图 7-24)单生或丛生,橘黄色或橘红色,扁形或圆柱形,多有纵沟,多不分枝,全长 2～8 cm。其中头部略膨大,呈棒状、椭圆形、表面粗糙,长度1～2 cm,直径 0.2～0.9 cm;柄部浅黄色、近圆柱形、内实,长度 1.5～4.0 cm,直径0.1～0.4 cm。子囊壳外露,近圆锥形且下部垂直埋生于头部外层,子囊上产生子囊孢子,其成熟时产生横隔,并断成长 2～3 μm 小段,在适宜的条件下又开始新一轮的生活史。

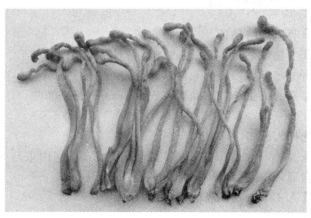

图 7-24　蛹虫草人工子实体

(二)生长发育

1.营养条件

蛹虫草属于兼性腐生菌类,整个生长发育阶段也要从基质中不断摄取不同营养物质,以有机氮(氨基酸、蛋白胨、蚕蛹粉等)和无机氮(硝酸钠、氯化铵、磷酸氢二铵等)为氮源,可利用葡萄糖、蔗糖、红糖、麦芽糖、果胶、淀粉等碳源,硫酸镁、碳酸钙、磷酸二氢钾、石膏等矿质元素,以及氨基酸、维生素、赤霉素、生长素等生长因子。实际生产中,蛹虫草自身不能合成 B 族维生素,培养基质中常添加维生素 B_1 和维生素 B_2,其营养生长阶段的碳氮比(C/N)为(4～6)∶1,生殖生长阶段为(10～15)∶1。

2.环境条件

蛹虫草是一种中温型变温结实菌类,一般情况下,孢子释放、菌丝生长、菌核形成、子实体分化及生长适宜温度分别是 28～32℃、18～25℃、10～20℃、15～25℃。温度低于 5℃时,菌丝体生长缓慢,高于 30℃时生长受到抑制;原基分化时需 5～10℃的温差刺激。

(1)菌丝体阶段:培养料的含水量 60%左右,空气相对湿度 60%～65%,需要氧气,不需要光线,以 pH 5.2～6.8 为宜。

(2)子实体阶段:除培养料 pH 与菌丝体阶段一致外,培养料的含水量 65%～70%,空气相对湿度 85%～90%,对氧气的要求增加,需要一定散射光,有一定的趋光性,适宜的光照强度为 200～500 lx。

三、人工培养基栽培技术

(一)栽培季节及栽培品种

结合蛹虫草生物学特性与当地的气候特征来决定其栽培时期,一般在春季(3～5 月)与秋季(8～10 月)两季栽培,若人为控制条件则不受季节的限制。目前,在我国生产上常见的蛹虫草栽培品种有农大 cm-001、cm-0298、HJ-2、川 1、川 2、东方 9 号等。

(二)菇场选择与准备

选择近水源、排水及交通方便、空气新鲜等地段,在室内进行人工培养基栽培蛹虫草的出菇管理,并根据自身条件制作适宜的出菇架。

(三)菌种及人工培养基制备

1.菌种制备

采用食用菌常规液体菌种生产方式,其培养基制作、接菌、培养及菌种质量检测过程参考第三章第七节。

（1）母种斜面培养基常用配方。

①马铃薯200 g，葡萄糖（或蔗糖）20 g，琼脂15～20 g，蛋白胨10 g，蚕蛹粉5 g，水1 L。

②马铃薯200 g，葡萄糖（或蔗糖）20 g，麸皮20 g，琼脂15～20 g，黄豆粉5 g，玉米面5 g，硫酸镁2 g，磷酸二氢钾2 g，维生素$B_1$1片（10 mg），水1 L。麸皮的处理方式与马铃薯相同。

③米汤浸提液200 g，葡萄糖20 g，琼脂15～20 g，蛋白胨10 g，蚕蛹粉5 g，水1 L。

④黄豆芽300 g，葡萄糖20 g，琼脂15～20 g，蛋白胨2 g，磷酸二氢钾1 g，硫酸镁0.5 g，牛肉膏0.5 g，水1 L。取黄豆芽，水煮10 min，过滤取汁。

（2）摇床培养、一级及二级种子液体培养基常用配方。

①玉米粉（或淀粉）20 g，蔗糖20 g，蛋白胨10 g，酵母粉5 g，磷酸二氢钾1 g，硫酸镁0.5 g，水1 L。玉米粉（或淀粉）水煮30 min，过滤取汁。

②可溶性淀粉30 g，葡萄糖20 g，酵母粉5 g，蛋白胨5 g，硫酸镁2 g，磷酸二氢钾2 g，维生素$B_1$1片（10 mg），水1 L。

③马铃薯200 g，玉米粉30 g，葡萄糖20 g，蛋白胨3 g，磷酸二氢钾1.5 g，硫酸镁0.5 g，水1 L。

2.人工栽培培养基常用配方

（1）大米粒68.49%、蚕蛹粉25%、蔗糖4.8%、蛋白胨1.5%、磷酸二氢钾0.15%、硫酸镁0.05%、维生素$B_1$0.01%。

（2）大米粒79.99%、玉米粉10%、蚕蛹粉8%、蔗糖1.5%、蛋白胨0.5%、维生素$B_1$0.01%。

（3）小麦粒77.99%、玉米粉10%、稻糠6%、蚕蛹粉4%、蔗糖1%、酵母粉0.5%、蛋白胨0.5%、维生素$B_1$0.01%。

（4）大米粒92.99%、蚕蛹粉2.5%、葡萄糖2%、蛋白胨2%、柠檬酸铵0.3%、硫酸镁0.2%、维生素$B_1$0.01%。

（5）大米粒49.99%、麦麸25%、阔叶木屑10%、玉米粉10%、蚕蛹粉2%、蔗糖2%、硫酸镁0.9%、尿素0.1%、维生素$B_1$0.01%。

注意：上述培养基灭菌后pH以5.2～6.8为宜。人工栽培培养基制作过程与原种相似，其中大米粒要用清水浸泡5～6 h后使用，所有配方理论上含水量为以60%左右适宜，但根据情况可适当增减；封装时，将培养基装至罐头瓶容量的1/4～1/3处，如500 mL或750 mL的罐头瓶中分别装干料50 g或75 g左右；100℃下灭菌8 h或121℃下灭菌1.5～2 h。

(四)接种及菌丝体培养

在无菌操作下,采用液体接种枪,选择已检测无污染、菌液澄清、菌球数量小而多、生活力强等已培养3～4 d的优质蛹虫草液体菌种,以10 mL/瓶左右的接种量趁热(约30℃)接种,然后在该菌的最适菌丝生长条件下培养。

接种后,将栽培瓶轻拿轻放、直立放置于空气清新的出菇室,控制室温至15～18℃,菌丝体萌发及定植后,再平行上架遮光培养,每层架以5层菌瓶为宜,层间设置日光灯补充光照,并将瓶口朝向光线进入的一面。待蛹虫草菌丝体长满料面后,其他环境条件不变,调节室温在20～25℃,经12～14 d发菌菌丝可长满瓶。

注意:整个培养及出菇期无须揭去封口薄膜,出菇期间可在薄膜上用牙签穿刺小孔以利瓶内气体交换。

(五)出菇管理

菌丝体完全渗透培养料,浓密,颜色由白色逐渐转变成橘黄色,气生菌丝表面出现少许小隆起时进入出菇管理阶段。此时,保持室温21～23℃、空气相对湿度75％左右,增加光照,促进菌丝体快速转色和原基分化,必要时可利用上述日光灯每天补光10 h以上的光照。在良好的通气条件下,5 d左右,在培养基表面或四周出现橘黄色色素、聚集黄色水珠,并伴有大小不一的橘黄色圆丘状隆起即为原基。此时,调节室温至18～23℃,光照强度以200～500 lx,空气相对湿度85％～90％,结合喷水每天适当通风,保持空气新鲜,后期子实体分化和生长要加大通风换气(图7-25)。

图 7-25　蛹虫草出菇管理

(六)采收及管理

经15 d左右的出菇管理,当子座不再生长,呈橘红色或橘黄色,上部有黄色突起物出现,顶端长出许多小刺,头部出现龟裂状花纹,长度8 cm左右时及时采收

（图 7-26）。采收时，用消毒镊子将子实体从瓶内培养基上摘下即可。蛹虫草通常只采收一茬，若采收后向瓶内加入适量水或营养液，按照上述同样的管理，经 10～20 d 可收获第二茬。

图 7-26　蛹虫草人工子实体

四、病虫害防治

（一）病虫害种类

蛹虫草栽培过程中，因劣质菌种、接菌不严格、灭菌不彻底等导致病虫害的发生。病害主要由细菌（醋酸杆菌、假单胞菌、芽孢杆菌等）、绿色木霉、青霉、毛霉、黄曲霉、黑根霉等引起；虫害主要有螨类、跳虫、家蝇、蛆虫等。

（二）防治措施

1. 预防措施

选择无病害的菌种，菇房的消毒、接种人员及工具的操作等措施与金针菇相同。

2. 治疗措施

发病初期，立即清除病菇。绿色木霉、青霉、毛霉、黄曲霉、黑根霉、螨类的防治与黑木耳相同；细菌性斑点病、家蝇的防治与金针菇相同；细菌性褐条病的防治与草菇相同；跳虫的防治与香菇相同；菌蛆的防治与毛木耳相同。

参 考 文 献

[1] 暴增海,杨辉德,王莉.食用菌栽培学[M].北京:中国农业科学技术出版社, 2010.

[2] 曹德宾.中高档食用菌技术咨询精选[M].北京:化学工业出版社,2015.

[3] 曾祥华,严泽湘,严清波.香菇.黄伞.榆黄蘑[M].北京:化学工业出版社, 2013.

[4] 常明昌.食用菌栽培学[M].北京:中国农业出版社,2003.

[5] 陈国良,陈惠.食用菌治百病[M].3版.上海:上海科学技术文献出版社,2014.

[6] 杜敏华.食用菌栽培学[M].北京:化学工业出版,2007.

[7] 方芳,宋金娣,冯吉庆,等.食用菌生产大全[M].2版.南京:江苏科学技术出版 社,2007.

[8] 方金山,周贵香,方婷,等.食用菌林下高效栽培新技术[M].北京:金盾出版 社,2013.

[9] 弓建国.食用菌栽培技术[M].北京:化学工业出版社,2011.

[10] 宫志远,高爱华,于淑芳.食用菌保护地栽培技术[M].济南:山东科学技术出 版社,2006.

[11] 侯振华.食用菌病虫害与防治新技术[M].沈阳:沈阳出版社,2010.

[12] 胡清秀.珍稀食用菌栽培实用技术[M].北京:中国农业出版社,2011.

[13] 黄年来.18种珍稀美味食用菌栽培[M].北京:中国农业出版社,1996.

[14] 黄毅.食用菌栽培(全一册)[M].3版.北京:高等教育出版社,2008.

[15] 贾乾义.食用菌覆土栽培新技术[M].北京:中国农业出版社,1999.

[16] 康源春,袁瑞奇,蔺锋.珍稀食用菌栽培技术[M].郑州:中原出版传媒集团, 中原农民出版社,2008.

[17] 李忠民,姚献华,杜适普.榆黄蘑高效栽培技术[M].郑州:河南科学技术出版 社,2005.

[18] 刘建华.林下食用菌标准化栽培技术[M].天津:天津科技翻译出版公司, 2010.

[19] 刘晓龙,段良柱.食用菌生产流程图谱.鸡腿菇[M].长春:吉林出版集团有限

责任公司,2009.

[20] 刘晓龙,蒋中华.食用菌生产流程图谱.猴头菇[M].长春:吉林出版集团有限责任公司,2009.

[21] 刘晓龙,蒋中华.食用菌生产流程图谱.杏鲍菇[M].长春:吉林出版集团有限责任公司,2009.

[22] 刘晓龙,孙希卓.食用菌生产流程图谱.金针菇[M].长春:吉林出版集团有限责任公司,2009.

[23] 刘振祥,谭爱华,杨辉德.食用菌栽培学[M].华中师范大学出版社,2006.

[24] 刘振祥,张胜.食用菌栽培技术[M].北京:化学工业出版社,2007.

[25] 刘正南,郑淑芳.金耳人工栽培技术[M].北京:金盾出版社,2002.

[26] 吕作舟.食用菌栽培学[M].北京:高等教育出版社,2006.

[27] 马长冰.食用菌栽培[M].2版.福州:福建教育出版社,2002.

[28] 卯晓岚.中国大型真菌[M].郑州:河南科学技术出版社,2000.

[29] 牛长满.食用菌生产分步图解技术[M].北京:化学工业出版社,2014.

[30] 申进文.食用菌生产技术大全[M].郑州:河南科学技术出版社,2014.

[31] 童应凯,王学佩,班立桐.食用菌栽培学[M].北京:中国林业出版社,2010.

[32] 王波.看图诊治食用菌病虫害[M].成都:四川科学技术出版社,2008.

[33] 王传福,徐明辉,贺桂仁.秸秆四季栽培食用菌指南[M].郑州:中原出版传媒集团,中原农民出版社,2007.

[34] 王贺祥,刘庆洪.食用菌栽培学[M].2版.北京:中国农业大学出版社,2014.

[35] 王贺祥.食用菌学实验教程[M].北京:科学出版社,2014.

[36] 王贺祥.食用菌栽培学[M].北京:中国农业大学出版社,2008.

[37] 王相刚.蕈菌栽培原理及应用[M].北京:中国林业出版社,2011.

[38] 韦仕岩,陈丽新,陈振妮,等.高温食用菌栽培技术[M].北京:金盾出版社,2007.

[39] 魏生龙.食用菌栽培技术[M].兰州:甘肃科学技术出版社,2006.

[40] 肖淑霞,黄志龙,廖剑华,等.食用菌无公害栽培技术[M].福州:福建科学技术出版社,2015.

[41] 严泽湘.羊肚菌.玉蕈.鸡枞菌[M].北京:化学工业出版社,2014.

[42] 杨新美.食用菌栽培学[M].北京:中国农业出版社,1996.

[43] 杨新美.中国食用菌栽培学[M].北京:中国农业出版社,1988.

[44] 应建浙,赵继鼎,卯晓岚,等.食用蘑菇[M].北京:科学出版社,1982.

[45] 袁书钦,杭海龙,曹文瑾.常见食用菌栽培技术图说.黑木耳篇[M].郑州:河南科学技术出版社,2009.

[46] 袁书钦,闫灵玲,武金钟.姬松茸栽培技术图说[M].2版.郑州:河南科学技术出版社,2014.

[47] 周会明,张焱珍,魏生龙等.斑玉蕈高产菌株3011最适培养料配方筛选[J].食用菌,2014,36(3):30-31.

[48] 周振和,吕维.榆黄蘑与鲍鱼菇培育技术[M].延吉:延边人民出版社,2008.